沖縄の基地と
軍用地料問題

――地域を問う女性たち――

桐山節子

有志舎

沖縄の基地と軍用地料問題
──地域を問う女性たち──

《目次》

序　章　**女性の自己決定と地域** ……………………………………… 1

　　1　軍用地料問題と女性運動　1

　　　問題は何か／金武町の概略／字金武の軍用地料問題

　　2　地域運営と女性　8

　　　家父長制の変容／地域社会と女性の立場／女性運動の動向

　　3　これまでの研究と本書の位置　13

　　4　本書の構成　17

第1章　**沖縄の近代とその道程** …………………………………25

　　1　世変わりと「日本化」　25

　　2　人の移動と社会変動　30

　　　農民から賃金労働者へ／移民と出稼ぎ

　　3　ヤマト化と捨て石の戦争　37

　　　女性の組織化／軍隊の駐屯と戦場

第2章　**軍用地の成立と利益構造** ……………………………………48

　　1　米軍占領期と地域変化　48

　　　なぜ基地の島か／村の占領と軍用地／金武村と第二次土地接収

　　2　軍用地料と基地問題の概略　60

　　　付加される軍用地料の性格／基地の集中と不公平感／地権者と軍用地料

　　3　軍用地と利益構造　70

　　　緊密なネットワーク／調整役を担う沖縄防衛局と土地連／市町村と財政／軍雇
　　　用員と自営業者

　　4　住民の意思と権益　78

　　　基地被害と町民世論／地域の模索と変化

第3章　**基地と人の移動** …………………………………………95

　　1　基地の町と就業構造の変化　95

　　　町の就業構造／地域経済の減速とその影響

　　2　移動する人々と憩いの場　102

目　次　　　　iii

　　基地と慰安の役割／新開地の変遷／頻繁に移動する人々／ドル稼ぎと占領期の
　　清算

　　3　語られない女性たち　　122

第4章　基地の町と地域社会構造 ……………………………………………… 133
　　1　区の財政構造と軍用地料　　133
　　　　町勢の概略／独自財源と地域の拠点／入会団体の変容／軍用地をもたない中川区
　　2　地域づくりとその変容　　151
　　　　金武区と並里区のあり方／地域振興と養豚団地建設問題
　　3　基地と地域有力者　　161
　　　　基地被害への姿勢／地方政治家からみる地域

第5章　軍用地料をめぐる女性運動 ………………………………………… 173
　　1　立ち上がる女性たち　　173
　　　　金武町と婦人会／中心になった女性たち／運動の動向
　　2　裁判へ　　186
　　　　金武杣山訴訟（2002〜2006年）／女性差別と軍用地料の権利／地域内の協力
　　　　と軋轢／入会団体の会員資格をめぐる争い
　　3　再編・強化された女性差別　　200
　　　　金武入会団体の会則改正／並里入会団体の会則改正
　　4　運動主体の職業と移動　　216
　　5　軍用地料問題への視線と地域　　221
　　　　裁判と周縁の人々／男性たちのまなざし
　　6　運動の成果と到達点　　226
　　　　裁判はなぜこの時期だったのか／運動の到達点

第6章　ウナイの会と女性運動の可能性 ………………………………… 235
　　1　女性と基地被害抗議　　235
　　　　基地・軍隊の存在と女性／新たな基地機能強化に抗する／軍用地料と基地被害
　　　　抗議の関係

2 ウナイの会という運動体　246

結束の力／つまずきをこえて／支援者を自認する研究者

3 地域を問い直すウナイの会　263

女性の発言と地域の力関係／地域の問題というジレンマ／町内でどのように語られたのか／区外出身者との関係

4 女性運動の可能性　273

地域の軋轢の中で／新たな地域をつくるために

終　章　生活の問題を問う女性たち …………………………………… 280

1 生活の拠点と軍用地料　280

2 地域を内部から問う　282

3 再構成される地域　285

あとがき　289

索　引　293

図表一覧

序　章　図1　　　沖縄県と金武町　　3
　　　　図2　　　金武町の地形図　　4

第2章　図3　　　金武町周辺と基地キャンプ・ハンセン　　53
　　　　表1　　　沖縄県の米軍基地の状況　基地面積等の推移　　64
　　　　表2　　　基地キャンプ・ハンセンの町・村における米軍基地面積と軍用地料の割合　など　74
　　　　表3　　　復帰後の金武町基地被害と町議会決議数　　80

第3章　表4　　　金武町の人口と世帯数の推移　　96
　　　　表5　　　金武町の行政区別人口と世帯数　　96
　　　　表6　　　金武町・産業別15歳以上就業者の推移　　98
　　　　表7　　　沖縄県と金武町の建設業純生産額と就業者数の推移　　100
　　　　表8　　　金武町社交業組合員数（1980年現在）　　109
　　　　表9　　　生徒数及び出身地調（金武小学）　　110
　　　　表10　　金武町社交業組合事務所周辺の人々・移動表　　116

第4章　図4　　　金武町と行政区の略図　　134
　　　　表11　　「旧慣による金武町公有財産の管理等に関する条例」に関わる分収金配分の推移（1985年～2017年）　　135
　　　　表12　　金武町行政区の組織と財政など　　136
　　　　表13　　字金武：区事務所と入会団体の予算額など　　141
　　　　表14　　金武入会団体会員数と軍用地料額などの推移　　141
　　　　表15　　並里区人口と入会団体会員数などの推移　　142
　　　　表16　　金武町：入会団体の会則改正による変容　　144

第5章　図5　　　〈正会員〉の例　　194
　　　　図6　　　〈ウナイの会〉会員の例　　194
　　　　図7　　　金武入会団体の経過　　201
　　　　表17　　金武入会団体と会則改正・会員数などの変遷　　213
　　　　表18　　原告グループの移動経過　　216

第6章　表19　　金武町の軍用地料問題と基地被害抗議の経過　　245

序 章

女性の自己決定と地域

1 軍用地料問題と女性運動

問題は何か

2002年12月3日，その日の『沖縄タイムス』朝刊には，「男性だけに軍用地料」という見出しのついた記事が載った．それは，沖縄県国頭郡金武町（3頁の図1を参照）の金武区に生きる数十名の女性たち（女子孫）が，入会団体の会則改正を求めた裁判を報じていた[1]．そのようなごく狭い地域の争いにもかかわらず，訴訟は沖縄県内で広く関心を集め，その後も，関連記事が新聞紙上に幾度か登場した．この裁判は，後に金武杣山訴訟と呼ばれるものである．

なぜこのような一地域の問題が，多くの人々の注目を浴びたのだろうか．もとより軍用地料をめぐる女性差別は以前からあり，金武区に限られないにもかかわらず，なぜこの時期に金武区の女性たちが裁判に訴えたのか，当初は疑問をもたれたほどだ．だが軍用地料の差別的な配分に起因するこの女性差別は，形こそ異なれ，自分たちの身辺で繰り返される日常的な問題と，基本的な共通性をもっているとみられ，多くの関心を集めていく．

金武町の軍用地料については，男性世帯主のみに資格を限る配分が，以前から問題視されてきた．軍用地料の利益構造から締め出されてきた女性たちは，1990年代から2000年代中頃にかけて，差別の解消を目指して声を上げ，地料の獲得と地域コミュニティの運営への参画を求めた．

他方で彼女たちは，基地問題・基地被害に対する地域での抗議運動にも参加していた[2]．しかしながら，金武町のこの軍用地料問題に関する研究は，すでに複数存在するものの，総じて"村社会と古い家父長制による女性差別"とし

て論究するにとどまり，反基地運動との関わりは検討されていない．

　では，彼女たちが両者を併行してたたかったのはなぜか．そこに，金武町という地域社会の特質は，どのように関係しているのか．総じて，彼女たちの行動の根には何があるのか——それが本書の出発点となる問いである．

　本書は，この金武町での訴訟を実現させた女性たちの社会運動を，フィールドワークと資料調査にもとづき，戦後沖縄の女性運動のなかに位置づけようとするものである．さらにそれを通じて，沖縄戦後史における軍用地料問題の歴史的意味を，あらためて検証したい[3]．

　本書では，この課題に対して，沖縄の戦後史に規定された地域社会の構造的要因を重視する．彼女たちの運動の背景には，琉球処分以来の沖縄の近現代史，とりわけ日本軍に始まる軍隊の駐留が70余年継続し，日本全体の約7割にあたる米軍基地が長きにわたって集中してきた歴史がある．軍事基地の出現によって，地域社会は複雑な利害関係を抱え込まされた．

　しかも，軍用地料をめぐる彼女たちの問いかけは，地域社会が，女性差別だけでなく，“よそ者”に対する排他的な機制をあわせもつことを照らし出した．このよそ者として扱われた人々こそ，米軍基地キャンプ・ハンセンに隣接して造られた「新開地」と呼ばれる歓楽街で働く人々だった．同地で働く女性たちには，復帰以前は沖縄内の離島，あるいは奄美諸島から流入した人々が多く，復帰後は外国籍の出稼ぎ労働者たちも就労した．軍用地によって戦後度々再編されてきた地域社会は，女性やよそ者が米軍相手の歓楽街で日常的にさらされる暴力を，隠蔽する役割を果たしてきたと考えられる．

　1995年の「沖縄米兵少女暴行事件」に直面して，女性たちは性による人権侵害を問い，事件が起こった同じ北部地域で軍用地料問題をたたかっていく[4]．2つの問題は，女性たちにとり，自身の権利や地域を考え直す契機として受けとめられた．その結果，彼女たちの運動は，基地の町の生活を問い直すと言う，他には見られない実践へと発展した．

　そこで本書は，基地の町の女性たちが抱える課題が，地域が受け取る軍用地料と密接に関わり，基地の維持を支える軍用地料の権益が，日米関係や反基地運動と相互に関係しつつ，どのように地域運営に影響を与えているのか，そして女性たちは地域社会に何を問うてきたのかを明らかにしたい．

序章　女性の自己決定と地域

出典：沖縄県金武町『平成29年度版第8号　統計きん』金武町役場，2018年より作成．
出所：拙稿「戦後沖縄の基地と女性―地域の変動と軍用地料の配分問題」『戦後日本の開発と民主主義―地域にみる相克（同志社大学人文科学研究所研究叢書）』昭和堂，2017年，406頁図12-1．

図1　沖縄県と金武町

　なお，沖縄の反基地運動や平和運動に関するこれまでの研究では，軍用地料の使途，受領資格などは問われず，もっぱら軍用地料を欲する基地肯定派と反戦地主の二分法で議論されてきた．それに対して本書は，地域社会から捉え直す方法をとることで，基地に賛成か反対かという従来の構図とは異なり，軍用

地料問題を通じて地域社会の論理や力関係から議論する道筋をつけようと思う．そして，沖縄における平和運動は，どのような地域社会を目指すのかを念頭に置きつつ，女性運動の歴史的意義と課題を考察する．

　このように，軍用地料の配分のあり方を問う運動を，地域社会の歴史的変遷や女性運動との相互作用の観点から論じた研究はこれまでないものである．この点に本書の独自の意義があり，沖縄戦後史の研究に一定の貢献を成すものと考える．

金武町の概略

　本書の舞台となる金武町は，沖縄本島のほぼ中央部に位置し，国道329号線沿いで，那覇から約50キロである（図2）．「北東に宜野座村，南西に石川市，

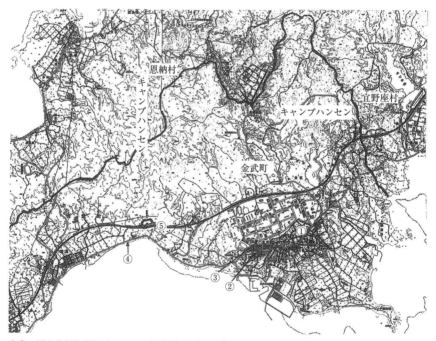

出典：国土地理院発行（1:25000　地形図）平成18年8月1日発行，金武（NG-52-27-2-1 2006年）と石川（NG-52-27-2-3 2005年），測量履歴　平成18年更新から作成（一部修正）．
注：①金武町役場　②新開地　③キャンプハンセン第一ゲート　④国道329号線　⑤沖縄自動車道．

図2　金武町の地形図

北西は恩納岳（363メートル）連山をはさんで恩納村と境界をもち，南東は太平洋に面し，勝連半島や浜比嘉島，平安座，宮城，伊計の島々と対峙する緩やかな台地をなした町である．総面積は37.56平方キロメートルで県土の1.67％に相当する」[5]．町内の行政区は，金武，並里，屋嘉，伊芸，中川の5区である．

歴史をさかのぼると，この地域は貝塚時代の数千年前から，億首川河口右岸の低湿地で人々が生活していたことが確認されている[6]．金武は方言で「チン」と発音し，語源は「焼き畑の地」にもとづいた地名であろうといわれる．

この地は琉球王府時代から1908年まで金武間切と称され，現在の金武町と恩納村，名護市，宜野座村などを領域とした[7]．琉球処分後に首里や那覇から転入した士族は，主に金武区の喜瀬武原と伊保原に居住したが，金武区では彼らをよそ者扱いすることはなかった．彼らは一定の木草賃を行政費として支払うことで，旧金武区民とほぼ同等な資格で杣山の使用権を得て，寄留民と呼ばれた[8]．杣山のほとんどは現在軍用地となっている．

1907年当時の金武（字金武と称され並里区を含む）は，「戸数736，人口3821」となっていた[9]．1908年には島嶼町村制の施行によって，金武・伊芸・屋嘉の3つの部落（沖縄の自然村）と宜野座の5つの部落とが合わさって金武村となり，その後，米軍占領下の1946年に，金武村の一部が分村して宜野座村が成立することで，現在の金武町の領域が確定した．その後，1980年に町制に移行して，現在に至る．そこで本書では1946年以前を旧金武村，1946年から1980年までを金武村とし，町制移行後は金武町と称する．

2015年当時，金武町の人口は11,232人，世帯数は4,611戸であった[10]．産業構造の内訳をみると，第1次産業が約3％，第2次産業が20％，第3次産業が77％となっていた．同年の町民一人当たりの平均所得は，沖縄県の102％にあたる221万8,000円で，2012年を境に県平均を上回る水準で推移している[11]．金武町の全面積に占める軍用地は，米軍と自衛隊を合わせて55.6％に達し，軍用地料収入は町役場の予算の約30％を占める[12]．

軍用地の所有形態別基地面積の割合をみると，本土では約88％が国有地だが，沖縄では国有地が34.0％，市町村有地が29.1％，民有地が33.5％となっている[13]．金武町では，町有地に属し杣山に由来する軍用地をもつ行政区は，金武・並里・伊芸・屋嘉である．そこからの軍用地料は，町役場と各入会団体

が管理する．加えて民有地として，金武入会団体は琉球王府時代からの総有財産である固有の里山，並里区事務所は同様な区有地から軍用地料収入を得ている．

　金武区と並里区の軍用地料問題は，この町・民有地に関わる．両有地の杣山・里山は，明治の旧慣温存期に一時国有地に編入された．後に杣山は有償払い下げの対象となり，1906年4月当時の旧金武村民が代金の支払いを開始した．里山は金武区事務所に無償払い下げとなり，戦後軍用地として接収される通告により，区から独立させ，入会団体が管理するようになったものである [14]．他方，並里区の区有地は国有地とならぬまま，軍用地として接収された．旧金武・並里区民の 男子孫・女子孫（おとこしそん）は，このような町有地に関係する県への支払いに参加した人々の子孫である．

　町内の入会団体収入をみると，伊芸や屋嘉は町有地の軍用地料のみで運営しているのに対し，金武入会団体と並里区事務所は固有の里山，区有地からの財産収益があるため，他団体より毎年高額な資産を管理・運営している．

　軍用地料問題では，金武と並里の2つの入会団体は，女性運動に異なった対応をみせたため，両区の主な特徴を以下の6点から記そう．

　まず，第1に門中制では，『並里区誌』によれば，「成員が並里と金武にまたがって居住している門中などがある，……しっかりした強固な組織でなく曖昧模糊とした面が潜在あるいは顕在しており，社会的機能が弱く，世代深度も浅く，いわゆる家系図も所持していない」と述べている [15]．すなわち，沖縄本島北部地域は南部に比較して，門中制の機能は弱かったといわれている．

　第2は通婚圏である．婚姻は部落内婚が通例で，『並里区誌』によれば，1897年頃まで並里区の女性が他村へ嫁ぐ場合，罰金を科す慣習があったとされる（例えば，馬酒ウマジャキ）[16]．その慣習は1900年頃，旧慣温存政策の廃止後になくなった．

　第3に，金武区と並里区は字金武に属するが，その区界ははっきりせず，区民感情も微妙な言い回しで異なり，「言葉（金武言葉）に若干だが明確に違いが存在する」といわれる [17]．そして，字金武では明治期から現在まで，両区に区長が存在している [18]．両区の区界は不明確だが，字金武をなしていることは金武入会団体の会員資格に影響を及ぼした．詳細は後述する．

　明治期以降でみると，第4に，両区とも移民と出稼ぎの多い地区として知ら

れている．特に 1920 年前後の不況期からフィリピンや南洋諸島への移民，大阪
方面への出稼ぎが増加した．1899 年から 1943 年における金武・並里・伊芸・屋
嘉区の移民総数のうち，金武区と並里区が約 8 割を占め，並里区の方が多かっ
た[19]．

第 5 に，米軍占領期の基地建設にともなって急激な都市化と人口増加が起こ
り，歓楽街・新開地が形成された．その影響を最も受けたのは金武区である．

そうして，第 6 に，両区はキャンプ・ハンセン基地ゲート前の地区となり，
実弾射撃訓練などを実施する広大な米軍海兵隊演習場に接することで，甚大な
基地被害を被っている．

字金武の軍用地料問題

金武区と並里区では 1990 年代からの十数年間，軍用地料の配分をめぐって
女性差別解消運動がたたかわれた．この運動は，並里区では 1990 年頃から
1999 年まで続き，入会団体の協議を経て，目標が達成された．他方，金武区
では 1998 年頃から運動が始まったが，最終的には訴訟に持ち込まれた．2006
年 3 月に最高裁判決がでたが，結果は敗訴であった．

この裁判は，金武町金武区の女子孫の一部が入会団体の会則改正を求めた
もので，金武杣山訴訟として知られている．提訴に際し「人権を考えるウナイ
の会」（略称：ウナイの会）が結成された[20]．訴訟は，ウナイの会（原告）が
2002 年 12 月に金武入会団体（被告）を相手取って，軍用地料の配分における
女性差別を告発した裁判である（会は解散したが，本書は当時の名称を使用）．

並里区の運動は，金武区だけでなく伊芸区にも拡がった．伊芸区では入会団
体総会で議論され，2001 年に並里区と同様に女子孫差別が解消された[21]．本
書は区の境界が曖昧で，主に入会団体との関係で運動が進められた並里区と金
武区の女性運動を，「字金武の軍用地料問題」と総称して検討する[22]．

字金武の女性運動で中心となったのは次の 3 名である．並里区の YY（1934
年生），NM ②（1936 年生），金武区の NM ①（1933 年生）で，NM ①はウナ
イの会会長となった[23]．

ウナイの会は，金武区外出身男性と婚姻した女子孫によって結成された．そ
のことから，軍用地料を軸として，両区の区外出身者比率や地域有力者の方針

などもあわせて検討する必要がある．この点を検討することで，女性を差別する地域社会の慣習が，占領下の軍用地料をめぐって，どのように再編されてきたか，同時にこの地域が女性差別だけでなく，基地建設を契機に金武区に転入した区外出身者に対してどのような態度をとってきたかを，明らかにしていきたい．

2 地域運営と女性

家父長制の変容

軍用地料問題における女子孫への差別的な対応については，およそ3つの論点が重要になるだろう．1つは近代以降，地域社会において家父長制がどのように変化したか，とりわけ軍隊の駐留が家父長制の維持・再編にどのような影響をもたらしたかである．沖縄の伝統的な家父長制は，父系嫡男相続制や位牌継承を柱にした門中制を原型として，財産相続から女性を排除する機能を持ち，慣習として様々なアンペイドワークを伴ってきた[24]．

ところが戦後においても，位牌継承に関わり「女性が実家のトートーメーを継ぐと"祟り"があると言われ」，女性を財産相続から締め出す機制が強まった背景には，新民法の適用が1957年であったことに起因する明治民法の問題とともに，米軍基地に対する軍用地料が支払われるようになり，「島ぐるみ闘争」を経て地料が増額されたことや，戦傷病者戦没者遺族等援護法（略称：援護法）の施行により，寡婦に対する給付金の支払いが始まったことなどが要因といわれている[25]．

沖縄は従来，男尊女卑の風習が根強く残る地域といわれてきた．それに加えて，竹下小夜子は「貧困や貧困感が他者に対する攻撃性として表われ，自分より弱い立場のものを支配・従属させようとする者もいる．……社会文化変動の大きな地域であったことも，女性に対する暴力を生じやすい状況に繋がった」と述べている[26]．

地域社会が経済的な利益を確保するために，伝統的な慣習を利用したケースは沖縄に限らない．フェミニストの理論家であるモハンティはイギリス支配下のインドから，中国史家の足立啓二は東アジアから，この問題について論じて

いる[27]．両者は，家父長制が地域の中で自然的・確定的に存在しているわけではなく，地域内の経済的利益の変動に即して，その都度再編・強化されることが，各地で行われてきたと指摘している．ならば軍用地料問題では，どのような再編が起こったのだろうか．

この論点は，前述した他地域出身者への排他性ともつながっている．1950年代末以降の基地建設によって，金武町外に出自をもつ，基地維持関連職種の労働者が町内で急増した．なかでも歓楽街（新開地）で米軍人向けのサービス業に従事する多くの自営業者，女性従業者（例えばホステス）はこの地域への転出入を繰り返したが，地元住民は彼女らに対して，寄留民，あるいはよそ者扱いをする傾向があった．そこでは，暴力の犠牲となる女性たちを創り出すという差別が隠され続けた．しかも彼女たちは，現金収入としての軍用地料とは無縁である．

地域社会と女性の立場

2つ目は，軍用地料の利益構造を維持する地域社会と女性との関係性である．この論点を明確にするため，村共同体に関わる議論を2点参照したい．

第1は，日本の村落共同体に関係する足立啓二の議論である．彼は『専制国家史論』の中で，「日本のムラは……規範を共有する構成員によって，合議のもとに自主的に運営される，紛れもない一つの自治団体であった．……一つの自立した公権力主体であった」と記している[28]．足立の論じるムラは，沖縄でいうシマあるいは区といわれるものに該当するだろう．では，この地区組織において女性の立場はどのようなものか．

第2は，戦後沖縄を代表する思想家・文学史家であった岡本恵徳が，思想的なレベルで共同体の価値観や思考のあり方を述べた議論である[29]．彼は論文「水平軸の発想」の中で，共同体は地縁，血縁など様々な形態をとるが，個人が帰属する共同体の意志に基づく場合，そこに機能するものを「共同体的意志」あるいは「共同体的生理」と呼び，帰属する人間の日常的な意識と行動を規制するものと捉える．もともとそれは，共同体ごと少しでも豊かになろうとしてはたらくものだが，「"共生"へと向かう共同体の内部で働く強い力」，あるいはある種の規範として，「共同体成員の各々の行為を支配するもの」という個

人と地域社会のあり方に関わるものである.

さらに,彼は「共同体的生理」が固定的なものでなく可変的なものであるとして,沖縄戦下の「集団自決」,戦後の「島ぐるみ闘争」,「復帰運動」におけるその変化を論じた.復帰運動は,暴力的で苛酷な米軍支配に対してだけでなく,「アメリカに対する異質感という『共同体的生理』の機能する方向に沿って運動を組織化しえた」と述べる.それを支えていたのは,「沖縄の人が沖縄の人間であることを出発点とする」一種の「自己回復運動」の性格を帯びていたといえるものだ.

すなわち,「共同体的生理」とは地域共同体が明らかに支持している理念や現実,あるいは地域を主導する人々によって統制されている規範に暗黙のうちに従わざるをえないものとして,時として「脅威の対象」とさえなる[30].特に女性差別が強い地域では,その規範はより強く女性にのしかかる.

以上の2つの議論を参照しつつ,本書の対象に即して,さらに検討を進めていこう.

米軍占領下の金武村の歴史を振り返ると,村は1957年に「海兵隊基地の永久建設を陳情」するに至った[31].その結果,基地受け入れは金武町ではだれもが支持すべき動かし難い現実となり,町には基地維持を支える利益構造が形成された.同時に,米軍人用遊興地である新開地が造成されると,基地周辺で起きる性暴力事件や軍用地料については口にしないという暗黙の了解が,地域社会では支配的になった.そこには,村共同体は様々な契機で変化を遂げているが,自分だけ生きのびるのでなく,「ともに生きのびなければならないという意識」をも含んでいたといえよう[32].

しかもこの共同体は,基地被害や軍用地料をめぐる交渉などで,日米両政府と対峙する抵抗と折衝の拠点にもなっている.こうしたことから沖縄の地域には,岡本が指摘するように,「自分たちを自分たちで支えない限り,生き抜くことをえない」とする住民のあり方を規定する規範が存しているのではないか[33].さらに,軍用地料問題における金武区と並里区の対応の違いからは,区組織が,金武町の行政区として一括りにはできない性格を有し,区事務所と入会団体,さらに町役場とがどのような関係性を取り結んでいるかという課題が浮かびあがる.この3者間の考察は,軍用地料を軸にした地域の力関係を論じるこ

とにもなる.

　以上を課題として言い換えれば，沖縄の地域社会に特有とされる密な関係性は，何によって維持されているのかである．本書ではこの論点を加えながら，軍用地料をめぐる利益構造と地域社会との関係を捉え直したい.

女性運動の動向

　3つ目は，戦後の女性運動の道程である．地域社会や生活に密着した運動としては，戦後まもなく始まった大宜味村の火葬場設置運動において，地域婦人会が沖縄固有の慣習に関わり，生活に根ざした問題として洗骨廃止を訴えていた[34]．復帰後では，1980年代初めにトートーメー廃止運動が取り組まれている[35]．それは，位牌継承と財産権を結びつけて女性に財産を相続させない家父長制的な慣習に抗する運動である．当時は，1975年の「国際婦人年」に始まる「国連婦人の10年」を背景として，全国的に女性の地位向上や地域社会への参画が啓発されていたことも大きい.

　後のことになるが，本土の大都市圏でも，女性たちを中心に高齢者問題に対応して公的介護制度の導入運動が行われた．筆者も参加したその運動は，1990年代後半に盛り上がりをみせた．そこに参加した多くの女性たちは，1930年代から40年代の生まれで，主に高度成長期の大都市で，企業活動からもたらされた環境の悪化や食品添加物などに対して規制を求める住民運動に参加した経験をもつ世代だった．彼女たちは，制度について，与えられるものではなく，自分たちが使うものという自覚を強くもち，筆者の居住地区の運動でも「自分のことは自分で決める」というフレーズを頻繁に耳にした.

　これは，憲法の文言により形式上は自明とされてきた男女平等が，生活の場で改めて大きく問われた「国連婦人の10年」以降の動きと呼応していたのである．後にこのフレーズは，軍用地料問題にかかわるインタビューの中で何度も聞くことになった.

　沖縄では，1985年以降，那覇市主催の「うないフェスティバル」や沖縄県男女共同参画センター主催の「てぃるるフェスタ」が開催され，日常的に地域で活動しているグループや地域リーダーの交流会となっていた[36]．後述する字金武の女性運動では，この頃の経験と出会いがたびたび語られた．女性たち

のネットワークづくりは生活問題や文化面からつながり，広範な女性が結集してきたといえる（県・市センターの名称変更はあるが現在名で統一した）．

その大きなうねりは，市政・県政の革新自治体への移行や女性管理職の増加といった要因だけでは説明がつかない．根底には，婦人会活動で経験した地域づくりを土台として，これまでの共同体的な地域秩序とは異なる，女性たちの新たな結束力を産み出そうとする動きがあったと考えられる．その女性とは，自分のことは自分で決める意識をもち行動する人々である．

このような女性たちの行動は，婦人会を通じて字・行政区の中で解決できなかった問題に対処する結集力を産み出した．それが，1995年の事件以降の基地問題に抗する運動につながり，金武杣山訴訟では軍用地料の配分と使途を地域に問うたとみられる．本書では，この一連の運動を，戦後の「したたかな底力でアメリカ世の激動」を走り続けた婦人会活動から続く，生活問題を解決しようとする行動として捉え直してみたい[37]．

軍用地料問題で中心的な役割を担った女性たちには，婦人会長経験者が何人も含まれ，婦人会や地域の自治会活動に積極的に参加しながら，基地被害に対する抗議では，町長の方針にも異議を唱えるような意志をもつ人々である．彼女たちは口々に，「わたしらはこの地域に住み続ける，だからこそ差別をなくしたい」と言う．軍用地料をめぐる運動では，地域に何を問うたのかを浮き彫りにしたい[38]．

本土における地域の女性運動は21世紀に入り，経済的な格差がひろがる中で停滞している．その要因は様々考えられるが，対照的に沖縄ではひときわ活動的である．沖縄の女性運動の研究では，那覇市に拠点を置く団体やグループだけでなく，北部地域の女性たちがどのような理念で活動しているかに強い関心を持ち，理解せねばならないと思わされる．ウナイの会は，一方で区事務所中心の反基地運動や平和運動に参加しつつ，他方でまったく自主的なグループによって要求運動をたたかった．では彼女たちは，何によって自己の運動の正当性を主張し，地域を変えようとする新たな集団となったのだろうか．

会を支援した研究者の1人である比嘉道子は，金武杣山訴訟において，入会団体の会則について，「男性が主導し，男性がつくり，男性が実行することが，都合が良かった地域や時間があったかもしれない」との表現で，地域運営の主

体が長年男性たちであったことを指摘している[39]．この指摘は，ウナイの会が地域運営に参画し，地域を変えようとした背景を端的に表している．そのような呼応を可能にしたウナイの会と比嘉との関係についても，運動と支援者の関係性として，本論で詳しく考察したい．

以上をふまえて，字金武の女性運動が，基地の維持と複雑に絡む軍用地料問題をめぐって，地域社会に何を問うていたのかを検証する．特に，軍用地料を軸に区事務所・入会団体を中心とする地域運営と女性の政治的参画との関係を分析する．それによって，軍用地料がもつ意味と女性運動の展開とを歴史的に位置づけてみたい．

3　これまでの研究と本書の位置

ここでは，金武杣山訴訟と軍用地料に関連する先行研究について，知見と問題点を整理し，研究史上における本書の考察の位置と課題をさらに明確にしたい．訴訟に関する先行研究の多くは，総じて女性差別と慣習，民法に関わる裁判の争点に重点を置き，研究者の専門分野ごとに問題を切り分ける傾向をもっている．また並里区が地域内の協議によって入会団体の女性差別を解消した点に着目して論じたものはない．このような傾向は，研究の多くが金武杣山訴訟という裁判に注目したものであり，軍用地料問題を基地の町における約10数年に及ぶ地域の女性運動として捉えていないことをあらわしている．

このことを念頭に先行研究をみると，慣習にかかわる原田史緒の議論は，「慣習が女性差別の温床であることは既に国際社会の常識ですらある．法律や社会制度以外の慣習や慣行にこそ，……歴史的経緯などを背景とする差別が潜んでいる．……，裁判官が意識的無意識的に持ち合わせている偏見や固定観念が裁判に影響を与える」と司法におけるジェンダー・バイアスについて指摘している[40]．

比嘉道子は，軍用地料をめぐる女性差別を，端的に人権問題と指摘する．しかも，ウナイの会の女性たちの意図について，「『不労所得漬け』になり勤労意欲が減退しつつある金武区の現状を変えようとしない男性への怒りを語り，……部落民会（入会団体）を変え，金武区を変え金武町を変えたいのである」と記し，原告＝ウナイの会が指摘する被告＝入会団体の問題点に言及してい

る[41].

　小川竹一は，トートーメー慣習を利用した入会団体会則による軍用地料配分方法が，もはや地域内を納得させるものではないとし，金武方式の地料配分は，「集団の外部と内部に対して対立構造をもっている．この対立によって，……地域社会の一体性や豊かさを求める上で問題があろう」として，沖縄固有の慣習といわれるものを軍用地料の配分方法に適用する限界を論じ，地域の軋轢さえ生まれていることを指摘している[42].

　近年刊行された『沖縄県史』の「女性史」編は，「元来，金武区の杣山慣行では女子孫排除の規定は伝統的になかったが，戦後の会則改変の過程で，トートーメー継承の慣行が住民を納得させるものとして会員規則に取り込まれ，そして現在，その見直しが模索される段階に立ち至っているといえよう」と論じている[43].

　こうした研究は，多くが訴訟の意義について論じ，金武杣山訴訟の原告を支援する立場で書かれているといえる．その後年月を経て発表された『沖縄県史』は，裁判の争点となったトートーメー慣習を利用した軍用地料配分方法の現状における問題点を指摘してはいるものの，提訴に踏み切らざるを得なかった地域の社会構造や女性間の差別に対する視点が欠落している．

　なぜ女性たちが，地域問題の解決の方法として軍用地料をめぐる閉鎖的な利益構造に介入し，女性差別の解消ばかりでなく政治的な参画に挑んだのかを論じていない．そのため，地域社会が軍用地料によって，どのように再編されてきたかという論点には言い及ばない．

　彼女たちの運動は，軍用地料をめぐる女性差別という日常的な生活問題の解決から，複雑な利害関係をともなう地域社会を変えようとしていた．それは沖縄だけでなく，日本における女性の政治的参画をいかに進めるかという問題でもある．

　次に，軍用地料が沖縄にどのような影響を与えているかを真正面から論究する来間泰男の研究を検討しよう．来間は，沖縄県軍用地等地主会連合会（略称：土地連）や軍用地料について，県内で批判的に論ずる数少ない研究者の1人として知られている．

　来間によれば，軍用地料は島ぐるみ闘争後，復帰後，1995年の「沖縄米兵

少女暴行事件」に抗議する県民集会後の各時期の値上げで，本来の地代に加えて生活保障・見舞金と協力謝金が含まれるようになったとし，「地料が一般地価よりも高く，不労所得と言われるほど高額になったことを軍用地と軍用地料の矛盾」と指摘している[44]．

彼は金武杣山訴訟についても，次のような指摘によって，入会団体や区事務所が基地維持の利益構造を形成していることに注意を喚起している．「マスメディアでは，ほとんど専ら『女性差別』問題として取り上げられた．……軍事基地が解除されて，その土地が返還されたら，全く収入を生まなくなるだろうと思われるのに，そこに巨額の金が流れ込んでいる．……その現金をめぐって，女所帯にはあげないなどと，女性差別問題をも含みながら，……このような，勤労に基づかない，棚ぼたのカネがそこら中にばらまかれているということを異常と感じていない……しかもこのカネは，ひたすら軍事基地を維持したいという『積極意思』を育てている」[45]．

『琉球新報』の取材班による著作『ひずみの構造』も，軍用地料などをめぐって生じる地域間の不公平性の観点から，「基地依存の構造は，沖縄社会のひずみとなってあらわれている」と述べ，市町村の字・区事務所の予算の使途にも言及している[46]．また，基地所在市町村は，基地あるがゆえに経済活動を制約され，基地によって生じる様々な環境問題に悩まされている現状を紹介している．

軍用地料と反基地運動の関係をみると，復帰以後の土地連と反戦地主の対立が知られているが，軍用地料の使途や受け取り資格は，女子孫差別の存在も含めて，運動の中では公然と問われてこなかったと考えられる．軍用地主などで構成される土地連は，基地賃貸料によって自身の経済的利益を図るため，米軍基地を容認する態度を示すとともに反基地運動の高まりに警戒心をもち，基地撤去の動きが加速することを嫌う傾向をもつ．

これに対して来間は，「戦後初期の，地代水準の極端に低い頃の地主たちは，同情に値した．われわれも『島ぐるみ』でともに戦い，支援した．……今はどうなっているか」と，軍用地料が「地主階級」を生むまでに高騰していることを述べている[47]．

他方，反戦地主は自らの土地の軍用地契約を拒否し，基地を撤去させようと

する地権者たちである．彼らは軍用地料を受け取らないことを是とし，沖縄の反基地運動を主導してきた．1980年代には一坪反戦地主運動も行われ，他県に賛同者を得るまでに拡大した．

　政府はこれに対して，軍用地使用契約をスムーズに進めるため，軍用地料加算の仕組みを作り上げ，反戦地主に分断を持ち込み，運動の弱体化を目論んだ．この分断は，土地連と反戦地主がいわゆる二項対立的な構図にあることを鮮明にした．

　だが，軍用地料の権益から締め出されている女性たちの行動は，軍用地料の獲得を目指しながら基地被害への抗議運動にも参加するもので，これまでの反戦地主や土地連とは異なる立場である．したがって上述した来間や『ひずみの構造』の分析や指摘は，宇金武の女性たちが軍用地料の利益構造に参入しようとする意味，経済的利益の確保だけでなく，地域社会を内部から変えようとするこの運動の意義を捉えきれていないだろう．まして，ウナイの会がなぜそのような行動に出ざるを得なかったのか，内在的に分析するには従来とは異なる見地，すなわち前節で考察したような観点が必要となってくる．

　最後に，1990年代以降の基地機能の変化と拡大する経済自由化の関係をめぐる議論を検討したい[48]．冷戦が終結し，米軍再編が始まった1990年代に，なぜ軍用地料問題がたたかわれたのか．そこには，以下の2点の要因が想定できるだろう．まず，バブル崩壊後の不況が沖縄の地域経済にもたらした影響である．

　金武町でも本土と同様に推移したが，新開地をはじめとする地域で経済的落ち込みが特に顕著になったのは1990年代後半からであった．不況は，運動にいかなる影響を与えたのだろうか．

　冷戦期には，沖縄はアジアのキー・ストーンと称された．1972年の復帰後も，本土の米軍基地は首都圏を中心に減少したが，沖縄のそれは微減にとどまり，基地の集中はいっそう高まって現在に引き継がれている．さらに湾岸戦争を契機として，「沖縄の米軍の活動範囲は中東にまで及び，米軍が一体となって世界規模の展開に沿った活動を見せるようになった」[49]．

　林博史は，「米軍政下での暴力的な土地接収と住民退去は，日本復帰後も是正されることなく継続している．その点で，沖縄は日本復帰後も……属領的な

扱いを受けている．……『軍事的植民地主義』ということができる」と論じている[50]．沖縄は現在に至るまで，米軍が関係する数々の事件・事故が続き，抵抗運動を経てもなお，日米地位協定の改定が進まず，属領的な扱いを受けているという視点は重要である．

ここでさらに論点を明確にするため，粟屋利江によるインド近現代史の分析を参照しておきたい．

粟屋は，冷戦終結後のインドで激しいカースト間の問題や宗派対立が現れ，さらに「1990 年代に本格化した経済自由化の波は，貧富の差の拡大をもたらしつつあるだけでなく，インドの各層の人々の価値観を大きく揺さぶろうとしている．……今日のインドがかかえる様々な問題は，イギリス植民地支配の歴史を抜きにして理解できない．……イギリス支配の思想と政策，及び，それらに対するインド側からの抵抗の思想と運動が，相互に作用した結果としてとらえなおすべきである．……これらはインドの後進性を示しているのではなく，加速度を増す社会変動の兆候」と指摘している[51]．

沖縄における軍用地料問題も，米軍基地を維持しようとする日米両政府の政策と，沖縄側からの抵抗の運動とが「相互に作用した結果としてとらえなおすべき」ものといえる．字金武の女性運動についても，日米と沖縄との歴史的な関係を抜きにしては考えられず，軍用地料によって「再構成されつつある」地域社会という視点が必要だろう[52]．基地の町の地域社会は，日本と米国に必ずしも追随するだけでなく，対抗する面も併せ持ち，支配への対応の中で，地域の秩序も（不変なものではなく）再編されるものとして捉えなければならない．

4 本書の構成

本書は，基地をもつ地域が軍用地料を得たことからどのように再構成されてきたか，軍用地料の権益から締め出されてきた女性の立場から，基地と地域社会，差別の内実を考察するものである．軍用地料と反基地運動の関わりでは，軍用地料を欲する基地肯定派対反戦地主という対立構図で議論するだけでは，軍用地料がはらむ利益構造の問題点から目をそらすことになり，それがまた軍用地料問題についての全県的な関心を呼び起こしにくくさせていると考え

られる．それゆえ，基地の町における地域社会の論理を捉え直すという視角で，軍用地料問題を扱うもので，戦後基地の町となった金武町，なかでも字金武の1990年代から2000年代中頃を中心に論ずる．

こうした検討から軍用地料配分のあり方を問う運動が，地域社会を内部から問う行動であることを明らかにし，またさらに，どこまで歓楽街で働く人々との連帯がありえたのかという点を，議論の焦点として設定したい．

本書で用いた史資料は，大きく分けて公文書，新聞雑誌類，諸団体の刊行物と提供を受けた資料，そして関連する個人の著書・論文である．そこに，ご協力いただいた諸団体と個人からのインタビューを重視した．インタビューは様々な動きや事件に関係する地域の力学や背景を照らし出す役割をもっているためである．序章の最後に，各章で展開される内容について概略を示し，本書の構成を述べる．

第1章では，上記の史資料をもとに第2章以降の歴史的前提として，沖縄が引き込まれた帝国主義的な近代化政策の中で，税制度，経済政策，天皇制国家形成とそれにかかわる地域社会の変動，特に女性たちが受けた影響に注目する．そして，その帰結として戦後米軍占領を受け，基地の島に再編されていったことを概略的に記す．

第2章は，軍用地料をめぐる議論と課題とが，1950年代の土地闘争以降，沖縄で，また金武町でどのように展開したのかを分析するとともに，軍用地料が金武町に及ぼした影響について検討する．その際，入会団体の役割を重視する．この点は，第4章で進める金武区と並里区の比較検討のための重要な前提となる．

本章は，史資料をはじめとして，基地問題にかかわる沖縄県と金武町役場・区事務所，名護市による刊行物を参照し，インタビューは，元全軍労組合員，全日本国立医療労働組合沖縄地区協議会，沖縄平和ネットワーク，那覇市・金武町・辺野古・大宜味村住民などにご協力を頂いた．

第3章では，軍事基地と地域社会の関係を，人の移動の側面から検討する．具体的には，基地建設にかかわる労働力と米兵に対するサービス産業の形成を追う．後者は，地域社会と基地被害の結節点でもあり，女性への暴力と地域社会との関係が，歓楽街への人の移動を地域社会がどのように受けとめたかという問題として浮かび上がる．

本章は，史資料とともにインタビューを重視し，金武町，なかでも新開地周辺，金武・並里・屋嘉婦人会に重点を置き，那覇市，与那原町，名護市などをもとに考察する．

第4章は，第2・3章の検討をふまえ，金武区と並里区について，より詳細に比較していく．2つの区は，軍用地料の配分をめぐる女性たちの異議申し立てに対して，異なる対応を示したが，その違いの起源を，地域社会のあり方や利益構造の差違から分析する．

本章は前章と同様，史資料とともに協力を得た金武町役場，5区事務所と4入会団体，那覇市，読谷村でのインタビューをもとに考察した．

第5章は，以上の分析をふまえ，金武杣山訴訟の裁判闘争について，諸団体の刊行物，なかでも裁判資料の読解を中心に検討する．結果として，この裁判が単に"村社会と古い家父長制による女性差別"をめぐる紛争ではなく，地域社会の複雑な利益構造を批判したものであることが明らかとなり，軍事基地を抱える地域の本質的な課題が浮き彫りになるだろう．

本章では，金武・並里入会団体，原告弁護人，ウナイの会原告グループとその家族，ウナイの会協力者・支援者，金武町の区事務所と婦人会，新開地周辺住民，さらに，女団協，宜野座村在住者からのインタビューと，協力を得て提供をうけた資料とともに考察する[53]．

第6章では，裁判闘争を担った「ウナイの会」について，筆者が長年取り組んできた彼女たちへのインタビューにもとづいて，詳細かつ多面的に分析する．それにより，同会の取り組みが，軍用地料の公平な配分を求めるだけでなく，地域社会そのものをつくりかえようとする運動であったことを明らかにする．さらにそこから，米兵による性暴力を地域の問題として受けとめる可能性についても探ってみたい．

この章では既述した史資料の他に，伊芸区事務所の基地問題に関わる資料を使用した．インタビューは那覇市在住の平和運動に関係する女性グループ，女団協，「基地・軍隊を許さない行動する女たちの会」，金武町区事務所と婦人会で行ったインタビューをもとに考察する．

終章では，第1章から第6章までの分析結果を整理し，序章で設定した問いに対して総括的な応答をして全体のまとめとする．

註

1）女子孫・男子孫は，本書では 1906 年 4 月に旧金武区に居住していた男性の女・男の子孫を指す.

2）沖縄の基地問題は，アジア太平洋戦争末期以降の在沖米軍基地をめぐる諸問題を指す，これは沖縄県民の安全，福祉，経済だけでなく，日本ひいてはアジア地域の安全保障にかかわる重要な問題である．基地被害は，民有地内に多くの米軍基地が存在することから在日米軍基地をめぐる様々な問題を引き起こし，米軍基地反対運動の大きな原因になっている．たとえば，「在日米軍基地の周辺地域で起こる墜落事故や実弾演習による事故，NLP2（Night Landing Practice の略）に代表される爆音，放射線漏れなどによる環境汚染，米兵による凶悪犯罪など」とされている（前田哲男・林博史・我部政明編『〈沖縄〉基地問題を知る事典』吉川弘文館，2013 年，66 頁）.

3）本書で使用する「沖縄」とは，主として現在の沖縄県を指す.

4）「沖縄米兵少女暴行事件」は，1995 年 9 月 4 日に本島北部地域で発生したキャンプ・ハンセンに駐留する米兵 3 人による小学生拉致・強姦事件，被害者は 12 歳の少女であった．この事件は，沖縄で復帰以後蓄積していた米軍人による性暴力被害への抗議や反基地感情を一気に激化させた．その結果，日米安保体制への影響を懸念した政府・メディア等からのバッシングに，沖縄がその後も曝され続ける起点ともなった.

5）沖縄県金武町編『金武町と基地』金武町，1991 年，3 頁.

6）『金武町誌』によると，金武は 14 世紀頃の奄美，沖縄群島の古謡の記録書物である『おもろそうし』に記載があるという．金武町は大昔，林木に覆われた地帯をヤキハタ式農法により山林を焼き払い，耕地に開墾したことに基づいた部落名であろうという（金武町誌編纂委員会編『金武町誌』金武町役場，1983 年，5-10 頁）.

7）間切は，琉球王府時代の行政区分の一つで，現在の市町村に相当する．1908 年島嶼町村制の施行により廃止された.

8）彼らは主に士族出身で，本籍を那覇や首里においていたため，寄留民と呼ばれた（金武区誌編集室編『金武区誌 戦前編下』金武区事務所，1994 年，36 頁）.

9）金武区誌編集室編，前掲書，6 頁. 1920 年以降の国勢調査結果は表 4 を参照.

10）金武町役場企画課『統計きん 平成 29 年度版 第 8 号』金武町役場，2018 年，25 頁.

11）沖縄県企画部統計課「平成 27 年度　沖縄県市町村民所得」2018 年，4-5・142-143 頁（同県ホームページ，https://www.pref.okinawa.jp/toukeika/ctv/H27/00all（h27).pdf 最終閲覧日 2019 年 5 月 5 日）.

12）金武町の基地面積は，2109.2 ヘクタールで町の 55.6％を占める．県下の市町村面積に占める米軍基地比率は，第 1 位が嘉手納町，金武町が第 2 位，北谷町が 3 位と続く（沖縄県知事公室基地対策課編・発行『沖縄の米軍基地』2013 年，12 頁）.

13）金武町役場企画課『統計きん 平成 24 年度版 第 7 号』金武町役場，2012 年，13 頁.

14）金武部落民会「平成 21 年度 第 10 回金武部落民会通常総会」2009 年，35 頁.

15）並里区誌編纂委員会『並里区誌 戦前編』並里区事務所，1998 年，48-52 頁．琉球王府

時代は門中組織を利用して，租税，債務についてまず一門親類に弁償させる習慣をつく
り，財産上の争いも一門同士間で折衝することとした．これを門中と統治制度の関係か
らみると，「行政及び民刑事の司法上の下級事務を門中に委託したもの」である（金武
町誌編纂委員会編，前掲書，152-153 頁）．門中と結びつく祖先祭祀として毎年 3 月頃お
こなわれる清明祭（シーミー）がある．それは先祖の墓前に子孫が集まって供物を挙げ
て団らんを楽しむ祭．比嘉政夫は，清明祭が 18 世紀初頭に中国系の帰化人を通しては
じまったとしており，「嫁出した娘は，実家の清明祭に参加することもあるが，普通は
サイ銭としていくばくかの金を実家にあげる」と記す（比嘉政夫『沖縄の門中と村落祭祀』
三一書房，1983 年，17-18 頁）．

16) これは若者たちの間に，シマの娘は自分たちのものという意識があったためとされ
ている．罰金は金武区へ嫁入りする者に対しても課されたため，金武と並里はお互いに
別々で，対等のムラとして扱われていたといえる（並里区誌編纂委員会，前掲書，34-
35 頁）．

17) 並里財産管理会・並里区『配分金等請求訴訟事件――杣山・区有地裁判記録集』並里
財産管理会・並里区事務所，2012 年，44 頁．

18) 『金武区誌』は，「金武と並里は実質的には独立した行政区でありながら戦後も未だに
公簿上は字金武……を構成している，……区界設定については，戦後何度か審議を重ね
合意一歩手前まで漕ぎつけたが，実現を見ず……長年にわたって培われた区民感情やム
ラ共同体意識，個人の利益，……部落間の対抗意識などで，不発に終わっている」と記
されている（金武区誌編集室編『金武区誌 戦前編上』金武区事務所，1994 年，54-55 頁）．
一方，『並里区誌』は，「金武と並里は祭祀集団及び字としては一つの単位をなす村落で
あり，その他の側面においては別個の単位をなす村落である」と述べている（並里区誌
編纂委員会，前掲書，36-40 頁）．このようなことから，字金武は金武区と並里区を擁す
るが，両区は対等な関係が続いてきたといわれている．

19) 金武町史編さん委員会編『金武町史 第 1 巻［3］移民・資料編』金武町教育委員会，
1996 年，6 頁．

20) ウナイは沖縄方言で女姉妹をさす．

21) 伊芸財産保全会からの聞き取り（於：金武町，2018 年 7 月 11 日）．

22) 戦後の字金武は，金武区と並里区，並里区から分区した中川区を含む．本書は，その
うち軍用地がある金武区と並里区を取り上げる．

23) 本書では，全章を通じインタビューでの応答を記録するに際し，個人情報への配慮
から氏名を記載せずイニシャルとした．ただし，研究者等は了解を得て記載した．また，
町役場発行等による刊行物の引用に際し，同様な配慮から首長以外をイニシャルとした．

24) 沖縄の門中制は，17 世紀後半に士族層が漢民族から姓の制度を受け入れたもので，沖
縄本島を中心に近世以降歴史的に形成され拡がったものである．共通の祖先に父系の血
筋で結びつく父系嫡男相続を柱とした，同姓同士の集まりであった．「門中観念の普及
の背景には，琉球王府の解体によって封建的規制がなくなり……地割制の廃止による土

地財産の私有化などがあった……近世から近代の社会変化の中で農村部へと徐々に拡散・普及していったと考えられており，現在でも本島北部や周辺離島，宮古，八重山など，門中制の観念・文化が希薄な地域や，存在しない地域もある」（波平エリ子「トートーメー継承と女性」，沖縄県教育庁文化財課史料編集班編『沖縄県史 各論編 第8巻 女性史』沖縄県教育委員会，2016年，530-532頁）．

25）那覇市総務部女性室編，『なは・女のあしあと 那覇女性史（戦後編）』前掲書，574-577頁．

26）竹下小夜子「Ⅱ 第7章 女性に対する暴力の背景——貧困問題と社会的支援」（喜納育江・矢野恵美編『沖縄ジェンダー学2 法・社会・身体の制度』大月書店，2015年）201-205頁．

27）以上について，モハンティは，イギリス支配下のインドの地方社会で行われた寡婦の再婚にかかわる問題を論じている．（チャンドラ・モハンティ［堀田碧監訳／菊池恵子・吉原令子・我妻もえ子訳］『境界なきフェミニズム』法政大学出版局，2012年，90-91頁）．足立啓二は，慣習は該当集団が，古い慣習を頑なに守る立場でなくその時々部分的に再編・強化してきたものと論ずる（足立啓二『専制国家史論——中国史から世界史へ』柏書房，1998年，103-104頁）．

28）足立啓二，前掲書，61-62頁．

29）岡本恵徳「水平軸の発想——沖縄の『共同体意識』」（初出1970年，沖縄文学全集編集委員会編『沖縄文学全集18 評論Ⅱ』国書刊行会，1992年）144-192頁．

30）岡本恵徳「《水平軸の発想》その二」（初出2007年，『「沖縄」に生きる思想——岡本恵徳批評集』未来社，2007年）44頁．

31）沖縄県金武町編『金武町と基地』金武町，1991年，153頁．

32）岡本恵徳「水平軸の発想——沖縄の『共同体意識』」，岡本，前掲書，191頁．

33）同上書，179頁．

34）①大宜味村婦人会は1940年代後半から火葬場建設運動をたたかい，1951年に部落内の合意がとれ達成された．「火葬奨励」は1930年代から自力更生運動の課題で，「長年沖縄で行われていた洗骨の習慣を改めるよう通達され，1939年には石垣，西原村で火葬場が設置された」．だが，他地域では戦争で中断した（納富香織「差別からの"脱却"と『内なる日本化』」沖縄県教育庁文化財課史料編集班編，前掲書，301-302頁）．大宜味村史によると，沖縄戦後は疎開者による人口増加や，マラリア発病者の増加により地域の混乱が，激しかったと記されており，洗骨廃止を伴う慣習の変更を決定する要因には，衛生上の問題や埋葬と火葬の費用の差もあったと考えられる（大宜味村史編集委員会『大宜味村史』大宜味村，1979年，252-286頁）．②洗骨は，「埋葬あるいは，風葬の後数年をおいて遺骨を取り出し，水あるいは酒で洗い清める習俗．第二次葬の一種である．これは，韓国，中国大陸（特に福建と広東の漢族及び貴州・広西・四川・雲南の少数民族），台湾，南北アメリカの原住部族など，環太平洋地域に広く分布した習俗であった．沖縄諸島の骨臓器を用いる洗骨習俗は中国福建の影響を受けている．沖縄では1960年代に

序章　女性の自己決定と地域　　23

火葬が普及し，今では洗骨はごく一部の離島で行われているに過ぎない．……日本本土
には南島（奄美・沖縄）と同様な洗骨習俗はなかった」（福田アジオほか編『精選日本
民俗辞典』吉川弘文館，2006 年，308-309 頁）．

35）トートーメーとは門中制と結びついた慣行で，位牌継承或いは単に位牌をさす．
「『トートーメーには財産が付いてくる』という諺が示すように位牌祭祀の継承には財産
相続が伴うこと，それも長男に有利で女性を排除した相続という形を取ることが多い」．
琉球新報は 1980 年に「トートーメーは女でも継げる」という特集を組んだ．それによ
りトートーメー問題が社会の関心を集め，連載をきっかけにユタ論争がおこった．その
問題では墓地移転に伴う位牌継承を親戚間で争い裁判がたたかわれた．男系の親戚が慣
習に基づき継承を主張したため，直系の女性が那覇家裁に訴えたのである．1981 年の判
決では，慣習は男女平等を定めた憲法や民法に違反するとし，原告女性は勝訴した．ユ
タとは「民間の宗教的職能者・巫女」を指す（波平エリ子「トートーメー継承と女性」
沖縄県教育庁文化財課史料編集班編，前掲書，536-537 頁）．

36）うないフェスティバルは，「国連婦人の 10 年」の最終年 1985 年に「女たちからのメッ
セージ」をテーマに始まった．平和を基調に，人権・子ども・福祉・環境・表現・身体
などを課題に日頃の活動を発表してきた．だが，2014 年の第 30 回で終了した（那覇市
ホームページ（なは女性センター），https://www.city.naha.okinawa.jp 最終閲覧日 2019 年 5
月 5 日）．「てぃるるフェスタ」は沖縄女性財団により企画・運営がされ，文化交流とと
もに地域リーダー養成講座などが定期的に開催されてきた．2013 年から「てぃるる祭り」
となっている．「てぃるる」とは，「琉球の古謡，いわゆる神遊び（集団の祭祀舞踊）に
ともなう叙事的歌謡のことで，照り輝くような美しいことばとも解されている」（沖縄
県男女共同参画センターホームページ，http://www.tiruru.or.jp/ 最終閲覧日 2019 年 5 月 5
日）．

37）比嘉佑典『沖縄の婦人会──その歴史と展開』ひるぎ社，1992 年，78 頁．

38）NM ①からの聞き取り（於：金武町，2012 年 11 月 25 日）．

39）ウナイの会を支援する会事務局『人権を守るウナイの会を支援する会通信』創刊号，
人権を考えるウナイの会会長・ウナイの会を支援する会事務局，2005 年 1 月 15 日，1 頁．

40）原田史緒「沖縄・金武入会権訴訟」第二東京弁護士会両性の平等に関する委員会司法
におけるジェンダー問題諮問会議編『司法におけるジェンダー・バイアス──事例で学
ぶ』明石書店，2003 年，82-86 頁．

41）比嘉道子「金武町金武区における軍用地料配分の慣行と入会権をめぐるジェンダー」
（田里修研究代表／沖縄国際大学商経学部編『沖縄における近代法の形成と現代におけ
る法的諸問題』沖縄大学研究成果報告書，2005 年）283-284 頁．

42）小川竹一「沖縄における入会権の諸相」（前掲『沖縄における近代法の形成と現代に
おける法的諸問題』所収）109-147 頁．

43）波平エリ子「トートーメー継承と女性」沖縄県教育庁文化財課史料編集班編，前掲書，
539 頁．

44) 来間泰男『沖縄の米軍基地と軍用地料』榕樹書林, 2012 年, 64-72 頁.

45) 同上書, 102-103 頁.

46) 琉球新報社編著『ひずみの構造——基地と沖縄経済』琉球新報社〈新報新書〉, 2012 年, 3 頁.

47) 来間泰男「軍用地の再契約問題 5」(『沖縄タイムス』2011 年 9 月 24 日), 同「地主階級」(来間前掲書, 88-89 頁) を参照.

48) さらに, グローバリゼーションについては, エルウッド, ウェイン (渡辺雅男・姉歯暁訳)『グローバリゼーションとはなにか』こぶし書房, 2003 年. Wayne Ellwood (2001), THE NO-NONSENSE GUIDE TO GLOBALIZATION, New Internationalist Publications Ltd. ハーヴェイ, デイヴィッド (渡辺治監訳・森田成也ほか訳)『新自由主義——その歴史的展開と現在』作品社, 2007 年. (原書 David Harvey (2005), A Brief History of Neoliberalism, Oxford University Press を参照).

49) 前田哲男ほか編, 前掲書, 122 頁.

50) 林博史『暴力と差別としての米軍基地——沖縄と植民地 – 基地形成史の共通性』かもがわ出版, 2014 年, 160 頁.

51) 粟屋利江『イギリス支配とインド社会』山川出版社〈世界史リブレット〉, 1998 年, 3 -4 頁.

52) 同上書, 80 頁.

53) 金武杣山訴訟の原告 26 人のうち, 在住者で聞き取りできたのは 15 人である. 本書では, 彼女らを原告グループと表現する.

第1章

沖縄の近代とその道程

　本章では，明治政府による帝国主義的な近代化政策が，琉球処分後の沖縄でどのように展開され，その帰結と言える地上戦に沖縄がいかに巻き込まれていったかを描き出す．その過程をたどる上で重要な視点となるのは，沖縄県における土地制度，経済政策，天皇制国家形成の諸制度である．これらが，地域社会にどのような影響をもたらしたかを以下の視点から分析する．「内地一体化」政策は徐々におこなわれたが，それも否応なく進められたものであった[1]．その結果社会構造の変化を受け，人々が世界的な不況に巻き込まれ賃金労働者として移動する様相を分析する．さらに，女性たちが翼賛体制下で組織化された過程，生活空間が戦場となり，米軍の進撃とともに占領下におかれていった様相について述べる．こうしたことから沖縄の近代と地域社会の歴史的な背景を明らかにしたい．

1　世変わりと「日本化」

　沖縄の近代の予兆は，ペリー率いる米国艦隊が1853年に那覇へ来港したことにはじまる．彼らは日本へ外交関係を迫る約1ヵ月前，琉球へ来港し軍隊の威嚇の下，条約締結を求めたのである．これは琉球王国が一国家であったことを示し，米国は地理的位置から中国大陸，日本，アジアへ進出する前線基地の役割から開国を迫ったといわれている．一行は琉球の生活状態を調査し，土地の測量や製図もおこない，旧金武村の番所にも宿泊した[2]．その後，近代化はどのように展開したのだろうか．

　琉球王国は長らく清国と冊封・朝貢関係をもつ一方，薩摩藩の管理下にあり日清両属の関係にあったため，その帰属は政治課題となっていた．だが，日

本は台湾遭難事件を契機に事件の報復として台湾出兵を強行し，紆余曲折の末，琉球を日本国領と認めさせた[3].

　琉球処分は明治政府が武力的威圧の下，首里城の明け渡しを命じたもので，慎重に既成事実を積み上げた上での政策であった．王国は解体し，日清戦争後には台湾が日本に割譲された．当時は日本国内の不平士族や地租改正による農民の不満など，政治・経済的な混乱の目を国外にそらす狙いもあったといわれるが，台湾，朝鮮半島の植民地化実現に向けた第一歩となった．

　この処分は沖縄が日本国家に強権をもって組み込まれた「一連の政治過程」というだけでなく，ヨーロッパの列強や日本の脅威を受け，有無を言わさず近代へひきこまれたものといえる[4].　その後の明治政府による具体的な政策を，主に3点からみよう．

　第1は，旧慣温存政策とその後の政策転換である．明治政府は琉球の古くからの制度を残し，急激な改革を避ける方針をとった．この政策を採用した期間は旧慣温存期（略称：旧慣期）と言う．背景には，強行した琉球処分により旧来の地方役人層の協力なしには，沖縄の旧支配階級である士族の反発や農民の反乱を回避できないと判断されたためであった．また，中央政府が政変などの国内の動揺で具体的政策を打ち出せなかったことも挙げられている[5].　旧慣期は，1879年の沖縄県の設置から1903年の土地整理事業の完成まで続いた．この間の地方制度，土地制度，租税制度は，中央政府から派遣された県知事の方針によって，たびたび変更されていた．そのうち租税制度をみると，沖縄は近世期には地割制度をとっていたため，一般の農民には原則として土地の私有制は認められておらず，物納を強いられていた[6].

　だが，来間によると，琉球処分頃の農村は既に農民間の階層分化が進み，富裕層も出現するようになっており，「私的土地所有の形成過程」にあったと論じられている[7].　これは，旧慣期に都市と農村間だけでなく，農村内にも農民層の困窮化が進行し，土地所有の差による経済格差が拡大していたことを推測させる．そうした中で，粟国島や宮古島などの住民は役人に対する不正追及や人頭税廃止運動を組織的に自らの力で起こしていった[8].

　また，旧慣期の政策転換にはその内容や進め方をめぐって，県知事や明治政府に向けて様々な陳情や運動が行われた．杣山の処分では奈良原知事と参政

権獲得運動に立ち上がった謝花昇の論争が知られている [9]. 日清戦争の勝利後,中央政府にとっては近代資本主義確立に向けて,安定した租税制度と合理的な支配体制が必要で,それゆえ沖縄県でも旧慣の改革と土地整理事業が開始されたといえる.

　土地整理事業は農民の生活にどのような変化をもたらしたのだろうか. 沖縄の土地整理事業は本土の地租改正に相当するもので,1899 年からはじまり1903 年に完了した [10]. その事業により税制は物納でなく金納に変わり,人は自由に移動できるようになった. そのことは農民間の経済的格差を拡げ,所有地のない農民は小作農民として働くか,賃金労働者として県外への出稼ぎや移民を目指すことになっていった.

　ところで,戦後日本本土では主に不在地主に関わる農地改革が実施されたが,沖縄ではおこなわれなかったため,明治期の土地所有の有り様は,沖縄戦の最中に開始された米軍による軍用地接収に引き継がれ,現代へ続く軍用地料問題の課題として残されている.

　琉球王国を支えてきた官僚組織をはじめとする警察などの改革は,琉球処分後直ちに開始され,上層部は中央政府の任命で赴任していた. 地方制度の改正は,1908 年に「沖縄県及び島嶼町村制」が施行されたことにはじまる. その改正は間切を町村,村（ムラ）が字となり,間切役場が町村役場,間切会が町村会となった. 間切長は町村長に改称され,字には区長が置かれた. 琉球王国以来の間切村と称された地方制度が終わり,近代的な制度に改訂されたのである [11]. その後沖縄特別町村制度施行期を経て,1920 年には一般町村制が施行された. さらに地方制度の変更は,権限の弱かった議会が選挙により町村長を選出し,条例制定も町村会の議決事項となった.

　第 2 は,富国強兵・殖産興業に関係する施策である. 日本の富国強兵政策の根幹をなす徴兵制度は,戸籍制度の実施とともに進められ,1889 年に国民皆兵制が義務づけられた.

　1879 年には教育令（小学校令）が公布されたが,当初,義務教育制度は有償であり,人々が明治政府に馴染まなかったことなどから全国的に就学率は低迷した. その後 1900 年には無償化され,日露戦争後には世相の変化により,全国の小学校就学率は男女ともに 90％を超えた [12]. 徴兵制と義務教育は,日

本が富国強兵を進める兵士を育成し，男女ともに農民から賃金労働者へと就業構造の転換を目指すもので，相互に関連し一体のものと捉えられていた．

　沖縄県におけるこれらの政策は，本土とは少し遅れて施行された．義務教育は 1886 年からはじまり，就学率は本土と同様な経過をたどり，沖縄口の矯正も他県同様に強く押し進められた ¹³⁾．学校教育は日本への帰属意識を高めることとなり，皇民化教育と天皇制を徐々に受け入れ日本国家への国民化が図られたと言う．徴兵制は 1896 年に開始されたが，後に日本に併合された台湾や朝鮮のそれは，前段階として防衛召集制度からはじまり，徴兵制の実際の導入はアジア太平洋戦争の戦況が変わりはじめてからであった．ここに沖縄，台湾，朝鮮に対する政府の政策の差異が見える．

　沖縄において商工業の中心となったのは寄留商人（西南戦争後は主に鹿児島出身者），中央政府に近い三井・三菱系会社であった．彼らによる事業は気候・風土などにより必ずしも成功していない．尚家は一部東京に移り住んだが，多くが沖縄に残っていたことから，財力を背景に琉球新報（1893 年），沖縄銀行（1899 年）などを設立し，王家であった特権から次々と事業を拡大して，政府関係企業や寄留商人に対抗する沖縄の財閥を形成していった ¹⁴⁾．

　第 3 は，明治民法の施行である．沖縄では尚家をトップとする士族以外は，平民として緩やかな平等関係を保っていたが，1898 年に明治民法と戸籍法の実施により，様々な変化が急激にもたらされた．新たな戸籍法は身分の公証と位置づけられ，一戸籍内の財産権がすべて戸主に属するものとなった ¹⁵⁾．

　明治民法は戸主による居所指定権や同居・貞操義務などを定め，妻を無能力者と位置づけたものになっていた．夫が妻の財産を管理するという「戸主権と家督相続制を基礎とした家父長的『家』制度が，明確な形で確立」され男尊女卑を貫いたのである ¹⁶⁾．

　だが，沖縄では一般女性の男性に対する隷属度は日本社会ほど確定的でなかったといわれている．その要因は血縁共同体あるいは門中意識が強く，儒教・仏教道徳が浸透していなかったこと，社会が貧しかったことから農業だけでなく物納に組み込まれた織物産業など女性の労働力が重んじられていたこと，伝統的な祭祀が女性中心に営まれてきたことが挙げられるだろう．

　他方，沖縄固有の慣習である門中制は，地域差が大きいが，共同の門中墓を

管理し祭祀など慣習を維持する機能をもつといわれる[17]．その性格は家の継承における婚養子に現れてきた．沖縄の門中制は父系血縁による継承を貫こうとする強い意志を有し，同門中から婚養子を迎える傾向が特徴であった．

さらに『沖縄県史』によると，農村社会では御嶽（聖地）信仰や地割制など村落共同体を中心に生活が営まれ，家長が重要視されず，地域社会は家より個人単位で図られたといわれている[18]．

だが，沖縄では戸籍制度や明治民法の導入という国家政策により，門中制やヤー（家）が温存されたまま中央政府による近代国家へ組み込まれていった[19]．つまりは，明治民法の公布により，封建的な家制度によって女性が戸主に隷属させられるヤマト化が進んだが，民法は門中制と「摩擦を起こさない形」で入り，家督を長男や婚養子に相続させる慣習が一般の人々にもひろがったのである[20]．

ところで，本書で問題となる県内北部地域における財産権を伴う家制度と慣習は，どのような変化を遂げていったのだろうか．安和守茂は，沖縄の北部地域の財産相続が「南部地域に比較し，厳格なタブーがなかった土地柄……，実の親子関係が意識されるように」なった地域と指摘する[21]．厳格なタブーがなかったことは，婚養子に財産を相続させることに積極的になれないこととして現れ，子供が女性のみの場合，財産を婚養子だけでなく自分の娘にも配分したことを論じている．こうした研究から，明治期以降の家制度や女性の財産相続は，土地整理事業をきっかけに急速に変化するが，変わる時期には地域差がみられ，必ずしも法制度に則って実施されていたわけではなかったのだ．

また，沖縄固有の財産権を伴う門中制の継承方法には，昔からのタブーがある[22]．まず，長男による位牌の承継が重視され，財産権も相続する．ただし，旧慣期は多くの土地が個人所有でなかったため，財産相続の対象は家督と家・屋敷であった．だがある時期から女性は，自分の先祖の位牌を継いではいけないというタブーが加わった．

このように沖縄では，明治民法により家制度がひろがり「天皇制国家の基礎単位として『家』（家族）制度に包摂され」，政治的，社会的，経済的分野が男性中心に構成され，財産相続から女性を締め出す慣習をさらに強めたと

いえる [23].

2 人の移動と社会変動

農民から賃金労働者へ

土地整理事業と旧慣温存策が終了しても，産業の中心は農業であり，近代的な工業はほとんど生み出されなかった [24]．沖縄における在来部門の中心をなす製糖業は，地場産業であるが，国際砂糖市場に組み込まれていたことから，近代的な製糖産業としての変化を遂げられなかったといわれる．それはどのような経過をたどったのだろうか．

沖縄県では 1901 年に糖業振興十年計画が立案された．世界砂糖市場の動向をみると，沖縄黒糖価格は，第一次大戦終結頃から急激に上昇するが，1920年を境に大暴落する．その後 1930 年まで低迷し徐々に上昇する傾向を見せるが，以前の価格にもどれないままであった．台湾と沖縄の糖業資本は，一連の市場動向から「1920 年代に前者が後者を吸収する形で再編合理化」を実施していった [25]．

この経緯は大規模な製糖資本が，沖縄より台湾に資本投下する方が有利と判断したことを現している．しかも，政府は糖業に対し農業保護政策をとらず，植民地台湾におけるプランテーション経営の強化によって糖価低落に対処した．その結果，沖縄の糖業（分蜜糖）は日本の植民地台湾に価格競争で敗れ低迷した．1920 年代以降に中央政府による台湾糖業強化・拡大政策が進められ，沖縄の製糖産業は担い手としての近代的な企業を産み出さないまま整理縮小されていった．これは，沖縄が辺境地であったためとか，日本に従属的な立場であったためという言い方では説明がつかず，現在に続くグローバル経済と類似した農産物生産・加工の国際分業に関わる側面と理解される [26]．

このように第一次大戦中には砂糖景気にわくが，戦後の恐慌期に沖縄県は慢性的不況に陥り疲弊ぶりは特に深刻であった．沖縄経済や農民の生活が壊滅的な打撃を受けた要因として，「農業の脆弱的体質」があげられている [27]．その打開策として，土地改良工事，糖業，港湾など産業基盤整備を柱とした沖縄県振興計画が策定された．だが，その振興計画は，アジア・太平洋戦争の戦時体

制拡大の中で形骸化していった[28].

　なぜ沖縄では，糖業以外の産業が展開せず，資本が循環する経済構造をつくれなかったのだろうか．その理由について冨山一郎は，「米作のように政策介入もされず，台湾糖業のように積極的に推し進められもせず，世界市場の動向に翻弄されながら，世界農業問題の形成の中で解体していく沖縄農業の基本像が浮かび上がる」と論じ示唆的である[29].

　政府は沖縄の状況に対し，経済状況を改善しようとする積極性も必然性ももちあわせず，沖縄は放置されたまま日本の政治・経済システムに組み込まれ，衰退し不況となっていった．そのため地域で生活できる人口が依然限られていたため，過剰労働力となった人々は，移民や出稼ぎを選択せざるをえず，急激な社会変動に巻き込まれていった．

移民と出稼ぎ

　沖縄県からの移民数は1920年代中頃に全国第1位となった．この時代は「ソテツ地獄」といわれた時期で，海外移民だけでなく本土への出稼ぎも増えていった[30]．石川友紀によると，沖縄「本島の典型的な移民母村をみると，羽地・金武・勝連・中城・西原・大里の6ヵ村である．……土地を集団で所有する地割制が早くから崩壊した地域でもあった．……伝統的な村落社会が壊れつつある地域から移民がはじまった」と述べている[31].

　さらに，彼はその特徴と背景に関しては，14-16世紀頃（薩摩藩のもとに置かれる以前），東南アジアや中国との交流が盛んであった「伝統」が考えられるとする．沖縄県移民は，団結心が強く「経済的基盤を構成する模合（頼母子構）を行い，県人会，市町村人会，字人会を結成し，相互に助け合っている[32].

　移民先はハワイ，南米，フィリピン，南洋諸島にひろがり，移住先の職業は，サトウキビ畑，製糖工場で働く労働者や道路建設の土木作業員などであった．

　移民は1920年前後から昭和恐慌期にかけて断続的に増加し，沖縄県の第1回ハワイ移民は，渡航費用が準備できる階層が多数を占め，長男も多かった．金武町では土地整理事業で土地をもつようになった層，貧農が少なく，多くは中農で旅費や支度金の調達を土地の抵当によってなしえた人々であった[33].すなわち，旧金武村の移民は口減らし的な意味が少なく，男性は義務教育を終

えると一度は出ていくものといわれたのである．

　『金武町史』によると，町民は移民が儲かるものと実感しており，「フィリピ
ン移民へいくことを『麻山へいく』といって，まるで近くの裏山にでも出かけ
るような気軽さを感じていた」と述べられている[34]．この気軽さから沖縄では，
必ずしも移民・出稼ぎが暗いものと受け止められていなかったといえよう．

　金武町のハワイ移民の例では，5～6人で組合をつくり渡航費を工面する
方法がとられていた[35]．1930年代に入って満州事変や日中戦争が勃発した際，
陸軍省は海外移民の抑制をはかったが，若年層の移民は絶えなかった．国策と
された満蒙開拓移民は，1939年から40年にかけて金武区から3人，並里区か
ら6人の青年が募集に応じた．彼らは無事に帰国したと記されている[36]．

　ここで，旧金武村移民の特徴をみておきたい．旧金武村における1903年か
ら1941年までの年次別字別海外旅券下付数をみると，首位は字金武で「全体
の71％」を占めていた[37]．さらに，時期は少しずれているが，1899年から
1943年までの旧金武村（並里，金武，屋嘉，伊芸）の区別渡航状況をみると，
全数が2,594人でそのうち，並里が1,289人，金武区が868人，それに屋嘉区，
伊芸区と続く[38]．渡航状況割合は，並里区が50％，金武区が33％となってお
り，旧金武村の移民は先に述べたように両区が8割以上を占めていた[39]．

　沖縄県の町村別行先国別外国在住者数（1935年10月2日現在）では，1位
が中城村，2位が羽地村，3位が西原村と続き，金武町は6位になっている[40]．
移民を送り出す地区の特徴や見方は，当時の区別人口や世帯数によって変わる
だろうが，旧金武村の中では，金武区と並里区が多数を占め，しかも並里区の
方が多かったといえる．

　『金武区誌』の海外移民の戸数調べ（1931年現在）では，金武区の喜瀬武原
と伊保原を除く戸数336世帯のうち，約70％が海外への移民経験をもっており，
金武区では移住者のうち女性の比率が29.9％であり，単身男性による出稼ぎが
多かったといえる．

　旧金武村における各国別渡航状況によると，1位がフィリピンで全体の42％，
2位がハワイ31％，次いで南洋諸島が12％となっており，南米などが極端に
少なかった[41]．

　なぜ金武町はフィリピン移民が多かったのだろうか．『金武区誌』には，フィ

リピンへの移民は手続きや身体検査などが，他国に比較すると容易である上に，賃金はハワイとほぼ同額で旅費が約半額であったため，移民希望者が多かったと記されている[42].

　さらに，当山久三や大城孝蔵が，渡航費用を工面する仕組みや移民先での生活相談，送金体制の整備，旧金武村人会，沖縄県人会を設立したことも重要である[43].

　『金武区誌』によると，1938 年当時の旧金武村の人口は 8,010 名で，そのうち 3,800 名が海外に移民しており，さらに毎年 100 名以上の海外渡航者を送り出していたとされ，移民先はフィリピン 1,004 名，ハワイの 1,000 名で，毎年の送金額は 15 万円となっていた[44]. 当時，沖縄県全体の海外移民は 4 万人で，1 ヵ年の送金は 300 万円と記されている[45]. 移民は送金が期待され，海外で主に賃金労働者として従事していた．海外移民は本土復帰頃まで断続的に続いた.

　沖縄からの県外出稼ぎは，多くが 1920 年代以降，大阪をはじめとする四大工業地帯であった．沖縄県人は出稼ぎ先で，親睦を兼ねた県人会，市町村人会，字人会を設立し，経済的基盤に関わる模合をおこしつつ相互扶助関係を築いてきた[46]. 大阪は沖縄県人の労働力流出の最大拠点となり，関西沖縄県人会と球陽クラブが設立された[47]. 沖縄県出身労働者の就労先の特徴は，女性の場合ほとんど紡績業を中心とする工場で，男性の場合はそれに加え雑工業，日雇と続く[48].

　沖縄差別という言葉は，出稼ぎ先のどのような場面で使われていたのだろうか．雇用面からみると，沖縄県出身労働者は技術的合理化があまり進んでいなかった小規模資本の企業で集中的に雇用され，低賃金就労を維持したことによって中企業が成長した，たとえば近江絹糸である.

　富士瓦斯紡績の労務係は，低賃金労働者を求め朝鮮，沖縄などの女性と共に，日本国内では被差別部落に対しても積極的に女工の募集をおこなったと証言していた[49]. こうしたことから，「沖縄出身者を雇用する背景には，朝鮮半島出身者や被差別部落民に対する差別と共通した意識が存した」ことがうかがわれる[50]. 紡績工場は 1920 年代から 30 年代にかけて，差別意識にもとづいた雇用条件を取り入れ，低賃金労働力の積極的導入で利益を上げていた.

　他方で「琉球人お断り」とする張り紙が存在したように，その雇用を拒否

した会社・工場も存在した．この時期にそのような対応をとったのは，主に高賃金部門である機械工業や雑工業だった[51]．熟練労働者を必要とした会社や工場は，定着性が弱い，言葉が通じない，協調性が足りないなどという理由で，沖縄の労働者を敬遠する傾向をもったといわれる．そして，沖縄県出身労働者がしばしば集団逃亡をはかるため，定着性が弱いといわれる場合もあった．

男女ともに沖縄口に関連する差別的な対応は，「当初言葉が通じないので他県人から『琉球』といって馬鹿にされました」と日常的にみられた[52]．沖縄県内では，送金によって県経済に貢献する出稼ぎ者たちが経験する，沖縄差別からの脱却が課題となった．そのため標準語の普及や沖縄固有の風俗・習慣をつつしむといった教育が実践されたのである[53]．差別あるゆえに県人会の結束が強まり，相互扶助的な活動が活発になる側面も考えられる．

ここで，紡績業で働く女性たちがどのような就労条件であったかをみよう．紡績業で遠隔地募集が本格化するのは1900年代前後からである．契約は大半が3年で，募集人制度により九州，沖縄地域から集団で就職し，結婚前の数年働く．彼女らは1部屋8人前後で寄宿舎生活を送った．女性がどの会社・工場で働くかは，募集人制度を利用し就職する中で決められていった[54]．そのこともあり沖縄出身の紡績女工の間では，同郷人同士の集団逃亡がしばしば行われ，5人から10人で転職していた[55]．

沖縄出身女性は，労働現場で他県人から差別的な視線を受けていたが，彼女らは植民地出身者に対してはどのような視線であったろうか．女工経験者の証言では，次のように記されている[56]．

　会社には鹿児島県，長崎県出身者が圧倒的に多く，植民地出身者もいた．彼女らは会社の外から通勤していた．会社では2年目からすっかり仕事に慣れ，自信がつくようになった．だから沖縄出身女工が「沖縄ぶた」とののしられても，わたしは「同じ教育を受けてきた」といいかえし，……「同じ三大義務を果たしている」と口論の続く毎日でした．

沖縄の出稼ぎ女性労働者は差別的な対応をされながらも，三大義務を果たしていると「日本人」として主張しえていた．このようなことから，少し時代を

遡り，沖縄県人が1900年代前後に植民地出身者をはじめとする東アジア諸国に対してどのような視線を向けていたかを人類館事件から記したい.

日本は日清戦争の勝利を受けて1903年3月に，大阪で第五回勧業博覧会を開催し，入場者数は530万人を超えた. この博覧会は19世紀後半，欧米を中心として起こった世界的な博覧会ブームの時代に殖産興業政策の一環として開催されたもので，欧米，東アジア諸国からの観光客誘致を意図した，「まさに『帝国』の博覧会だった」[57]. 人類館事件はこの博覧会で起きた人間の展示をめぐる事件であった.

その事件では開館前に清国，ついで朝鮮から留学生や外交ルートを通じて外務省に抗議がなされ，一部の展示が中止となった. その後1ヵ月程経った頃，沖縄では『琉球新報』を中心に展示に対する抗議キャンペーンが張られ，県内・県人会による異議申し立てが高まった[58]. 当時の沖縄は土地整理事業が終了した頃で，日本語を使用する義務教育が無償化され，「風俗改良運動」が進められ，日本化が高まりだした時であった.

ここでは『琉球新報』が，「特に台湾の生蕃北海のアイヌ等と共に本県人を撰みたるは是れ我を生蕃アイヌ視したるものなり」と記したことを考えてみたい[59].

まず，この記述は，沖縄側がもっていた台湾やアイヌに対する差別意識を浮かび上がらせた. 抗議は展示を行う日本人と，展示される沖縄県人，台湾の生蕃，北海道のアイヌの間ではカテゴリー上の分類が異なると考えられたことによる[60]. なぜ沖縄県人が台湾やアイヌと同等なのかと，分類の境界線の引き直しを求めた抗議といえる. そこには彼らが台湾やアイヌをさげすむことで優越意識をもつことが可能になるというむしろ，彼らの劣等感がうかがえる. 他方で，近代において文明化が進んでいる種族あるいは遅れた種族とする区分けとその達成度に，日本本土だけでなく，沖縄側がとらわれていたともいえる.

言い換えると，この展示は，琉球処分によって否応なく日本という国民国家に組み入れられた沖縄が，エリート層を中心としてヤマト化に努めているにもかかわらず，本土日本人からはカテゴリー上の分類が異なり，文明化が遅れていると見下されていることを意味し，そのことに異議申し立てをしたと考えら

れる．それゆえ，遅れた種族という沖縄県人への見方を変えるためには，さらなるヤマト化を推進せねばならないと考えられた[61]．

だが，展示する側とされる側はともに，近代資本主義国家における人種主義的な視線と文明化の関係には巧妙な形で触れずじまいであった．結局，展示に対する非難の声は沖縄県全体に広がり，沖縄県人の展覧を止めさせ，2名の女性は帰郷した．

こうしたことから，1920年から30年頃の沖縄県出身出稼ぎ女性労働者は，人類館事件と類似した差別的な眼差しを植民地に向けていたのではないか．

次に，紡績女工の就業状況に抗議するストライキについてみよう．日本における紡績女工の最初のストライキは，1889年の天満紡績女工ストである[62]．ストはその後，職工同盟会を中心に男性・女性の参加により1937年まで断続的に続き，盧溝橋事件を境に取締が厳しくなり，1940年には労働組合が自発的に解散させられ，労働争議は激減する．沖縄県人会は，労働争議に関わりどのような役割を果たしたのだろうか．

第1は，紡績女工を説得する県人会である．県人会は使用者側にたち労働者を説得した．先述したように沖縄県から本土への出稼ぎは，大阪をはじめとする近畿地域を最大の就労先としていた．使用者側からみると，エリート層を含む県人会は労使協調の働きかけに利用できると判断されていた[63]．その際，県人会は沖縄方言の使用を止め，特有の風俗を改め「模範女工」となることを条件として，女性労働者の要求を受け入れる傾向がみられた[64]．

第2は，スト敢行の支援である．県人会の左派メンバーが1926年8月，東洋紡三軒屋争議（第三次争議）を支援した[65]．この工場の紡績女工は沖縄出身者が多数を占めていたが，そのうち約200名の争議参加者は，15項目の嘆願書を提出した．この中には工場法の適用，外出の自由，強制送金制度の廃止，賃金2割アップなどのほかに差別の撤廃という項目がある．

だが，会社側はこの要求に組合員40名の解雇で対応した[66]．警察から連れ戻された女工には暴行が加えられ，争議は敗北したのである．

日本の工場法は1911年に施行され，1919年に採択されたILO第1号条約では，1日8時間・週48時間労働を定めるなど労働条件・労働時間規制が加えられた．だが，その内容は繊維業界の猛反対に遭い，深夜業務を認める変更など

から実質的な施行はされず，戦後もしばらくその労働条件が続いたのである[67].

　欧米諸国が植民地獲得競争をしていた頃から，アジア女性は「最も従順で，操作しやすい労働力であり，同時に仕事の生産性が非常に高い」ととらえられていた[68]．遅れてその競争に入った日本は，繊維産業において上記のとらえ方で若年女性を雇用し，資本蓄積を進める一方，女工の間に結核を蔓延させ，女性の劣悪な労働条件を世界に知らしめた．

　他方で，沖縄の糖産業や農業が世界農業市場の中で立ち行かなくなったことから，農民は移民や出稼ぎ労働者となり，海外や本土へ移動していったのである．

　そうした中，内地から帰郷した出稼ぎ労働者の経験は，大宜味村の消費組合運動など，生活に新たな動きを創り出し影響を与えたといわれる．逆に，大阪を中心とした関西や関東方面に定住する者も現れ，人々の移動は複雑に拡大していった[69].

3　ヤマト化と捨て石の戦争

女性の組織化

　政府は内地一体化を強力に進める施策として，教育や青年会活動とともに女性の組織化をはかった[70]．それは戦時下の翼賛体制の強化策として知られている．主な施策を以下の5点からみよう．

　第1は女子教育である．児童の就学率は日清戦争後に急速に進み，日本語教育や国家意識を高めることにつながった．当初の女性教員は本土女性が多数を占めたが，1880年に沖縄師範学校が設置され，1896年には学校内で女性教員養成がはじまった．その組織は改編されつつ，1915年に沖縄県女子師範学校が独立した．卒業生は方言札を使用する授業などヤマト化を進める母集団となり，戦前だけでなく戦後の婦人会や女性活動の中心を担っていく．

　第2は婚姻圏の拡大である．土地整理事業頃までは，村・字内婚が通常の婚姻形態であったが，男性だけでなく女性の移動が特別なことでなくなった．そのため婚姻対象は，同一地域の村外・字外に拡大したのである．この傾向は旧慣期以後，徐々に都市部だけでなく農村へも拡がった．だが，移民や出稼ぎ女

性が増加し，標準語が普及するのと裏腹に，沖縄差別を避けるために沖縄県民同士の婚姻が望まれた側面もあった．

第3は伝統的な習俗の変化である．まず，苗字や琉装・琉髪が和装へ変化した[71]．和装は良妻賢母思想を浸透させ「ヤマト化へ導く布石」となり，明治民法の公布とあいまって富国強兵政策の一環とされた[72]．さらにハジチの禁止である．沖縄では昔から女性が既婚している印として手の甲に入れ墨（ハジチ）を施していた．1873年から1948年まで施行された文身禁止令は，それを禁止したのである．ハジチの習慣は移民先の日本人社会からも野蛮な風習とみられただけでなく，沖縄県人側でもそれを恥と思い，ハジチの女性を拒むようになった．ハジチは移民地の日本人社会に融和するためとして男性からも疎まれ，女性たちは時代とともに変わる風習，という言葉で納まらない差別を受けたのであった[73]．

また，衛生思想の一環として位置づけられた火葬の奨励は，既に述べたように戦前ヤマト化の一環として沖縄県保健衛生調査会によってはじまったが，翼賛体制の中で中断した．米軍占領下の1950年代には，女性らの要望である過酷なアンペイドワークの軽減と合致して拡大した．

このようなことから明治政府による習俗のヤマト化は，緩やかに実施された男性に比べ，女性にはより強く，生活の多分野におよぶ影響力をもったといえる．その政策には琉球王国時代の習慣を払拭し，女性を家制度に組み込もうとする強い方針があったと考えられる．

第4は，公娼制度である．政府は1872年に「娼妓解放令」と「人身売買年季奉公禁止令」（太政官達）を通達した．ところが，沖縄では紆余曲折の末，「『遊女屋』を『貸座敷』と改めて遊郭を存続させ，『身代金』は『前借金』と呼び変え，契約による貸借関係にすり替えた」[74]．また日本の遊郭の実質的な経営者は男性である．だが，「沖縄では貧しい農民の娘が娼妓になり，長年勤めて貸座敷業者になっている．……遊郭の経営が『女治』であるという特色をもっていた」[75]．この業種は明治期以降，人の移動が激しくなり，法律の変化はむしろ「繁栄の糸口」になったとされる[76]．この制度により沖縄では，女性労働の中でも特に貧困と家父長制が結びつき，「前借金」による管理売春が復帰まで続いたのである．

第1章　沖縄の近代とその道程　　39

　沖縄への諸政策は，習俗の変化や公娼制度により沖縄県人男性からも差別が
強まる中，台湾や朝鮮とは異なる様相で1930年代後半の戦時体制強化に進ん
でいった．

　第5は，婦人会の結成である．婦人会は人類館事件に抗議する立場から「婦
人懇談会」が開かれたことにはじまる[77]．それを契機に1904年に沖縄婦人会
と愛国婦人会が結成された[78]．中心メンバーはエリート層の女性（上級官吏
や社会的地位の高い男性の妻）で，彼女らは政府の政策をバックアップするた
め動員された層といえる．婦人会の目的は，家庭教育推進と生活改善運動・衛
生思想の普及などで．両婦人会のメンバーは多くが重なっていた．それは沖縄
人が受ける差別からの脱却を目的とする一方，自ら「内なる日本化」を目指す
ものになっていた[79]．言語の問題では特に生活の矛盾をはらみ，苦渋に満ち
たものといえる．すなわち，家外では標準語，家内では母を中心とする地域の
方言を使うことが多かったため，義務教育就学後に標準語の使用頻度が減って
いったのである．

　農村地域の婦人会は少し遅れて設立された．旧金武村の婦人会をみると，
1907年に金武小学校の校長が母子会を発足させたことにはじまる．当初は他
地域同様，男性がトップについていた．その後女性教員に変わり，1932年に
旧金武村婦人会が設立された．1937年には国防婦人会と改称し，国策推進機
関として「銃後の守りの要」に組み込まれ，地域の国防婦人会を統合する国防
婦人会沖縄支部が結成された[80]．国防婦人会は1942年に，国家総動員法によ
り大日本婦人会と名称変更し，大日本婦人会旧金武村分団は強制加入に変わっ
た．

　1930年代の沖縄県は，財政悪化を沖縄県振興15ヵ年計画により好転させる
ことを目指していた．政府は全国的に経済の自力更生運動を展開していたが，
婦人会の組織化は翼賛体制の一環として，生活改善運動の推進を目的としてい
た．こうした背景から，沖縄県は婦人会を設立し，生活改善運動をさらに推進
することと引き替えに，沖縄県振興15ヵ年計画を受け入れた．それは日本の
戦時体制が，身動きできないまでに強まったことの表れといえる．

　女性たちは戦時中の労働力不足を補うため，農耕などに従事しただけでなく，
婦人会活動も戦時統制の一環で，共同体のつながりを相互に監視した負の面を

もっていた．だが，この時期の婦人会活動の経験は，米軍占領期に生活の立て
直しのため，地域婦人会が自然発生的に復活することにつながっていく．

軍隊の駐屯と戦場

日本は1931年，柳条湖事件を契機に満州への侵略を本格的に開始し，さら
に1937年には中国との全面戦争に突入した．戦局は一時日本軍に有利に見え
たが，日中戦争は長期戦となり，泥沼の様相となっていた．最終的にその打
開策としてハワイの真珠湾攻撃と南進政策が展開されることになったのである．
「南方の生命線」といわれた沖縄では，「軍官民がこぞって南方移民政策を推進
することとなり，本格的な『南洋ブーム』が到来……金武村に沖縄県拓南訓練
所が開設された」[81]．こうした南洋移民のなかには，徴兵をのがれようとする
ものを含んでいたが，「国策に協力した軍事移民の性格が強く，日本のアジア
侵略の先兵をつとめたことになる」[82]．だが，1942年のミッドウェー海戦の敗
退を転換点として，1944年にはサイパン玉砕となり，万歳クリフに象徴され
る日本軍の壊滅，民間人の自決やジャングルを逃げまどう破局が待ち受けてい
た．

沖縄は，太平洋戦争の開戦時には，南洋諸島方面との関係で航空基地として
重要視され，北谷村の嘉手納には1943年から陸軍航空隊の中飛行場の拡張工
事が行われ，1944年9月に完成した[83]．工事中の1944年3月には，本土決戦
を先延ばしするために既に沖縄守備軍（第32軍）を駐屯させていた．

他方で旧金武村唯一のブルドーザーは，守備軍による小禄海軍飛行場設営
のため徴用され，開墾事業がストップする事態がおこっていた．旧金武村には
1944年7月以降，第22，42震洋特別攻撃隊が約100人規模で駐屯し，後に陸
軍と海軍が交互に駐留するようになり，「全島要塞化と県民総動員」が進行した．
同年10月には，軍事施設や那覇市が米軍による大規模な十・十空襲をかけら
れ，その後沖縄県は，軍の要請により中南部の住民10万人の疎開計画を作成
した．疎開先は九州，台湾，本島北部などで，旧金武村の受け入れは1944年
末からであった．先述したように旧金武村の屋嘉区には慰安所もつくられ，一
般住宅の慰安所には，3人の沖縄県人慰安婦がいたと記憶されている[84]．

旧金武村では他地域と同様，村行政の軍隊への協力，勤労奉仕活動，女子

挺身隊，勤労戦士，生活改善運動，標準語，貯蓄など，生活の隅々まで総力戦体制が構築され，生活が戦時色に切り変わっていった．婦人会・青年会が炊事，山仕事に徴用され，供出は 1941 年頃からはじまっていたが，日本軍の駐留後には食料の供出がますます頻繁になった．金属類の供出では，1944 年に旧金武村のシンボルである当山久三の銅像が没収され，「それまで戦争は外地でやるものと思っていた村民も，多くの兵が駐屯するのを目のあたりにし，戦争を身近に感じるようになった」のである[85]．

1945 年 1 月に米軍機が来襲し，旧金武村唯一の製糖工場周辺を爆撃したことに続き，3 月 23 日以降米軍は村に爆撃を開始した．住民の避難は，主に金武・並里内のガマ，国頭方面，地元の山中の 3 通りで，沖縄戦では，「集団自決」が主に日本軍の駐屯地区でおこったといわれているが，旧金武村ではその話を耳にすることはない[86]．

米国を中心とする連合軍は 4 月 1 日に読谷村に上陸し，「鉄の暴風」といわれた激しい爆撃が開始され，進撃と占領がはじまったのである．旧金武村への米軍部隊の侵攻は，4 月 5 日頃から開始され，占領は 1972 年まで継続された．

米国でアイスバーク作戦と命名された沖縄戦は，アジア太平洋戦争末期に日本で唯一日常生活の場でたたかわれた大規模な地上戦であった．米軍の総兵力が約 44 万 8,000 人で，対する日本軍の兵力は約 11 万人，そのうち 3 分の 1 は現地召集の補助兵力が占めていた．沖縄県民の総戦没者数は，14-15 万人と推定される[87]．

戦没者には戦闘に巻き込まれた人々や「集団自決」だけでなく，日本軍からスパイ容疑をかけられた人々がおり，疎開先で多発した「戦争マラリア」や飢餓により多数の死傷者も出している．そのほかに，「朝鮮半島から，軍夫や従軍慰安婦として強制連行されてきた約 1 万の人々が犠牲になったといわれているが，その数はいまなお明らかになっていない」[88]．

沖縄戦における日本軍の組織的戦闘は敗北に終わり，1945 年 6 月 23 日に終結した．その日は慰霊の日とされている．だが，その日が過ぎても沖縄の地上戦は終わっていなかった．例えば，陸軍中野学校卒の指揮官による護郷隊——「戦場の少年兵」が組織され，ゲリラ戦を展開したのである[89]．この部隊は大本営直属で 1944 年頃から組織され，旧金武村を含む北部・やんばる地域で持

久戦に加わった．米軍は本土決戦に向けて，沖縄県内の飛行場群を維持することが条件であったというが，護郷隊はこれを阻止しようと戦闘を繰り返したと言う．日本では1945年8月15日が終戦とされているが，その日にすべての戦闘が終わったのではなく，地域や個人によって終戦の日は異なるのである．

明治期以降の日本と沖縄の一体化政策は，富国強兵・殖産興業政策などによって地域社会が，資本主義や日本の家制度へ組み込まれる過程ととらえられる．

沖縄戦の経過は，明治期以来の沖縄が目指してきたヤマト化の総決算といえる．日本軍は壊滅し，住民を見捨てたばかりでなく，沖縄は米軍の長い占領下に置かれることになった．だが，『金武町史』は，沖縄戦について次のような重要な指摘をしている[90]．

「日本軍」についても，体験者の証言は気をつけて聞かねばならない．沖縄守備軍のうち，およそ4分の1に相当する25000人以上の軍人・軍属は沖縄県出身者であったという事実．本土出身者の将校（ヤマト兵隊）のみが住民に対して残虐行為を働いたかのごとく証言をする体験者がいるが，これは事実に反する．天皇の軍隊の本質をぼかして，ヤマト対ウチナーという構図に置き換えて，問題を矮小化するものである．そして，結果的に天皇の軍隊の残虐行為を免罪することになる．事実関係は明確にしておかねばならない．

沖縄戦の記憶は，県史，市町村史，区・字史誌に証言とともに情景が刻み込まれている．戦争と軍隊がいかなるものかは，復帰後も日常的な生活圏に米軍基地が存在し続ける沖縄で，今なお問われ続けている．

註

1）金城正篤・上原兼善・秋山勝・仲地哲夫・大城将保『沖縄県の百年〈県民百年史47〉』山川出版社，2005年，94頁．

2）金武町誌編纂委員会編『金武町誌』金武町役場，1983年，780頁．

3）台湾遭難事件（1871年）は「宮古島の年貢運搬船が台湾に漂流し，乗組みの69人のうち54人が当地の『生蕃』に殺害された事件」で，うち3人は溺死した（金城正篤ほか，

第1章　沖縄の近代とその道程　　43

前掲書，39頁）．

4）金城正篤『琉球処分論』沖縄タイムス社，1980年，187頁．

5）琉球処分は士族階級の失業者を多数生み出した．彼らは旧慣により本籍地を首里にお
　　いたまま那覇や北部地域などへ転出することが許され，"寄留民"と呼ばれた．1890年
　　頃には明治政府に反対し，清国への帰属を希望する頑固党と呼ばれる人々もおり日本へ
　　の抵抗が強かった．

6）地割制度は，「村の共同体所有の土地を頭割りなどで地元民に分配し，貢租負担を義
　　務づけた制度」（宮城晴美「『家』制度の導入と『良妻賢母』教育」沖縄県教育庁文化財
　　課史料編集班『沖縄県史　各論編　第8巻　女性史』沖縄県教育委員会，2016年，104
　　頁）．

7）来間泰男『沖縄経済の幻想と現実』日本経済評論社，1998年，141頁．

8）旧慣制度に対する民衆（農民）の不満は，「地方役人の不正に抗議・抵抗する運動」
　　として，沖縄島の各間切から粟国島など各地に拡大した．そのような運動は宮古島・八
　　重山において1893年から人頭税廃止運動として組織され，帝国議会に請願書を提出す
　　るまでに至った（金城正篤ほか，前掲書，90-94頁）．

9）同上書，95-97頁．

10）土地整理事業は，「旧慣の地割制度に基づく土地共有制を廃止して使用収益していた
　　者に私的土地所有権を付与すること，および地価を査定して地租徴収を可能することに
　　あった．ただし，膨大な面積を占める杣山（林野）は官有地（国有地）とした．……土
　　地整理事業により，資本主義的土地所有制が確立し，沖縄経済は完全に日本の国民経済
　　の一環に組み込まれた」（同上書，98頁）．

11）金武町議会史編纂委員会編『金武町議会史』金武町議会，2004年，65-67頁．

12）斉藤泰雄「初等義務教育制度の確立と女子の就学奨励——日本の経験」（『国際教育協
　　力論集』第13巻第1号，広島大学教育開発国際協力研究センター，2010年）41-55頁．

13）教育現場では方言札が知られている．この札の使用は米軍統治下頃まで続いていた．

14）那覇市総務部女性室編『なは・女のあしあと——那覇女性史（近代編）』琉球新報社
　　事業局出版部，2001年，74頁．

15）奥山恭子「国家法体制の受容と地域独自性の相剋——明治民法・戸籍法施行と沖縄の
　　『家』」（田里修・森謙二編『沖縄近代法の形成と展開』榕樹書林，2013年）399頁．

16）辻村みよ子・金城清子『女性の権利の歴史』岩波書店，1992年，107頁．

17）『金武町誌』は「沖縄において，村落を形成する本源をなすものは，血縁関係の集団
　　を以て形成される．これを門中という」と記されている（金武町誌編纂委員会編，前掲書，
　　152頁）．

18）宮城晴美「『家』制度の導入と『良妻賢母』教育」沖縄県教育庁文化財課史料編集班編，
　　前掲書，104頁．

19）同上書，104-105頁．

20）那覇市総務部女性室編，前掲書，51頁．

21）北原淳・安和守茂『沖縄の家・門中・村落』第一書房，2001年，124-145頁.

22）波平エリ子「トートーメー継承と女性」沖縄県教育庁文化財課史料編集班編，前掲書，533-534頁.

23）明治20年代から30年代に，女性が社会から排斥される法制度が立て続けに出された．その代表的な法制度は，第1に「市制・町村制」により，「公民」（国家の政治に参加する権利をもつ国民）が，2円以上の国税を納めることのできる有産階級の男性と定められたこと，沖縄では1908年に適用された（宮城晴美「『家』制度の導入と『良妻賢母』教育」沖縄県教育庁文化財課史料編集班編，前掲書，112-113頁）.

24）金城正篤ほか，前掲書，130頁.

25）冨山一郎『近代日本社会と「沖縄人」——「日本人」になるということ』日本経済評論社，1990年，78-81頁.

26）さらに，向井清史『沖縄近代経済史——資本主義の発達と辺境地農業』日本経済評論社，1988年を参照.

27）金城正篤ほか，前掲書，153-154頁.

28）同上書，166-168頁.

29）冨山一郎，前掲書，41頁．関係する文献として，吉村朔夫『日本辺境論叙説——沖縄の統治と民衆』御茶の水書房，1981年を参照.

30）ソテツは日本の九州・沖縄など南西諸島に自生し，琉球の時代から飢饉の際の非常食として奨励されてきた．ただし，「ソテツにはサイカシンという有毒成分が含まれており，水洗いや調理が不十分な場合，腹痛・おう吐などの症状や時に死に至ることもある」（金城正篤ほか，前掲書，152頁）．当時の大阪朝日新聞は，「食料は蘇鉄の根／しかも二食で露命繋ぐ　沖縄県下の悲惨な飢饉」と報じていた（並里区誌編纂室『戦前新聞集成　並里区誌資料編』並里区事務所，1995年，283頁）.

31）石川友紀「沖縄移民展開の背景と足跡」（『南島文化』第23号，沖縄国際大学南島文化研究所，2001年）72頁.

32）石川友紀，同上論文，72頁．歴史をさかのぼると，「鎖国前の1620年代前半の最盛期にはマニラに日本人町が形成されて，約3,000人の日本人が居住していたころもある．沖縄にとっても500年前の琉球王朝の大航海時代から中国，朝鮮のほか，東南アジアに位置するフィリピン，シンガポール，ジャワ，スマトラなどとの交易が営まれていた」（金武町史編さん委員会編集『金武町史　第1巻［1］移民・本編』金武町教育委員会，1996年，13頁）.

33）金武町史編さん委員会編集『金武町史　第1巻［1］移民・本編』金武町教育委員会，1996年，15頁.

34）同上書，289頁.

35）鳥越皓之『琉球国の滅亡とハワイ移民』吉川弘文館〈歴史文化ライブラリー〉，2013年，100-106頁.

36）金武区誌編集室編集『金武区誌　戦前編下』金武区事務所，1994年，154頁.

第 1 章　沖縄の近代とその道程　　45

37）金武町史編さん委員会編集『金武町史 第 1 巻［1］移民・本編』金武町教育委員会，
　　1996 年，25 頁．この資料の対象地区は，金武，伊芸，屋嘉，漢那，惣慶，宜野座，古
　　知屋で宜野座村地域を含む．

38）金武町史編さん委員会編集『金武町史 第 1 巻［3］移民・資料編』金武町教育委員会，
　　1996 年，5-7 頁．

39）喜瀬原と伊保原は寄留民の多い地域．金武区誌編集室編集『金武区誌　戦前編下』金
　　武区事務所，1994 年，36 頁．

40）金武町史編さん委員会編集『金武町史 第 1 巻［3］移民・資料編』金武町教育委員会，
　　1996 年，4 頁．

41）同上書，5 頁．

42）金武町誌編纂委員会編，前掲書，479 頁．

43）当山久三（1868-1910 年）は金武町字金武並里区出身である．彼は熊本移民会社との
　　連携で沖縄各地からハワイへの契約移民を実現した（27 人中 10 人が旧金武村出身者）.
　　当山は 1904 年に大陸殖民合資会社，帝国殖民合資会社の業務代理人となり，大城孝蔵
　　とともにフィリピン移民にも尽力した（石川友紀「沖縄県国頭郡金武村における出移民
　　の社会地理学的考察」，『琉球大学法文学部紀要 史学・地理学篇』第 19 号，1976 年 3 月，
　　79 頁）.

44）金武区誌編集室編集『金武区誌　戦前新聞集成（資料編）』金武区事務所，1989 年，
　　246 頁．

45）同上書，241-242 頁．

46）金武町史編さん委員会編集『金武町史 第 1 巻［1］移民・本編』金武町教育委員会，
　　1996 年，13 頁．

47）沖縄県人会は 1924 年 3 月に設立された．それは単なる親睦会でなく，沖縄出身者が
　　定着していく中で生じた諸問題の解決が活動方針として打ち出されている．会の中心メ
　　ンバーは，左派系活動家とエリート層グループである．最も特徴的なことは，同郷人＝
　　沖縄人として組織し，活動の眼目に沖縄人に対する差別の是正が据えられていたことだ.
　　具体的活動は，病人の世話，見舞い・職業紹介・宿泊場所の提供などの福利的活動と労
　　働組合的活動の二つに分けることができる．球陽クラブは実業家中心の団体で，県人会
　　とは別組織である．県人会幹部となっているエリート層は，球陽クラブと共通メンバー
　　である（冨山一郎，前掲書，159-161 頁）．

48）同上書，125 頁．

49）同上書，130 頁．女工という呼称は現在，差別語あるいは蔑視語とされ放送禁止用語
　　になるなど自主規制がなされている．しかし本書では，沖縄差別に関わる眼差しの所在
　　を問題化するため，引用部分を含め別表現に置き換えずあえて使用することとした．

50）同上．

51）雑工業の代表的業種は木竹類製造であった（同上書，59-60 頁）．

52）同上書，16 頁．

53) 吉原和男編者代表『人の移動事典――日本からアジアへ・アジアから日本へ』丸善出版，
 2013 年，27 頁．

54) 冨山一郎，前掲書，140 頁．

55) 同上書，152 頁．

56) 福地曠昭『沖縄女工哀史』那覇出版社，1985 年，96 頁．

57) 松田京子『帝国の視線　博覧会と異文化表象』吉川弘文館，2003 年，17 頁．

58) 同上書，209 頁．

59) 琉球政府編『沖縄県史 第 19 巻（資料編 9 新聞集成 社会文化）』国書刊行会，1989 年，
 180-181 頁．

60) 松田京子，前掲書，130-131 頁．

61) 同上書，132 頁．

62) 橋口勝利「近代日本紡績業と労働者――近代的な『女工』育成と労働運動」（大阪の
 社会労働運動と政治経済研究班編『大阪の都市化・近代化と労働者の権利』関西大学経
 済・政治研究所，2015 年 3 月）15 頁．天満紡績所在地は現在の大阪市北区である．

63) 冨山一郎，前掲書，175 頁．

64) 同上書，178 頁．

65) 橋口勝利，前掲論文，18-19 頁．

66) 冨山一郎，前掲書，164 頁．

67) この労働条件に対し，「イギリスの前労働次官ボンドフェイルド嬢は，1926 年にジュ
 ネーブでの国際労働会議で，『日本紡績女工の夜業は人類文明の汚点』と指摘した（東
 京朝日新聞 6 月 4 日付）と口汚く罵倒した」（牧瀬菊江『聞書　ひたむきな女たち』朝
 日新聞社〈朝日選書〉，1976 年，48 頁）．

68) マリア・ミース（奥田暁子訳）『国際分業と女性――進行する主婦化』日本経済評論社，
 1997 年，177 頁．

69) 金城正篤ほか，前掲書，156 頁．

70) 青年会は，日露戦争後の社会教化のための団体として，明治政府主導で順次設立さ
 れた．沖縄県では 1906 年からはじまり，「自主的で多様な活動が，この時期には軍人援
 護・勤倹貯蓄・風俗矯正など，国家目的にそう活動内容に画一化されていった．……組
 織の構成員は青年に限定せず，教師や役人らが中心的な役割を果たした」（金城正篤ほか，
 前掲書，123-125 頁）．

71) 明治以来の同化政策の中で風俗改良が推進されてきたが，戦時体制下では改姓改名
 にも重点がおかれてきた．改正の実例：島袋→島・島田・島副，仲村渠→仲村・中村，
 東恩納→東，渡嘉敷→富樫など（金城正篤ほか，前掲書，178 頁）．

72) 那覇市総務部女性室編，前掲書，329-330 頁．

73) 同上書，158 頁．

74) 那覇市総務部女性室編，前掲書，52 頁．

75) 同上書，53-54 頁．「女治」とは遊女がそのまま経営者となり，遊郭を運営すること．

第 1 章　沖縄の近代とその道程　　　47

76）同上書，54 頁.

77）納富香織「差別からの"脱却"と『内なる日本化』」沖縄県教育庁文化財課史料編集班編，前掲書，293 頁.

78）沖縄県で国防婦人会が初めて設立されたのは 1933 年の大宜味村喜如嘉であった．その背景には，「『大宜味村政改新運動』の広まりがあり，喜如嘉の共産主義者を排除するため『健全ナル修養団体ノ必要』を名目に，青年訓練所の増設とともに設置するという軍の思惑」があった（同上書，300 頁）.

79）同上書，287 頁.

80）金武町誌編纂委員会編，前掲書，330-331 頁.

81）金城正篤ほか，前掲書，192-193 頁．ここでの"金武村"は，本書における旧金武村に該当する.

82）同上書，194 頁.

83）後に大拡張されアメリカ空軍嘉手納基地となった（金城正篤ほか，前掲書，195-196 頁．沖縄県知事公室基地対策課編・発行『沖縄の米軍基地』2013 年，249 頁）.

84）ME からの聞き取り（於：金武町，2015 年 9 月 16 日）.

85）金武町史編さん委員会編集『金武町史 第 2 巻［1］戦争・本編』金武町教育委員会，2002 年，363 頁.

86）「集団自決」について金武町史は，「天皇の軍隊の強制と誘導によって，肉親同士の殺し合いを強いられた」と記す（金武町史編さん委員会編集『金武町史 第 2 巻［1］戦争・本編』金武町教育委員会，2002 年，12 頁）．さらに，宮城晴美『母の遺したもの――沖縄・座間味島「集団自決」の新しい証言』高文研，2000 年を参照.

87）金城正篤ほか，前掲書，211-227 頁.

88）新崎盛暉『沖縄現代史 新版』岩波書店〈岩波新書〉，2005 年，3 頁．沖縄戦における朝鮮人軍夫の問題については，さらに海野福寿・権丙卓『恨――朝鮮人軍夫の沖縄戦』河出書房新社，1987 年を参照.

89）金武町史編さん委員会編集『金武町史 第 2 巻［1］戦争・本編』金武町教育委員会，2002 年，112-113 頁.

90）同上書，13 頁.

第2章
軍用地の成立と利益構造

　前章では，沖縄県，そして旧金武村が近代へ引き込まれた社会変動の過程を概観した．本章では，沖縄の地域社会が米国の直接統治下から復帰を経て，基地と軍用地料によっていかなる問題を蓄積し，どのような変化を遂げてきたか，それを理解するための手がかりを提示したい．

　まず，金武村が戦後復興と生活の立て直しのため，基地の拡大を受け入れざるを得ないと判断した経緯を分析する．そこでは地域有力者・入会団体の役割を綿密に検証し，第4章における地域社会の分析につなげる．次に，県内の基地問題の中で1950年代の土地闘争以降，軍用地料がどのように位置づけられてきたかを検証する．また，基地を維持するため利益構造の諸相を生み出した社会の状況を考察する．そして，金武町が基地被害の増大や米軍再編を契機に基地維持財政に依存しない地域社会を模索する様相を明らかにしたい．

1　米軍占領期と地域変化

なぜ基地の島か

　日本はポツダム宣言受諾後，1952年4月に連合国とサンフランシスコ講和条約を結び，国際社会に復帰した．ところが，沖縄県はその後も米国の軍事的支配下に置かれた．その経緯には，複数の要因が関わっているといわれる．

　まず，1947年9月に出されたいわゆる「天皇メッセージ」である．「天皇は米国が沖縄，その他の琉球諸島に対する軍事占領を継続するよう希望しています」と，宮内庁御用掛寺崎英成を通じて，昭和天皇がGHQに沖縄の切り捨て容認の意向を伝えたことである[1]．

　加えて，日本の敗戦後もアジア情勢は日増しに変化し，内戦の続いた中国で

は1949年に中華人民共和国が成立した．翌年6月には朝鮮戦争が勃発し，第三次世界大戦ともいえるアジア情勢になったのだ．米国政府の軍事・外交政策は，それに対応する見直しがおこなわれ，「対日講和条約によって，日本の独立と引きかえに沖縄・小笠原を分離して辺境の防波堤を構築し，日米安保条約によって日本を西側陣営の同盟国に引きいれる構想であった」といわれた[2]．このようなことから日本国の独立（1952年4月28日）が，沖縄を分離することで回復したとし，沖縄県では，4月28日を「屈辱の日」と命名している．

　当時の日本本土は，総力戦であったアジア太平洋戦争の経験をもつ有権者が多数派を占めた時代で，男女を問わず安全保障と軍事問題に敏感であった[3]．そのため，本土における海兵隊を中心とする米軍基地の拡大には，大規模な反対運動がたびたび起こり，米軍基地は徐々に沖縄へ拠点を移したと言う[4]．NHK取材班は，米軍基地が本土から沖縄に移駐された理由について「重要だったのは，『コストの問題だ』……『沖縄の方が置きやすいから』『日本国民との摩擦・衝突を減らせるから』」と述べる[5]．すなわち，占領下で武力をもって，強権的に島民を押さえ込むことがたやすかったというのだろう．

　そうしたことから米国は日本から東アジアに弧を描く反共包囲網を構築し，その要の位置に自由使用可能な米軍基地を沖縄本島に建設したのである．そして，沖縄は極東最大の基地の島になっている[6]．沖縄における暴力的な第二次土地接収は，このような冷戦体制の強化を背景におこなわれた．

　基地拡大へ向かう米琉両政府の動きを見ると，米国民政府が，1953年4月に布令第109号を公布したことにはじまる．これは「収用宣告を受けた土地は，地主の意思いかんにかかわらず，最終的には米国側の手に入ってしまう仕組み」で，「銃剣とブルドーザー」による接収を意味する．琉球政府立法院では1954年4月にこの布令に抗議し，土地四原則が全島・全会一致で確認された．だが，米国大統領は1955年1月に「琉球諸島の無期限占領」を言明しただけでなく，米国民政府は島民の声を全く無視し，1955年7月に「金武村をはじめ北部6町村，中部2町村に1万2000エーカーの新規土地接収」を通告した[7]．そして，同年9月，全沖縄軍用地地主大会が開催された．その矢先に「由美子ちゃん事件」が起こった．ところが，米国大統領は事件に関わる沖縄の世論を無視し，1956年1月に「沖縄の無期限確保」を言明し，6月には「プライス

勧告」を公表した[8]. その勧告は土地接収問題を「島ぐるみ闘争」に発展させたのだ[9]. ここで,押さえておきたいことは,1952年に発足した琉球政府は,実質的に米国民政府の代行機関であったが,その施策はつねに米国の「軍事的必要の許す範囲内において」という限定付きであったことだ[10].

他方で,軍用地主らはサンフランシスコ講和条約を受けて,1955年から沖縄戦の中で接収された軍用地(第一次土地接収)の地料問題に取り組んだ. それは「講和発効前補償」獲得の運動であった. 1956年に沖縄市町村長,沖縄市町村議会長,土地連会長の連名で米国・日本政府に陳情書を提出した. 結局それは支払われることになり,金武村は1957年に見舞金を,1968年3月12日に講和発効前補償支払いとして,差引き支払額197,266ドル46セントを受け取った[11]. この運動は占領期であるが,米国民政府に対し積極的に動くとなんらかの対価が得られると確信させたといえる.

村の占領と軍用地

時代を少し遡り,米軍の金武村進駐と第一次土地接収の経緯をみよう. はじめに,軍用地となった杣山,共有地の帰属の変化を地域の歴史にさかのぼり確認しておきたい. 沖縄県北部地域の杣山は古くから王府の主要な山林で,村民は需要に応じて必要とする木材を納付した. 日常の管理は地元に任されており,村民が建築材,薪炭材や木材などを利用する時は無償であった. すなわち,所有権は王府にあるが,利用権の一部は地元にも付与されていた.

薩摩藩の権利を受け継いだ明治政府は,杣山制度を残したが,旧慣後に地租改正として進められた土地整理事業では,官有地とされた杣山がその後有償・無償払下げ事業の対象となった. 結局,沖縄県は官有林となった杣山を県全体で約56%減らして,1906年に払下げを実施した. 既述したように,金武区で軍用地となった主な土地は,明治期旧金武村の公有地(前記した町有地)として登録されていた場所と里山の2種類で,前者は有償,後者は無償払い下げの対象となった(但し,名義は個人).

杣山は旧金武村民が沖縄県杣山特別処分規則によって,1906年から1935年の30ヵ年年賦で8,328円を支払い,1908年に旧金武村に所有権が移転された[12]. 支払完了後の1937年には,公有地として旧金武村に編入されたのであ

る[13]．その地域は，明治政府の部落有林野統一事業，治水事業や「公有林野造林奨励規則」施策の対象となり，事業は1939年の森林法改正と同時に終焉する[14]．

　有償払下げ金は，金武・並里・伊芸・屋嘉の4区民と村役場が支払い，その地は軍用地として接収され，1952年から少額ではあるが軍用地料が配分されてきた．金武村民の男・女子孫は，県への支払いに参加した人々の子孫で，現在軍用地料を受領する資格となっていることは既に述べた．

　次に，金武村の占領がどのようにはじまったかをみると，米軍は，1945年4月に読谷村に上陸後，北部に侵攻し，同時に金武村の占領が開始された．村民の多くは石川，宜野座や中川の収容所に収容された．その間に村内では，米艦隊が金武湾周辺を威嚇しつつ，米軍飛行場の建設を進めていた．だが，日本軍が建設途中の飛行場爆撃を開始したため，字金武区域は米軍の掃討作戦を受けることとなった．そして，日本がポツダム宣言を受諾した後の1946年9月以降，金武村民は収容所からの帰還許可がおり，帰村してみたら飛行場がひろがっていた．これが，第一次土地接収である．

　この飛行場は1週間で完成したため地元の人々を驚愕させた．それは日本軍が読谷飛行場などをつくるため，毎日数千人を2年あまりも動員したことに比べると，あまりにも大きな違いだったからだ．NM①（1933年生）が当時を以下のように証言している[15]．

　——米軍が旧金武村に侵攻した頃を覚えていますか？
　子ども（12歳頃）だったが，当時のことは鮮明に覚えている．その頃，米軍はたくさんの村の家を焼き払った．敗残兵が居るかもしれないからだと聞いたけど，じつは違った．1週間ほど夜に明かりを煌々とつけて工事をやって，飛行場をつくってしまった．みんなびっくりした．米軍は目が青くて夜は目がみえないから，ライトを付けるのだろうとあきれてみていたのに，飛行機が着陸した．爆撃で村内を焼き払ったのは，最初から飛行場建設の目的だったのさ．その時はわからなかったが，飛行場ができてわかったさー．

彼女の驚きには大人の話もあわせて語られている．証言からは，米軍の軍事技術と豊かな財政力を目の当たりにした村内の様子がみてとれる．飛行場を中心にした地区は，後に基地キャンプ・ハンセンへ拡張していく．

米軍政下の金武村では，1946 年に戦前首長の再任命が実施され，実質的に旧村会が復活した．彼らが中心となり戦災復興がすすめられた．インフラ整備は金武村農業組合設立（1946 年），小・中学校の建設，金武保養院の建設（1948年），琉球精神病院開設（1949 年）と続き，1952 年には並里区に製糖工場が設置された．他方で食糧の増産は進まず，生活の安定とはほど遠かった．

沖縄の経済復興は朝鮮戦争と密接に関わり，人々の移動は基地建設とその周辺商業地域の雇用拡大から激しくなっていた．だが，当時の金武村は，既に基地建設がはじまっていた南部や中部のように，急激な人口増加の様相はみせていなかった．占領後すぐ建設された「金武飛行場は，その後一時放棄されたこともあったが，1947 年頃から断続的に演習に使用」されていただけだったからである[16]．

金武村と第二次土地接収

沖縄県内で基地拡大が議論されていた頃の金武村は，「陸上の砲撃だけでなく，戦闘機の爆撃，金武湾からの艦砲射撃など，屋嘉から伊芸・金武の一帯は再び戦場と変わらない危険にさらされ，生活は荒廃」していた[17]．

1953 年の布令公布後，伊江島・伊佐浜土地闘争に代表される「銃剣とブルドーザー」は，武力による強制的な土地接収を示すもので，朝鮮戦争で休戦協定が結ばれる前の 1953 年 4 月から 1955 年 7 月にかけて執行され，島内を不安と恐怖に陥れた．そこで金武村は 1954 年 2 月に，沖縄で最初の軍用地問題に関係する地主大会を開催し，同年 3 月に「金武村土地を守る会」を結成した．

こうした状況で，1955 年 6 月に米軍第 3 海兵師団支援航空部隊が沖縄に配備されることが決まり，金武部落民会は後に基地キャンプ・ハンセンとなる米軍基地の整備・拡大計画を知った．この計画が，第二次土地接収にあたる．前述した 55 年 7 月の米国民政府の通告は新規接収予告にあたり，それはこれまで接収された地域を併せると，金武村の約 8 割が軍用地として接収されるものであった（図 3）．

第 2 章　軍用地の成立と利益構造　　53

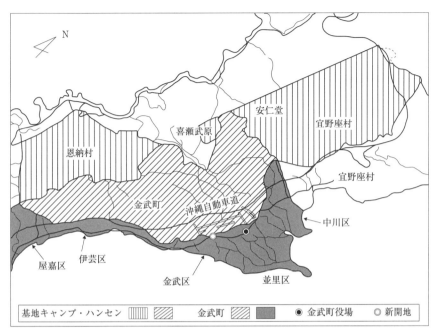

出典：①と②から作成．①キャンプ・ハンセンを示す地部は，沖縄県知事公室基地対策課編・発行『沖縄の米軍基地』2013 年，197 頁．②拙稿「戦後沖縄の基地と女性——地域の変動と軍用地料の配分問題」(同志社大学人文科学研究所編『戦後日本の開発と民主主義——地域にみる相克』昭和堂，2017 年) 407 頁，図 12-2.

図 3　金武町周辺と基地キャンプ・ハンセン

　通告を受けて「金武村は 1955 年 7 月 23 日に金武小学校で村内の地主大会を開催．金武村内地主約 2000 名近くが集まった．その中には乳呑子を抱いた婦人や七，八十才の老婆なども交えた地主」が参加した．この地区大会では，地主代表（村土地委員 10 名と他 5 名）が米軍と交渉することを決め一任した[18]．

　このような経過を経て金武・並里・伊芸区長を含む 5 名の地主代表らは，55 年 9 月 6 日に軍接収地に関する陳情書を主席に提出した．その内容は①村内耕地面積の 62％が軍用地化するため，軍と政府は代替え地の開発と生活保障を与えること，②既設内の軍用地の使用及び山への立入りを従来通り許すこと，③戦前戦後住民が施設した水道が 1948 年に軍用地接収とともに軍に接収され不自由しているので軍の余剰水を使用させること，④新規施設のため住民の地上物に損害を与えた場合に保障すること，⑤軍の雇用する労務者は優先的に地

54

元から採用することなど8項目であった[19].

　だが，陳情書提出後の55年12月11日に，海兵隊の演習による墓や畑荒らしが発覚した．そのため「金武村墓やキビ畑等損害調査」が実施され，「墓荒らしは法で処罰，損害は海兵団で善処　金武村へ軍が回答」と公表された．陳情書に対する回答は，2年後の1957年2月に先記①〜③と⑤に対して"住民の要望にそう"旨が示された．回答から，住民の要望はある程度聞き入れられる感触をつかんだといえる．

　1956年6月には「金武村軍用地所有者協議会」が結成され，その直後，土地四原則貫徹県民大会を開催し（金武村は村役所で），沖縄土地を守る会総連合会（後に土地連となる）が9月20日に結成された[20].

　島ぐるみ闘争が進んでいた頃，金武村の地主らが，同じ北部に属する辺野古の動きを注視していたことはいうまでもない．結果として，久志村辺野古の地主と米国民政府は，56年12月に新規接収に関わる借地契約を結び四原則闘争の一角を崩し，全島を激震させた．「辺野古が米軍と軍用地契約を結んだ」という報道は，56年11月に米軍のラジオ・極東放送を介して，「辺野古の住民代表が『私の意見』と題した原稿を読み上げた」ものである．その後，辺野古の原野は基地となり，商業地域が出現した．各地から米軍相手の業者が流入し，村内の様相は一変した．

　金武村の基地受け入れは村会議員，区長や地主代表者らを中心に議論されていたが，彼らと宜野座村の有志は辺野古を視察している[21].

　その頃，金武区民の有力者は積極的に動き，軍用地料を直接管理するため，1956年に金武共有権者会を設立した．当時軍用地となった杣山の名義は金武村になっていた．管理は金武区事務所がおこなっていたため，それを入会団体である金武共有権者会へ移管したのである．この動きは戦前から金武区に在住する区民の利益を確保し，守ろうとする積極的な行動である．『金武町と基地』は，その頃の経過を「土地連脱退めぐり複雑な底流・軍部隊誘致策に両論・注目される金武村」として次のように記している．

　　5日夜（1957年9月5日）には金武区役所で金武部落選出議員を中心に字金武の軍用地々主百数十名が集り村協議会及び村土地委からの経過報告

第2章　軍用地の成立と利益構造　　　55

をかねて今後の軍用地々主としての行き方について夜11時過ぎまで話し合っているが，……主催者側の村議から「記者取材（沖縄タイムス）を拒否される複雑な状態で」……駐留部隊誘致策は地主大会であげられた12名の折衝委員会（金武区長に村議長，区制議員二名，土地委三名）の協議に任され……会の協議によってしか決められないと語り，殊更に部外者の介入を避けている．この人々によって軍及び政府への働きかけが予定され……マリン部隊を誘致するにはどのような最短コースを選ぶべきかが問題の焦点で，……部隊駐留の実現で基地としての“街づくり”で村民の暮らしをよくしようということが大きな狙いとなっている[22]．

この際広大な新規接収には反対だが，既設収地の周辺を部隊駐留用として多少の接収を認め，村民経済に対する米兵の直接ドルで“くらし”の向上をはかるべきということにつきるようだ．

一部有志の中には，「土地連を脱退すれば，基地部隊を設ける」との軍の示唆に動かされているのではないかとみる向きもあり，土地連切り崩しの政治的含みも在るのではないかとも懸念している．これに対し，村土地委の1人は「一部の者の策動で，実際には地主はつんぼ桟敷に置かれている．5日夜の地主大会も地主の発言は全くなされず，ただ“悪いようにしないからわれわれ12名の委員に一任してくれ”との主催者側の説得で終わっている．ともかく金武村としては重大な段階に立たされているといえ，この際全指導者がジックリと村民の将来を考え，また一面対外的面も考えて慎重に対処しなければならない．駐留基地が必要であれば，米軍自体が乗り出してくる，それをこちらから積極的に進めようとすることは解せない」と語り，……土地連脱退問題は（まだ脱退が確定したわけではなく，村長も“時日を待たねばほんとうの姿は現れない”といっている）．昨今伝えられる“政治不信”“政治の貧困”といった点にまで波及するという極めて複雑な要素を含んでいる[23]．

金武村の第二次土地接収は，結局村面積のうち54％を軍用地とするもので，

それも字金武部落に集中しその82%に相当した．上記の記録からは，様々な情報が錯綜する中で，金武村民が米軍による土地連の切り崩しに加担する事態を懸念する声もあがり，真意の見極めが困難であったと推測される．だが「部隊誘致策」が金武村の指導的な立場にある人々の間で進められたことを示している．そして，そのことが早計すぎるのではないかと懸念も語られている．

こうした中，軍用地地主の代表者らは辺野古の地域経済の動きを見定め，米国民政府との交渉に入っていった．その交渉では，当時の地域社会の力関係や有力者の行動がうかがわれる．『金武町と基地』は，『沖縄新聞』（1957年10月9日）が，「金武村海兵隊基地の永久建設を陳情一括払いも進んで村の繁栄に新規接収も認める」の見出しを掲載し，地主らが基地の誘致運動を既におこなっていることを記載していた．陳情書の署名人はOS（前村長），KT，YK（村会議員，土地委員）NK②，OS②，YM②（土地委員），YS②，UT，NG（村会議員）とされ，「陳情書には米側の要求があれば一かつ払いも新規接収も受けいれる用意があると述べており」，基地の誘致運動が接収予定該当地主の多い金武区を中心に既におこなわれていることを記していた[24]．

彼らの行動からは，これまでの経過から辺野古に続き金武村の土地接収が，抜き差しならぬ所まで進行し覚悟したことが伝わってくる．村の建て直しや水問題など村民の生活が，米国民政府の裁量によってしか成り立たない事態に直面し，既に飛行場が設置されている利点を述べ，従属というよりむしろ協力的な態度を前面に出しつつ，"とれるものはとってやろう"と事態を少しでも有利に進めようとしたことが推測される．

それは，占領下で米国の財力と圧倒的な軍事力に加えて，威嚇を日々目の当たりにする中で判断されたものだろう．

その後，宜野座村が新規接収に同調しキャンプ・ハンセンの建設へと進み，切り崩された島ぐるみ土地闘争は，軍用地料の一定の値上げを勝ち取り，終息へ向かった．

『金武町と基地』は，金武村と宜野座村の村会議員と有志たちが，辺野古の視察に出かけた頃の議論の一部を次のように記している．

　　金武に弾は落ちるけど，ドルは落ちない，……演習は金武でやり，遊興は

辺野古とコザ．軍用トラックの往来で子どもたちの通学も危険だ．……土
地を守る四原則はどうする．激しい議論はつきなかった．実態として演習
場となっている山林の利用もできない状態にあり，危険にさらされている
ばかりで，経済的には何のメリットもない現実に人々は苦悩した．部落常
会を幾度も開き，衆議をつくした上での結論は，新規接収を受け入れ基地
を誘致することであった．「苦渋にみちた選択」であった[25]．

　この議論の背景には主に3点の問題があるだろう．第1は，島ぐるみ闘争の
最中に久志村辺野古は基地受け入れをおこない商業が繁栄していること．だが
海兵隊の駐留については「2，3年前から約6000人のマリン部隊の金武駐留が
予定されていたのが，辺野古に駐屯するようになった」[26]．この記述から海兵
隊駐留にかかわる打診は，順序は不明だが金武村にもあったことが推測される．
結局辺野古への駐留が決まり，演習は金武村で頻繁に実施されていた．当時村
長であった宜野座達雄は，次のように「思い出」を語っている．

　　金武村では一部有志の間で民政府土地課アップル土地課長の説得に動かさ
　　れ軍用地連合会脱退，新規接収を認める，軍用地料の一括払いを認めるこ
　　とを承諾し基地の建設を訴えていました．我々反対闘争を進めている者は，
　　一部村民の希望にそって基地の建設がなされる筈はない，アメリカの軍事
　　上，最も必要との認定によってしかできない，焦ることはないと静観いた
　　しておりました．
　　その頃，旧久志村字辺野古では民政府土地課のアップル課長に通じいろい
　　ろの建設資材を有志の方々がもらいうけていた．金武村の一部有志の方々
　　も，これを夢見ていたようだが，……その夢は実現しなかった．ブルドー
　　ザー二台をもらっただけで終わっている．……その他枚挙にいとまがない
　　ほど，いろいろなことがありました．闘争の連続でした[27]．

　宜野座達雄の「思い出」からは，一部の積極的な動きをした有志の人々に
よって，金武村は基地受け入れの端緒がつくられ，交渉が進められていったと
推測される．だが，彼らは最初に基地受け入れを表明した辺野古と同等な特典

が，受けられず，結局米国民政府に翻弄された様相も窺い知れる．そうした行動の推進力は「頼りにならない政治　欲しい基地の経済的恩恵」とする『沖縄新聞』の見出しが示唆的である．公開されなかった集会の模様は，『沖縄タイムス』（1957年9月7日）で一部だが，次のように報道された．

> 他の軍用地と違って金武は演習のみに使用されている．……その状況はひっきりなしの機上からの射撃，砲撃，銃撃などの演習，それに上陸演習だ．その演習による山林，原野及び農耕地に及ぼす被害は大きなもので，それだけ犠牲を強いながら，経済的には何らの恩恵もなく住民の不満は，大きなものがある．……特に水源地が軍用地域にあるため，水不足は極度のものがあるようで，ここ数年来水道施設を訴えているが，未だにその実現をみない[28]．

　水問題とは演習場内に水源地があるため村は十分な水を確保できないと言うものだ．そのことに関連して宜野座村長は琉球「政府の力では一向に実現をみない水道に，このような動きの原因の1つがある」と「政治不信」といえる言葉を口にした[29]．既述したように，琉球政府の自治は限られており，米国民政府によって常にコントロールされ，結局，食糧・水問題など生活に直結した問題が遅々として進まなかった．「このような動き」とは，主に基地の誘致に踏み切ろうとする行動を指すのだろう．水問題については1955年に陳情書を提出し，既にみたように2年後の1957年に，住民の意向が受け入れられ解決された．
　第2は，当時の村経済の逼迫した状況である．「村人口6770人のうち軍用地地主が1374人そのほとんどが林産場（主として薪）に頼り，僅かに残された耕地で農業は，ほそぼそとしたもの．村経済の逼迫は著しく，何とか軍用地域を利用しての生活建て直しをしたいというのが村民全体の考え方といわれる．その点駐留部隊誘致の空気は村全体の空気といえ，問題は分担金拒否によって土地連を脱退すべきかが大きな焦点」となっていたのである[30]．
　1957年9月時点の金武村は，立法院で確認された四原則堅持から抜けるために土地連を脱退するかどうかを議論していたのである．

第2章　軍用地の成立と利益構造　　　　　　59

　第3は，米軍駐留に伴い起こり得るトラブルの問題である．「辺野古の……すばらしい繁栄に刺激され早くから金武村にも米軍を誘致して村の経済を繁栄させるべきであるという動きと米軍駐留に伴い起こり得るいろいろのトラブルを予想してそれに反対する動き」である[31]．性暴力事件・事故の議論は，新聞報道で説明されていない．この問題がどのように議論され，クリアーされたかは定かでない．先述したように金武村の村会議員らは辺野古を視察している．辺野古では「古くからの集落の中に入り込んできた歓楽街で起こる様々な治安の問題に，村当局は住宅地と歓楽街を分離する方針で，新たな町づくりの構想」を進めていた[32]．この構想を聞き知ったため，金武村では性暴力事件・事故を一定地区に封じ込めようと居住区から離れた松林を造成し，新開地としたのではないかと推測される．

　ここで，戦前の日本における軍隊の誘致運動はどのようなものだったのか，参照しておこう．日清戦争後の軍拡で，師団は12個まで増設された．そこで誘致運動が1895年頃から鳥取にはじまり，静岡，福島，秋田へ拡大し，陸軍相への陳情合戦が東京で展開された．そして，誘致運動では，「土地買収をめぐる紛議」がたびたび起こっていた[33]．松下孝昭は「多くの所では，地価を釣り上げようとする動きは説き伏せられ，陸軍省の予算内でおさまるように決着している．地価高騰が原因で兵営の立地を逃してしまっては，繁栄が他に移ってしまうという恐れが，反対者を説伏したり寄付を募ったりする際の論拠となった」と述べている[34]．その結果，軍隊は日露戦争中に第16師団まで増設された．

　誘致運動が盛んにおこなわれた理由の一つは，経済効果であった[35]．しかも軍隊に遊郭はつきものということが一般の通念となっていた．そのため，師団の設備・維持管理，軍人に関係する商業だけでなく，多くの地域で遊郭も整備された．日本軍の師団設置地域では，様々な事件・事故が起こっていたが，多くは表に出ずじまいだったのである．

　基地誘致の問題は複雑である．もちろん，戦前の日本本土の軍隊誘致と沖縄のそれを同列に扱うことはできない．日本軍の誘致はまがりなりにも陸軍省で対応されたが，沖縄は戦闘と威嚇の下「帰属する国家はなく，住民はいかなる主権の保護からも外され，いわばむき出しで軍事支配下に置かれていた」[36]．そして，復帰後も外国軍隊の駐留が行なわれているのである．金武村や辺野古

の基地誘致問題を振り返ると，第二次土地接収に関連する強権的な執行は，地域が米国民政府の恫喝と懐柔の中で鳥山淳が述べた「強いられた協力を選択するほかない現実に」直面した諦め感も見受けられるが，その中で金武村に少しでも有利になるよう交渉を進めようとする積極面もうかがわれる．

当時は本土のレッドパージと同様，「アカ」という名指しが使われ，誹謗中傷と反共弾圧が強まった時期である．「屋良朝苗日誌」には，「軍から恐るべき書類が全住民に配られた．いよいよ，圧迫がはじまった」と世相を知る手がかりが記されている[37]．また，米軍政府高官は占領下における米軍と沖縄県民を「ネコの許す範囲しかネズミは遊べない．……ネコとネズミの関係」と例えた．それは「講和条約後も解消されることなく，戦後27年間におよぶ沖縄の立場を象徴」していたのである．そして，1952年以後は，「沖縄占領の継続が確定していたにも関わらず，米国の経済援助は減少し続けていた」ため，もはや新規の基地建設に関わる資本投下だけが，沖縄各地のインフラ整備や軍作業による雇用拡大をもたらすと考えられていたのだろう．

その結果，基地誘致は予想される事件・事故より，経済問題が優先されたといえる[38]．その後1995年まで，数多くの性暴力被害・事件に口をつぐんできた．基地の町では，戦後の占領状態が形を変えつつ継続しているといわざるを得ない．

2 軍用地料と基地問題の概略

付加される軍用地料の性格

軍用地料は，基地賃貸料である．ここで地料の性格がどのように変容していったかを確認しておこう．その大幅な値上げは3回実施された．1回目は，先に述べた「島ぐるみ闘争」後の1959年である．来間は，この時から地代計算に「本来の地代に加えて生活保障の要素」が組み込まれたと論じる[39]．2回目は，沖縄の本土復帰後である．沖縄返還交渉は，「アメリカのベトナム政策の破綻，日米の政治的経済的力関係の相対的変化，対沖縄政策の破綻を受けて，……日米同盟再編強化のための協議が沖縄返還交渉という名目の下で進められた」[40]．だが，同時期に激しい復帰運動が展開され，運動の中で復帰後の米軍基地使用の是非が改めて問われた．それを受けて契約を拒否する地主

や自治体が出現したことから，政府は，「法的」処理と軍用地料の値上げで対抗し，多くの地主は土地連を介して契約した．来間は復帰後数年の間に軍用地料に「見舞金，協力謝金などが上乗せされ『実質は6倍を超えた』とし，地主はこの時を大きな転機として基地反対から基地容認に転換したといっていい」と分析した[41]．そして，ここに依然として基地反対を貫く反戦地主が誕生したのである．復帰後は日本政府が，米国に変わって毎年地主と使用料の交渉を行い，契約更新を進めている．

　3回目は，1995年の事件に抗議する県民大会が開催された後で，経済不況にもかかわらず，地料はさらに上積みされた．この3回の島民による抗議行動や運動は，軍用地料に生活保障や見舞金などを上乗せさせることにつながった．それは冷戦下で，アジア太平洋地域における米軍の前線基地を沖縄が担うことに，支障がでないように支払われてきたといえる．地料の金額決定が，市場要因ではなく政治的要因を含むといわれるゆえんである．しかも，復帰後の軍用地料は表1でみるように毎年値上げが続き，多くの人々から基地集中の対価と受け取られている．

基地の集中と不公平感

　基地問題の背景には，日本の米軍基地面積のうち約7割が沖縄に集中していることに関わる．主な問題は4点と言えよう．

　第1は，基地の集中に起因する基地被害が，他府県に比較し抜きんでて多いことである．例えば，航空機騒音，土壌・水質汚染，海洋汚染や軍人・軍属による事故，そして性暴力事件だ．そのことが，沖縄県民に不公平感をもたらしている．ここには米軍基地という「迷惑施設」の立地や是非が，日本全体の安全保障政策や国際関係に影響する問題であるにもかかわらず，「立地の対象とされた地元自治体が受け入れるかどうかという地域問題に矮小化され」続けている現実がある[42]．

　1998年以降の主な選挙では，日本政府が振興策という名目の予算措置をちらつかせ「『経済』か『基地』か」という争点のすり替えが常態化している[43]．川瀬光義は，「基地問題も経済問題もいずれも重要な政策課題であり，決して二律背反ではないはずである．にもかかわらず沖縄の人々は『不条理な選択』」

を強いられてきた」と指摘する[44].

　また，米国の都合・意思により戦争や紛争が起こされ，テロの標的とされる危険性もある．2011年9月の『琉球新報』は，9.11テロ事件の発生後，「在沖米軍基地の警戒レベルがあがり，基地警備体制は強化され，原潜の寄港情報の報道機関への事前通告は非公表となった．……むしろ住民が巻き込まれる可能性があることが浮き彫りになった」と報じた[45]．当時，観光客が激減し沖縄経済が打撃を受けたことは記憶に新しい．これらは，沖縄の人々の努力の範囲を超えている．

　第2は，日米地位協定が不平等条約であることだ[46]．この地位協定は日本に駐留する米軍への対応を定めた協定で，1951年に旧日米安保条約が締結された翌年に結ばれた日米行政協定を前身としている．「その協定を結ぶにあたってアメリカ側が最も重視した目的が，①日本の全土基地化，②在日米軍基地の自由使用だった」[47]．旧日米安保条約の不平等な内容は日本国民の不満を高め，それが1960年の日米安保条約改定へつながる一因となった．しかも，「行政協定の多くの不平等な内容がそのまま地位協定に残された」のである[48]．その後主要な改定はされていない．日米安保条約に基づき基地公害では地位協定第3，6，9条に該当するがそれらの調査もできず，事故・性暴力事件は地位協定第17，18条などであるが，日本政府によって直接介入や警察権の行使ができることはまれである．

　なぜ，そのような状況が続いているのか．戦後をみると，米国は世界中に数百もの基地・軍隊を駐留させているが，刑事・裁判権は地域で異なる．裁判権は，派遣国と受入国のどちらが持つかによって3種類に分けられるが，ここでは，日本が受け入れている派遣国と受入国の双方が裁判権をもつ場合を確認しておきたい．その基準は，「駐留軍の構成員が勤務中か勤務外かによって決める方法」である．それは，NATO地位協定を取り入れたもので，「駐留軍構成員が勤務中に犯した行為であれば派遣国が，勤務外に犯した行為であれば受入国が第1次裁判権を有する」とされた．だが，第1次裁判権を有する国が裁判権を放棄すれば，第2次裁判権を有する国が裁判権を行使する[49]．沖縄で駐留米軍人が事件を起こした場合，新聞報道は，まずこの点に注目する．ここで，問題となるのは，勤務中かどうかを誰が判断するのかである．勤務中かど

うかの判断は，議論があり常に注目される項目でそれほど単純には決められな
いと言われるが，林は「簡単にいえば，犯罪容疑者の所属部隊長が勤務中であ
ると認める証明書を発行すれば，勤務中として扱うべきだというのが米軍の主
張である．……原則としてその証明書がそのまま通用することが多い」[50]．ま
た，裁判権放棄率は「イギリスとカナダは 10%程度で英語圏諸国のみが例外
である」と述べている[51]．

　日本はほとんどのケースで放棄している状態が続いている．近年の数字をみ
ると「1997 年から 2005 年の間は，受入国の放棄率が 84.9%から 94.2%の間を
推移している．……最近の方が 1950 年代よりもはるかに高い水準で受入国が
第 1 次裁判権を放棄している」[52]．これは米国が，形式的には受入国の第 1 次
裁判権を認める協定を結んでいるが，実際には「かっての植民地あるいは属国
に対する帝国の特権を今日においても堅持しようとしていると言ってよい」と
考えられるのである[53]．

　第 3 は，軍用地料が県民を分断することである．それを端的に表しているの
は，1995 年のあの事件に抗議する県民大会で土地連が「基地返還とか安保廃
棄に発展すると，基地を容認する地主の立場からは無条件に賛同できない」と
して唯一不参加を表明したことだ[54]．人々はこれを忘れていない．

　第 4 は，軍用地料が「宅地並みの評価を受けていること」や，毎年値上がり
を続けていることである[55]．そのため軍用地の金融商品化が懸念されている．
2005 年頃から在沖米軍用地が県外在住者に購入されるようになり，軍用地が
金融商品として利殖の対象とされている．WEB 上の売買情報も目立つ．防衛
省の資料によると 2007 年・08 年度の 2 年間で県外在住者の購入は，65 人にの
ぼったことが明らかになった．関係者からは「県外に軍用地主が散らばると，
跡地利用の前提となる地主の合意形成作業に支障が出るのではないか」と懸念
され，金武町軍用地地主会や入会団体は，軍用地の売却を希望する人のために，
毎年予算を組み購入している[56]．それは，地権者の分散を防ぐためといえる．

　このように米軍基地は賃貸契約で，軍用地料は賃貸料であるが，問題は日米
地位協定の不平等性をはじめ米軍があらゆる場面で未だに占領軍意識があると
思われることだ．宮本憲一は占領意識に関連し，基地機能の強化と再編に付随
して現れる基地公害や不平等な日米地位協定に関する沖縄の状況を「軍事的植

民地」と論じ，さらに「『アメリカ帝国』の地域支配戦略は旧帝国主義国家のように占領地域で領土を要求しない．それにかわって必ず巨大な基地を存続させ，それによって事実上その国・地域を植民地あるいは衛星国にしている」とカリフォルニア大学の政治学者チャルマーズ・ジョンソンの発言を紹介している[57]．

地権者と軍用地料

表1から1972年と2003年を比較すると，復帰時に高額になった軍用地料はさらに約6倍となった．そこには米軍再編とその強化，さらには基地維持にかかわる日米両政府の政治的動向が透けて見える．

復帰以降も軍用地料が高騰したことについて，NHK取材班は土地連会長経験者である花城清善（1930年生）にインタビューをおこなった．彼は沖縄戦下の1945年4月に，母と弟，学校の同級生とともに米軍に投降した．父が戦死したため軍作業員となり基地との共存生活を続け，後に個人タクシーを経営した人物である．そして，宜野湾市軍用地地主会長を1983年から24年間務め2002年から2年間は，沖縄県土地連会長も兼任した．

彼は，復帰時における軍用地料の6倍の値上がりをどのように受け止めていたかについては，次のように語った．

それまでずっと米国の施政権下で様々な仕事をしてきたので，復帰したら，

表1 沖縄県の米軍基地の状況 基地面積等の推移

年	沖縄県，駐留軍従業員数	沖縄県年間賃借料（百万円）	キャンプ・ハンセン年間賃借料（百万円）	金武町従事者数（キャンプ・ハンセン）	施設面積（ha）	施設数
1972	19,980	12,315	617	353	28,661	87
1975	12,735	25,951	1,772	165	27,048	61
1980	7,177	31,116	2,377	213	25,587	49
1985	7,457	38,314	3,235	350	25,373	47
1989	7,689	42,650	3,898	377	25,026	45
1993	7,813	55,140	4,986	390	24,530	43
1998	8,443	68,245	6,112	427	24,283	39
2003	8,678	76,568	6,969	500	23,687	37
2008	8,928	78,375	7,220	555	23,293	34

出典：沖縄県総務部知事公室編『沖縄の米軍及び自衛隊基地（統計資料集）』（沖縄県総務部知事公室，1990年・2010年）と金武町従業員数は金武町総務課からの資料提供により作成．2013年3月12日．

これまで通り仕事や生活を続けていくことができるか不安でした．ですから，余りガタガタせんで，矛を収めて早く賃貸料をもらおう．矛を収める時期を間違えないようにしよう．そういった声が，特に高齢者に多かったです．……六分の一しかもらえていなかったのが，やっと本来の姿に帰った．六倍もあげてくれたんだから，いいじゃないか．
……飼い慣らされていた．もう慣れっこになっていた．戦後の放心状態からやっとここまできたのかなという感じはあったけれども，契約の相手である国に対し，抵抗とか何とかするなんて考えなかった．すべての面でお上が決めることだと．

　次に，沖縄の中にも「軍用地料は高い」という見方があるが，さらに増額を求める心境については、以下のように述べた．

　私たち地権者は現実論として考えます．これが大前提です．我々は地権者の生活を守っていかねばなりません．……ある政治家の人からは，「軍用地料は不労所得だ」といわれたことがあるんですが，……これは僕らの祖先が汗水流して求めた土地……祖先が遊ぶ間もない位一生懸命になって，借金をしながら土地を買って運営した．それが戦争になって基地にかわった……不労所得といわれるいわれはないと思います．

　また，1999 年に国から送られた感謝状は、「国の防衛のためであるということであれば致し方ないのではないかという気持ち」に対する感謝とする．そして，軍用地料が年々増額してきたことから軍用地の権利のトラブルが増えてきたとも言う．ところで，花城は，役員を降りた後の 2010 年 4 月に開催された普天間移設問題に関する県民大会で壇上に上った，これは異例といわれる．その心境は，これまで基地問題について諦観があったが，「日本全国にわかってもらいたい……県民が大変な苦労をしていて，基地の負担で不満があるんだということを」と軍用地主の中にある激しい葛藤を訴えたものだった[58]．
　ここで，軍用地料からみた地主像を沖縄県や土地連資料から確認しておきたい．沖縄県全体の軍用地料は，2011 年度で総額 918 億円（米軍基地 798 億円，

自衛隊基地120億円）が計上されている．個人に渡る軍用地料は支払額別所有者数（自衛隊分も含む）から年間100万円未満が54.2％，100万円～200万円未満が20.8％，200万円～300万円未満が9.1％，300万円～400万円未満が4.8％，500万円以上が7.9％である[59]．全体をみると，高額取得者はいるものの，約7割は200万円未満である．

　金武町では土地連に加入し個人で軍用地料を受け取る人と，入会団体から地料を受け取る人が重なっている場合がある[60]．金武町でも過半数の人は200万円未満と推測される．市町村が受け取る軍用地料は課税されないが，個人は課税される．このようなことから土地連は，防衛省・沖縄防衛局と軍用地主の間に立ち，独立した調停・調整組織の役割を担ってきた．約20年前であるが，土地連は1993年に軍用地料に関係する調査を行ったので，その分析結果をみよう[61]．

　　地料を含めた年収をみても500万円以下というのが全体の73.9％，1000万円以上というのも中に入るが，ごく一部（1.8％）である．大多数は普通のサラリーマン並である．特に地主の43.4％が無職というのは注目される．50才以下の人が全体の84.7％を占めていることとあわせて考えると，多くの人が地料を重要な収入源としていることがわかる．……県の調査結果の分析の中で，職業によって意識の違いが明確に認められることを指摘している．
　　返還や跡利用を希望するのは，公務員が28.8％で最も高く，農業が最も低い．年齢構成などを考えると一概に職業の違いだけで片付けられないとしながらも，公務員の理解度を評価している．収入に占める地料の割合の調査がないので，推量になるが公務員の場合年収に占める地料の比重が小さいために，返還に積極的とも考えられる．

　この調査結果から地主の年齢は，60才以上が約6割を占める．そのため『琉球新報』による地主モデルは，「高齢化が進み返還にためらう60歳代で無職男性」の見出しで掲載された[62]．
　次に，地料はどのように使われているのだろうか．さらにさかのぼるが，

第2章　軍用地の成立と利益構造　　　67

1980年代後半を反映した田島利夫（地域計画研究所代表取締役）の講演では「結局，この（軍用地料）収入も個々にみるとそんなに大きくはない．としますと，これはどうも家計の手助けにはなっているけれども，それ以上の投資とか事業資金に回ってくる経済環流はおこなわれていないのではないか．生活資金としての重要性はなお依然として続いている，……沖縄経済が何かを始動するかと云うことになりますと若干疑問だなと思います．……全体でみますと事業資金として環流してくるとは思えない．使われ方としては，どうも個人消費として消えていくしかないのではないかとみている」[63]．この講演会記録は1988年のもので，好景気であったバブル崩壊前の一面がうかがえるものである．

　その後地料は増額したが，深刻な不況が継続する中で後述するように沖縄県の建設業でさえ打撃を受け倒産が続くようになった．沖縄県と全国の1人当たり年間所得平均計をみると，1995年の沖縄は203万円，全国平均が302万円，2000年には210，304，2005年には204，303，2010年には198，283，2014年には209万円，298万円となっている（数値は万円以下四捨五入）[64]．1990年代後半から2000年前後までは増加傾向を示したが，その後減少し2010年を境に微増傾向をたどっている．

　軍用地料は微増しているにもかかわらず，個人所得からみると投資や事業創出に結びつかないどころか，所得水準は全国最下位を続けている．軍用地料が家計に組み込まれ生活費となっているというだけでは，割り切れないものが残る．

　また，軍用地料には更新協力費が加算されているが，2010年に「大蔵省は軍用地が金融商品化していることを材料に『政策的使命は終えた』」と更新協力費の予算削減を求めた[65]．このようなことから，軍用地料だけでなく昨今自衛隊予算が巨額になるにつれ，思いやり予算がどのように組み変えられていくかにも，関心がもたれている．

　最後に土地連に関係する，近年の軍用地契約問題に触れよう．軍用地は復帰時に日本政府との契約問題に直面し，20年間契約とされてきた．1992年の契約は期限切れとなり2012年に再契約問題がもち上がった．来間は2011年9月に，軍用地の再契約問題に関する土地連の態度を次のように批判している[66]．

土地連が軍用地料の引上げを要求する場合，周辺地価よりも低いと主張することがおこなわれてきたが，今回は新たな理由を付け加えている．「基地の危険負担への損失補償」である．基地があるからその危険を負担している．その損失を補償しろというのである．……基地を残させているのは土地連であろう．……その基地が様々な危険をもたらしていると言う．だが「誰に対して」か，土地連の会員だけにではなく「県民一般」にたいしてであろう．そうするならば，「県民一般」に対する補償を要求すべきところなのに，そうではなく自分たちしか受け取らない軍用地料の値上げを要求するというのである．

……軍用地料の水準は高い方がいい，というにとどめておけば，土地連も一つの利益者団体であるのだから，見過ごすこともできないではない．

しかし，「基地被害」を口にすることは，土地連としては大きな飛躍をしたことになる．社会のあり方への「批判的対応」に踏み出したのである．……基地を批判して，その事件・事故を糾弾し，その撤去を要求する方向に進まねばならない．「基地被害」を口実にして，地料の引上げを要求するとは，そのようなことにほかならない．

この記事は軍用地料の獲得が，どのような意味をもつかを検討する契機となった．土地連が軍用地料の引上げ理由に，基地被害に対する補償を求める主張をしたことは，これまで予想すらしなかったことである．土地連でさえ，基地被害が甚大であることを認めざるを得ないのだろう．とはいえ，来間は土地連が「自らの利益」のみ追求したことに，後日談を記している．

土地連の内部に異変が起こった．2012年3月末の土地連理事会で，地料の倍増要求の先鋒に立っていた浜比嘉勇会長が退けられたのである．5月14日に満期を迎える米軍用地の20年の賃貸借再契約で，土地連が求める賃貸料算定方式の見直しや賃貸料を1782億円に近づけることに防衛省は応じていない，ぎりぎりまで契約せずに交渉するという浜比嘉氏の方針に対し，地主から賃貸料の支払いが遅れることへの懸念が高まり，柔軟姿

勢で防衛省側との交渉に臨む喜屋武茂夫氏と支持が割れたことが反映した．……つまり，前年度比196％増の要求が1％余の増で納得したのである．……要求の不当性と，その論理崩壊の姿をわれわれはしっかり見つめなければならない[67]．

　上記の経緯は，土地連の中にも基地被害の受け取め方と軍用地料の値上げを求める根拠に，納得できない要素があることをあらわしている．このような軍用地料をめぐる矛盾の根源には，何があるのだろうか．結局2012年に実施された軍用地の今後20年間の再契約では，地主約47,000人のうち約43,000人が再契約する一方，新たに114人が契約を拒否した．国は対象地を駐留軍用地特別措置法に基づき強制使用する．行政区で軍用地使用を拒否し話題になったのは，高額な軍用地料収入を得る金武町並里区であった[68]．

　『琉球新報』は並里区を取材し，「1959年に米軍に土地を接収されて以来，一貫して返還を求める同区は，オスプレイの同訓練場付近での飛行訓練が増えていることも重なり，返還への願いを強めている．……期限が切れた軍用地の再契約を求める防衛省に対し，強い拒否姿勢を崩さない．……区長は，『国は日米関係を優先し，地元の被害を理解しない．最終的に法を盾にして，強制的に使用する』と納得がいかない」と記述している[69]．

　また，嘉手納町軍用地等地主会は，2015年6月に土地連を脱会した[70]．この脱会は今後軍用地料問題にどのような影響をもたらすのか注目されている．

　1995年の事件はすでにみてきたとおりであるが，北部に属する金武町の地域組織は，当時どのような動きをしたのかを再度確認したい．町役場は，毎年行なわれる行政活動の一環として入会団体とともに政府に軍用地料の増額を要求した．町役場発行の広報紙『広報金武』に掲載された1997年度金武町長による施政方針演説は，「軍用地料については，各区財産管理会とともに関係機関へ要請行動を実施し，県平均を上回る地料の増額を得ました」と述べ，金武町と土地連・入会団体が陳情した結果が記されている[71]．

　だが，軍用地料に含まれている迷惑料は，全町民に公平にいきわたったのだろうかと疑問をもつ．当時は，日本経済だけでなく基地の集中する沖縄経済の低迷をも招き，公示地価が下落していた．それにもかかわらず，軍用地料は増

額されたのだ．その時期の軍用地料の値上げは，戦後50年経てもまだ続く基地被害，なかでも米軍兵士による性暴力事件に，日本政府が県民の怒りを静めるため執られた政治的判断の施策を示している．

3　軍用地と利益構造

緊密なネットワーク

復帰に際し，軍用地に関する賃貸借契約は米国から日本に変更され，軍用地料が大幅に増額されたことは既に述べた．その後，軍用地を抱える地域社会で形成されてきた利益構造は，どのように変化していったかをみよう．日本政府は沖縄の基地が，復帰後も縮小されることなく維持・継続されるために，地位協定に関係する密約，核密約を締結しつつ，「思いやり予算」と称する様々な財政支出を執行してきた[72]．

それは常に日米安保体制を堅持する立場で支出されている．基地維持政策と巨額の財政支出の配分に関連して，地域にはそれを支える緊密なネットワークが形成されている．それは地域の力関係を反映した構造といえるが，必ずしも政府に従順とはいえず，絶えず政治的な駆け引きが渦巻いてきたと考えられる．「個人が独自の情報と動機に従って反応して」きたといえるためだ[73]．さらに地主固有の価値観や利害があるだろう．

日本は戦後米軍基地維持に関わる財政支出が，他国と比較して格段に多いことから，ケント・E・カルダーは，日本の基地維持政策を「補償型政治」と特徴づける[74]．あらかじめ確認しておくと，「基地はそれ自体が何らかの付加価値をもたらす経済活動の主体ではない．特に復帰後の在日米軍基地の存在がもたらす『経済効果』の多くは，思いやり予算や軍用地料など，日本政府の政治的思惑に左右される財政支出によってもたらされるもの」である[75]．

日本の米軍基地維持政策は，復帰以後に基地反対派に対して強権を行使せず，実質的な補償＝利益をはかる政策が進められてきた．その補償は基地によって不利益を被る様々な関係者に支払われてきたのである．典型的な例は，市町村や個人に支払われる軍用地料である．このような補償によって「国は基地反対感情を和らげ，外国軍基地プレゼンスの安定をはかろう」とする[76]．この手

法は財政が豊かな時期には有効であろうが，今後は未知数である．

　ここで重要なことは，「補償型政治には，補償とともに補償を正当化する手続が必要になることである．反対派への財政支援が，反対派自身と地元社会の批判的な目に買収とみられないような理由付けが必要なのである」[77]．そのことを踏まえ，補償型政治を支える主な機関・団体を3点からみてみよう．

調整役を担う沖縄防衛局と土地連

　沖縄防衛局の業務は，防衛省の諸政策の企画・立案の過程で必要となる地方公共団体との調整や意見集約などの協力確保事務，沖縄県内にある米軍及び自衛隊施設の管理などである．沖縄には嘉手納町，那覇市，金武町，名護市に関係機関が設置されている．

　なかでも，日米地位協定に関することでは，在日米軍の構成員等による事故等の損害賠償に関わる事務，駐留米軍と県・市町村，個人に関連する一連の事務などを遂行する．

　ここで重要なことは，沖縄防衛局が基地軍人によって引き起こされる性暴力事件など微妙なことも含め「あらゆる問題に迅速に，そして物惜しみせずに対応できる，独特な権限をもっている」ことである[78]．

　旧防衛施設庁の沿革に関係するこの業務体系の「恐らく最も重要な利点は，政府の最上層部に直結しているので，業務遂行を妨げかねない行政や低いレベルの政治的抵抗を回避できることだろう．……独立した組織であったため，より軍事的な政治的要素の薄い防衛庁の思惑にとらわれず，基地の安定経営を中心とする独自の限られた関心事の下で優先順位を決められたことがあげられる」[79]．そのことに関連して金武町金武区の地主は，以前は事件や調整事項があると「酒をもって地域に回ってきたが，最近は少なくなった」と証言した[80]．この談話は職員が夜まで語り明かし，地域の中に好意的なネットワークを築き，維持することを業務の一部としていたことが推察される．だが，近年はそれが減ってきたと言う．それはネットワークへの対応が変化していることをうかがわせる．

　沖縄の土地連の前身組織は1953年にさかのぼる．1955年頃の「島ぐるみ闘争」は前述した．土地連は軍用地主の代弁者的役割をもち，毎年軍用地料の値

上げ交渉の窓口として利益構造の中心に位置する．土地連の理事は軍用地を抱える市町村の首長・議会長をはじめ，軍用地主会会長などで構成される．

「現在，43,087 人（2012 年 3 月末現在，米軍及び自衛隊基地それぞれの地主数の合計）の軍用地主が存在し，軍用地料を受け取っている．2013 年度における沖縄県の人口と世帯数は，1,416,587 人，548,603 戸である [81]．（ただし，契約拒否地主（国との米軍用地賃貸借契約を拒否している地主）約 3,870 人は含まない）」[82]．土地連の会員は，県世帯数の約 7.3 ％を占める．

前述したように軍用地料は，復帰時にこれまでの約 6 倍支払われることとなった．下記はこの交渉に参加した直接の当事者，砂川直義（当時土地連事務局長）の証言である．

　　まさに政治主導っていうんですか，これを目の当たりにしたという実感はありますね，ああなるほどと．国の予算の仕組みとか，どこで決められるとかいうことは全く知らないままきているわけでしょ．それを当時の政調会長の"鶴の一声"で決まるというやり方ね，まさしく政治的解決だなということを実感しましたね [83]．

この証言から軍用地料の金額決定では，政府の政治的判断が大きく影響することが改めてわかる．さらに，毎年交渉では政権の意向と土地連の利害が，双方で確認される関係が推察される．先述したように土地連は，1995 年の事件に抗議する県民大会へ不参加を表明した．このことに関わり沖縄タイムスは，県土地連の事務局長である砂川直義にインタビューをおこなった．砂川は次のように述べていた [84]．

　　県民大会の趣旨は，人権にかかわるだけに県民として当然賛同できる．しかし，大会決議に基地の全面返還が盛り込まれることが十分予想されることから，それを危惧する意見が強い．返還後の跡利用の目途がつかない中で，無条件に返還を求めることについては抵抗がある．

これに対し当時の大田昌秀沖縄県知事は「それぞれの団体には，それぞれ

第2章　軍用地の成立と利益構造　　　73

の立場がある．地主にとっては自分たちの生活の糧の問題であり，理解できる．基地に頼る構造ができており，行政がそれを解きほぐさないと心配は変わらない」とする見解を述べた[85]．

そして，県知事大田が 10.21 県民大会に出席するかどうか注目されていたが，彼は宜野湾市の大会に海上を経由し参加した．その後土地連は，県知事選挙で稲嶺恵一支援を決定したのである．機関誌には「必勝へ軍用地地主会一丸の臨戦態勢を」と記載されていた[86]．稲嶺は自民党県連が擁立した沖縄県経営者協会特別顧問であった．沖縄県知事選は振り子のように揺れる．

一方，土地連と相反する立場で反基地闘争の旗手となってきた反戦地主は，政府・沖縄防衛局から地料額で差別されている[87]．沖縄の基地維持を国防上の至上命題とする政府にとって，軍用地料は魅力ある収入にし続けなければならない．それため反戦地主（契約拒否地主）への「差別」は，明確にされなければならないのである．

差別的対応その1は復帰後，契約地主には「提供施設契約協力謝金」が4回も支払われているが，反戦地主にはない．その2は契約地主の土地は一施設一評価方式だが，反戦地主の土地は個別評価方式．この2点が損失補償金の減額をもたらし，反戦地主が激変する要因になった[88]．政府は土地連加盟の地主を厚遇する一方，契約拒否地主を冷遇し，政府と土地連の関係をさらに強くしていった．

このようなことから沖縄の基地維持を支える構造は，その中心に沖縄防衛局と土地連が位置し独自の権限とネットワークをもつ．土地連は沖縄防衛局を介し政権に強いパイプを維持し，毎年軍用地料の値上げを実現している．軍用地主は代替わりしていくが，それにもかかわらず土地連は政権与党と結びつき，共済組合（1968年設立）も運営し，独特な強い調整機能を持ち続ける組織である．

その中で日々航空機の騒音，環境汚染，演習被害など「軍用地料に縁のない基地周辺住民は，ムチを受任するだけなのか，政府のアメとムチ政策の狭間で，多くの県民が抱く素朴な疑問」である[89]．

市町村と財政

表2は基地キャンプ・ハンセ
ンを擁する恩納村，金武町，宜
野座村の基地面積と財政に占め
る軍用地料の割合を示したもの
である．面積と財政に占める地
料の比率はほぼ相関しているこ
とがわかる．基地をもつかどう
かで自治体財政の豊かさが異な
る．だが，軍用地のない自治体
は，財政が苦しいが「基地に由

表2　基地キャンプ・ハンセンの町・村における 米軍基地面積と軍用地料の割合など

地域	①町・面積に占める基地面積の割合	②町・村予算に占める軍用地料の割合
恩納村	29.2	18.0
宜野座村	50.7	31.7
金武町	55.6	30.0

注①沖縄県総務部知事公室編『沖縄の米軍及び自衛隊基
　地（統計資料集)』（沖縄県総務部知事公室，平成27
　年3月」
（https://www.pref.okinawa.jp/site/chijiko/kichitai/toukeisiryousyu
2703.html 最終閲覧日，2019年5月14日).
②金武町は町役場総務課の聞き取りで作成（2013年8
月2日）．恩納村・宜野座村は各村役場総務課へ電話
の聞き取りから作成.
2015年2月5日. 単位：%.

来する地域のもめことや被害がとても少ないので，軍用地がないことはよいこ
とだ」ともいう[90].

　1990年代以降の沖縄振興開発事業費と沖縄県内の基地関係収入の推移を比
較すると，「沖縄振興開発事業費は復帰以降，ほぼ毎年増加し，1990年代は
1998年度をのぞいて概ね3000億円台で推移しているが，2000年代になると減
少が続き，10・11年度は2000億円を下回っている．そしてこれに代わって基
地関係収入の相対的大きさが増しつつある．それは沖縄振興開発事業費が減少
に転じた1998年度以降も増加を続け，最近は微減傾向にあるものの，近年は
2000億円近い水準で推移していることがわかる」[91].

　このことは沖縄県内全自治体を対象とした事業の経費と，基地所在自治体を
対象とした財政支出がほぼ同額であることを示す．これは沖縄経済の低迷が続
くことへの配慮ばかりでなく，普天間基地移設に関する反基地運動が全島的に
ひろがっていることに関係するのだろう．

　金武町長は，町議会が基地被害抗議決議を採択しても，必ずしもその決議に
同調しない．例えば，それは米軍施設の受け入れを決定する際にみられる．金
武町では1990年代後半に，基地返還（ギンバル訓練場）とセットで提案され
た「象のオリ」受け入れに町全体が揺れ，町議会は反対決議を行ったが，結局
金武町長は受け入れを決定した[92].

　その背景には町財政における軍用地料収入と基地関連収入が大きな割合を占

めていることや金武町商工会の要望が出されたためといえる．沖縄では，県知事をはじめとする基地を抱える市町村の首長選挙において，立候補者が基地問題にどのようなスタンスをとるかが注目されている．基地を擁する市町村の首長は，土地連役員を構成し，基地維持に関わる影響力を持つ立場ともいえる．軍用地料収入を得る私的団体については，第4章で金武町の区事務所と入会団体について取り上げる．

軍雇用員と自営業者

軍雇用員は復帰前後の数年で，大量解雇と自主退職により半減した．その後思いやり予算が増額されるにつれ，沖縄県の軍雇用員は徐々に増加してきた．金武町の従業員数をみると，1975年には165人まで減少したが，「県道104号線越え実弾射撃演習」や山火事など基地被害が増加した1989年には377人に増加し，75年比にすると約2.3倍となった（表1）．さらに2000年台はじめには500人になっている．これは金武町役場が毎年米軍と沖縄防衛局に働きかけ，軍雇用員の採用には金武町民を優先するよう申し入れてきた成果といえる．

軍雇用員の多数は，全駐労軍労働組合沖縄地区本部（略称：全駐労）に所属する．全駐労は軍雇用員の労働組合で，占領期の米軍の布令第116号によって労働三権が禁止されていた頃，基本的人権の回復を要求して1961年に結成された全沖縄軍労働組合（略称：全軍労）を前身とする．全軍労は復帰前，米軍基地従業員の大量解雇に反対し，沖縄の本土並返還を掲げ激しい運動を展開したことで知られている．全軍労の軍雇用員は，基地維持と反基地運動をどのように考えていたのだろうか．元基地労働者で全軍労に所属したMK ②は，以下のように証言した[93]．

　　現在の基地労働者の諸権利――賃金，退職金制度，ボーナスなど――は，米軍から与えられたものでなく，たたかって得たものだ．基地にもパート・派遣労働者が増え続けており，米軍の必要に応じて配転が強いられている．
　　米軍基地で働いていて，反基地運動に参加することは，沖縄の矛盾とのたたかいだった，とてもハードルが高い．自分が働いている職場に反対し，

基地を返せ，なくせということだから．だが，ベトナム戦争が激しくなっ
た頃から，仕事の中に血なまぐさい戦争の実態が色濃くみえるようになり，
もう嫌だ，仕事を辞めようかと悩み実際止めた人もいた．だが，自分一人
が止めても基地はなくならない，生活のために基地で働いているが魂まで
売り渡せないと考えて，ベトナム戦争反対や基地返還の立場になった．

　彼は，米軍基地内で労働組合を結成する困難さを経て，様々な要求を勝ち
取ってきたこと，ベトナムと沖縄の間でピストン輸送される武器や兵士の実情
を語った．戦争が映像ではなく生身の人間によって行われ，すでに自身が戦争
に荷担しているかもしれないという心情をも映し出しているようだ．

　全駐労は，1995年の事件とその後の反基地運動を反映し分裂した．1997年
には，「沖縄県内の基地従業員は約8300人いるが，このうち約6300人は全駐
労沖縄地本に加入．沖縄駐留軍労働組合（略称：沖駐労）は1996年8月，全
駐労の日米安保条約に対するスタンス，運動方針に反対し結成された．組合員
は約200人が加入」[94]．全駐労は当時約76％の組織率で復帰運動後も沖縄平和
ネットワークに参加し活動を続けてきた．

　一方，沖駐労は結成当時約2.4％の組織率で，沖縄平和ネットワークと決別
する方針とともに基地維持を公言する組合である．沖駐労は1997年に，防衛
施設庁に要請をおこない「自民党本部で開かれる同党沖縄県総合振興対策に関
する特別調査会にオブザーバーとして出席」している．この行動に対し，全駐
労委員長は，「沖駐労は組合として機能しているかわからない．自民党は基地
従業員の意向を聞きたいのなら，なぜ全駐労に聞かないのか．社会的にみれば，
非常識である」という見解を示した[95]．

　これは要請行動の中身が問題ではなく，基地従業員の中で反基地運動が拡大
することを懸念した政府の労働組合対策の一環ではないか．1995年以降の沖
縄県と政府間の亀裂が，労働組合レベルでは分裂という形で表れたといえる．
この分裂は全駐労の影響力を弱め非組合員を増加させる契機になった．

　その後，2008年に全駐労は沖縄平和ネットワークを離脱した．全駐労地本
の座間味寛書記長は「基地がなくなれば仕事がなくなる．10年ほど前から組
合の中から，基地撤去を求めることや米軍再編に対し不安の声があがってい

る」と述べた[96]．軍雇用員の労働組合は，2008 年以後全てが沖縄平和ネットワークから離脱し，組織的には基地維持を掲げる団体となった．基地労働者は家族とともに基地維持を掲げる一大勢力に組み込まれたように見えるが，基地被害にはどのようなスタンスを取っているのか実態は不明である．

金武村商工会（商業部会，建設部会，社交業部会）は 1963 年に任意商工会として発足し，1973 年に法人格を取得した[97]．町制移行後に金武町商工会と名称変更し，中・小規模事業者の中心的指導機関であり，沖縄県商工会連合会に属する指導団体である．

金武町における 1991 年度末の会員数は，369 で，業種別内訳は建設業 40，製造業 25，卸小売業 226，金融・保険業 2，不動産業 3，電気・ガス業 0，運輸通信業 4，サービス業 67，その他 2 であった[98]．基地施設や新たな機能受け入れに関係する商工会の対応をみると，楚辺通信所（象のオリ）移設受け入れの要請は，1998 年からおこなわれていたが，1999 年 3 月に，「定例議会で町商工会からの条件付き受入要請」として採択された[99]．

自衛隊誘致の経緯では，金武町・宜野座村・恩納村は 2005 年当初，使用の反対を表明したが，2007 年 11 月 8 日に各首長は防衛省説明会に出席した後，共同使用の受け入れ容認に転じた[100]．同年 11 月 28 日に金武町商工会は，陸上自衛隊の訓練期間中の駐留受け入れに関する要請を行った．自衛隊の使用内容は，演習と不発弾処理などである．金武町は受け入れに伴い「再編関連特定周辺市町村」に指定され，再編交付金は原則 10 年間 2017 年まで交付されることが決定された．

建設業者は商工会員が多く，土地連と並び，ながらく基地維持を支持する団体である．先述したようにこの業種は，1990 年代後半以後経済不況と日本の財政状況の悪化に影響され，経営が低迷し 2000 年代に至っている．名護市の建設会社はこの経過を以下のように述べている．

渡嘉敷組はかって，振興策による基地関係の工事など，公共事業の売上げが全体の半分以上，多い時には 7 割を占めていた．そのため，これまでは基地の“恩恵”を受け続けようと，名護市への基地移設を容認，基地関係の仕事を率先して受注することで，業績を伸ばしてきた．……名護市の移

設案が浮上した 1996 年当時は建設業界全体が，公共事業の受注が増え続け地域が活性されるのではと歓迎した．……2000 年代に入り，移設計画によってもたらされた何百億という振興策があったにもかかわらず，各社の利益は伸びず，疲弊し，やがて倒産に追い込まれた．……基地依存からの転換をはかることにした[101]．

　長引く構造的な不況の影響は，沖縄の建設業であっても逃れられないことがわかる．長年沖縄県の建設業は基地に依存し，基地維持の利益構造に組み込まれてきた業種といえる．渡嘉敷組は一例であるが，建設業界では他にも基地依存から転換する企業が出はじめている．特に中小の自営業者への影響は大きいといえよう．基地周辺の社交業組合は，金武町を対象とし第 3 章で検討する．

4　住民の意思と権益

基地被害と町民世論

　基地被害は，第二次大戦後も戦争や紛争を続ける米軍により引き起こされてきた．金武町の経過をみよう．金武村議会が米軍関係事件で琉球列島高等弁務官などにおこなった要請は，1964 年が最初であった．復帰前後には米兵による殺人事件が数件発生し，その後次々と事件・事故が基地被害として計上されてきた．1979 年には，金武町伊芸区長から金武町長宛に「アメリカ合衆国軍隊基地演習被害に対する抗議」が提出され，次いで金武町議会は 1985 年に，地方自治法の規定により，米兵による犯罪に対し犯人の引渡しを求めた意見書を採択した．

　町議会はこの経緯を以下のように述べている．基地被害に対する「町当局や議会の対応は，被害当事者を抱える各区より遅れ，復帰後になって陳情・要請主義から抜け出し，抗議し要求する姿勢に変わってきた．その姿勢は昭和 58 年頃（1983 年）から特に多くなり，抗議・要請・意見書という形で多面的かつ行動を起こす取り組みが強化されてきた」[102]．住民が様々な基地被害に対し公然と抗議するようになったのは復帰後であり，被害と町議会決議数がその変化を物語っている．

金武町が公表している基地に関する事件・事故の基地被害件数と町議会決議数によると，1981-1990年では被害件数103件，決議が6件，1991-2000年では，100件と32件である．後者では町議会決議が5倍に増加した．その主な内容は基地返還に関する意見書，基地返還要求決議，暴行・殺人事件に対する抗議，「象のオリ」移設反対，キャンプ・ハンセンへの米軍普天間基地の移設に反対する要請決議，米軍による山火事と赤土汚染に対する要請決議，米軍基地関係に関する要請決議などである．

1972年から2010年までの期間では，町道での事件・事故が多い．同時期，金武町議会が抗議，意見書を採択した件数は，70件と多数で抗議せずにいられなかった実態がわかる（表3）．

さらに詳しくみると，山火事は甚大な環境破壊をもたらす[103]．それは県道104号線越え実弾砲撃演習により多発し，24ヘクタールから100ヘクタールと広い範囲で燃え広がってきた．煙や火は数日間続くこともまれではない．1980年代に入ると，それは年間二桁台の回数が続いた．SACOの合意後，その訓練は1997年に本土へ移転した[104]．

訓練が移転したにもかかわらず，山火事は近年も発生しており，2005年4月のそれは記憶に新しい[105]．山火事は赤土流失を引き起こし，海洋汚染の原因になり，近海の珊瑚が死滅していくばかりでなく，粉じんとなり舞い上がる．ギンバル訓練所近隣の並里区や中川区では，花卉や野菜栽培に被害を出してきた．

米兵らによる殺人・暴行事件は訴えた件数のみが記録され，新開地の事件・事故は，エリアとして新開地であるが，それをみると金武町は5区でなく6区である．これらの事件は1985年以降，町議会で議論の対象となり抗議・決議が採択されてきた．1995年には金武町議会が，内閣総理大臣らと駐日米国大使，在沖米国総領事，キャンプ・ハンセン司令官らに抗議し，決議文を提出した．軍人による暴行事件は，沖縄振興計画費の増額や基地返還と跡地利用計画の策定などロードマップ作成を進めSACOにつながった．だが，計画の進捗状況は緩やかである．

金武町の基地被害抗議の経過からわかるように，沖縄県民の反基地運動が1995年の県民大会以降強まったようにみえるが，その運動は突然起こったこ

80

表3 復帰後の金武町基地被害と町議会決議数

年	町議会決議	被害数	基地内・町道		4区内	
			暴力事件	事故	暴力事件	事故
1972		1	1		–	–
1973		3		1	1	1
1974		1	1		–	–
1975		2	1	2	–	–
1976		8		4	–	4
1977		5			–	–
1978		8		2	–	5
1979	1	4		1	–	3
1980		6	1	3	–	2
1981		17		13	–	4
1982		21		15	0	5
1983		11		10	–	3
1984		11		11	–	–
1985	1	1	1		–	1
1986		3		2	–	1
1987	2	5		3	–	2
1988	2	20		15	–	5
1989		8		4	0	3
1990	1	6		4	–	2
1991	2	6	1	2	–	3
1992	2	11		5	0	5
1993	4	11		5	0	5
1994	5	13		6	–	7
1995	4	4		2	0	1
1996	5	8		7	–	1
1997	3	17		15	–	2
1998	2	12	1	10	0	1
1999	2	7		5	0	2
2000	3	11		9	0	2
2001	3	6		3	–	3
2002	1	11		10	–	–
2003	2	8		7	0	2
2004	3	7		2	0	5
2005	5	5		2	–	2
2006		5		4	–	1
2007	3	14		10	–	2
2008	6	12		11	–	1
2009	6	8		4	–	2
2010	2	7		4	–	1
合計	70	324	7	213	0	89

出典：表は金武町企画課（2013年10月16日）と金武町議会事務局（2013年10月9日）からの資料に
より作成.

とでなく長年の積み重ねによることがわかる．金武町議会の日米地位協定の見直しに関する最近の決議は，2010年12月「日米地位協定の抜本的な改定を求める要請決議」であった．

なぜ基地被害が減らないのだろうか．減らない理由は，多くの人が指摘しているように日米政府が，日米地位協定の見直しを進めていないことや基地被害は軍隊のもつ本質に根ざすものであるためといえるのではないか．

軍隊の本質について前泊博盛は，「遵法精神や，基本的人権を尊重するような兵士は戦場で役に立たない，『殺せといったら殺す，死ねといったら死ぬ』と軍隊の中ではいわれていることです．それが軍隊，道徳観や倫理観，正義感の強い軍隊は戦場では使い物にならない」とし，兵士と暴力性が一体であると論じている[106]．

また，米軍でなく自衛隊ならばよいのだろうか．沖縄県史や市町村史の戦争編の記録をみると，沖縄戦頃から現代における軍隊の本質は，自衛隊も同様といえよう．先述したように基地キャンプ・ハンセンは，自衛隊が共同使用している．2009年に金武町議会は，「自衛隊ヘリのキャンプ・ハンセン内レンジ4使用に対する意見書」を採択した．自衛隊は日米地位協定と無関係であるため，日本が裁判権をもつが，自衛隊も米軍同様，地域環境に配慮した上での演習を実施することはない．基地が存在し，軍用地を温存したまま基地被害は減らせないといえよう．

基地被害が甚大である中，軍用地料は既に深く地域経済に浸透している．既に述べたように軍用地料は，基地被害に対する迷惑料・償い金として支払われる側面があるにもかかわらず，受け取りには不公平感がある．償い金として増額された例として，前述したように1996年度キャンプ・ハンセンを擁する金武町長，宜野座村，恩納村長は入会団体とともに陳情をした．これは通常の行政活動である．だが，性暴力事件をはじめ生活の安全問題は，基地があり続けながら軍用地料の増額で担保されるのだろうか．

地域に軍事基地が存することによる弊害は，主に3点といわれている．第1は，軍用地料を受け取ることから勤労意欲の減退を招き，受け取る本人だけでなく周辺の人々の勤労意欲もそぎ，将来が憂慮される面が指摘されている．後述するウナイの会にも指摘されていた．

第2は，1980年代以降，金武町では基地被害数が増加し，抗議の町議会決議件数が増えた．ここでは健康被害，暴力事件と事故をみよう．催涙ガス流出事故が1980年頃に起きた．それは1980年3月27日に，キャンプ・ハンセン内演習場から琉球精神病院に催涙ガスが流れ込み患者，職員に多大の被害を与えた事件であった．特にガスが流れた近隣には，病院の保育所があり幼児へも被害が及んだ．『琉球新報』では以下のように報道されていた．

> 村当局によると，このような症状の訴えは1979年9月以来5回もあり，……金武小学校の全生徒が一度に目やのどの痛みを訴えた，基地近くの住民が役場に通報，27日は同村浜田にある国立・琉球精神病院の職員らが同様な症状に，……しかし米軍側は「いっさい知らない」との態度をとってきた[107]．

金武町役場は事件発生から約半年経過した1980年3月29日に，やっと健康被害の抗議として「訓練施設の移転要求へ」動いた[108]．この事件では琉球精神病院支部の看護師・事務職員をはじめとする女性たちが，米軍に強く抗議することを全日本国立医療労働組合（全医労）沖縄地区協議会に訴えた．沖縄地区協議会は，1980年4月7日に在沖米総領事館と那覇防衛施設局に軍事演習即時中止を強く申し入れた．全医労沖縄地区協議会は，「催涙ガス事件で基地被害が表面化した格好だが，琉球精神病院では日頃から砲声，照明爆弾に悩まされているほか，病院敷地内に米兵たちが侵入し，ふろ場をのぞいたり，患者を抱きすくめようとすることが以前から起きており，病院管理そのものに支障をきたしている」と抗議が出された[109]．

また催涙ガスによる健康被害は，訓練以外でも発生していた．1987年の12月5日夜，金武町新開地「クラブオリオンで米兵が催涙ガスらしき白い粉をまき散らし従業員や客が目や鼻などに激痛を訴える事件があった．……その米兵は威力業務妨害で逮捕」された[110]．

第3は，基地の存在は在日米軍が戦争に関わることを示し，基地があることにより他国の戦争や紛争に巻き込まれることが懸念される．前泊は「広大で強大な米軍基地は，……脅威であり，有事の際には『最優先の攻撃ポイント』で

あるのは，軍事的に考えれば当然の論理……沖縄県民にとって米軍基地の存在は先制攻撃を誘い，命を危険にさらす迷惑千万な施設」と指摘する[111]．金武町は米軍再編計画の一環で，1999年に最新の軍事通信施設を受け入れた．その受け入れは，町が他国の標的にされる可能性を高めたといわれている．米公文書の開示情報によると，キャンプ・ハンセンに司令部を置き，「沖縄に駐留する米海兵隊の中核を担う『第31海兵遠征部隊』（31MEU）」は，『年100日超は海外』で訓練をくり返し，……行動範囲は東アジアから中東にまで」および，基地を留守にしている[112]．米軍が沖縄から日本の安全を見守ってくれているわけではないのだ．

　ここで，金武町の基地問題に関係する町内の動きをみよう．金武町役場・金武区事務所によると，1980年代頃から運動の進め方は数種類ある[113]．まず，①町議会が抗議決議を採択する，②実行委員会形式の町民抗議集会をおこなう，③金武町長が抗議・集会を決意する場合である．行動は，①に関する町議会資料を月1回の各戸配布でおこなう，①＋②，①＋②＋③，②のみのほぼ4種類である．そして集会決定の方途は異なっても，その通知は区事務所を通じ町内へ回覧などで周知され，賛同署名と多くの場合カンパも募る．基地被害は長年地域の重要問題であることがわかる．

　あらかじめ述べると，軍用地料問題をたたかった女性たちは，仕事や学業で町外へ出たこともあるが，1980年代初めには金武区へ戻っている．彼女らは基地被害抗議運動が頻繁におこなわれる地域で暮らしてきた人々であった．

　米軍演習を糾弾する町民総決起大会の模様を町の広報紙『広報金武』から紹介しよう．1988年10月に金武町議会は，総理大臣，沖縄県知事，駐日米国大使などへあてて，キャンプ・ハンセン実弾演習場の即時撤去と被害者への速やかな補償を求めて抗議決議を採択した．同時に「米軍演習を糾弾する町民総決起集会」が開催され，町長の挨拶の後，参加者からは，以下のような意見表明がされた[114]．

　　高校生のYAは「白昼，銃弾が飛んで来るのは異常としかいいようがない．米軍の無謀な演習は，もう我慢ならない．私たちが，平和で安心して暮らせる生活をするには，軍事基地を撤去する以外にない」．

青年会代表の IN は,「米軍は多くの人命が失われなければ,演習を中止しないのか.米軍基地は諸悪の根源,基地撤去を希望する」.

GY 金武町議会議長は,「年々事故は多発傾向にある.これらのことから事件・事故をなくすには,演習場の即時撤去しかない」と訴えた.

金武町議会議長の発言は,金武町の人々の代弁であるとともに自身の考えもあったと推測される.そして,町には安心して暮らせる生活をなおざりにするなという声が日増しに高まっていく.

地域の模索と変化

金武町では冷戦終結後の米軍再編計画を受け,1994 年 2 月金武町軍用地跡地利用フォーラムが開催された.そのフォーラムの背景は,「広報金武」1992年 4 月 1 日号における町長の施政方針が示唆的で,以下はその概要である[115].

国際情勢の変化,超大国ソ連邦の解体は世界の潮流を変え,新たなうねりの中で東西の緊張緩和や軍縮が進んでいます.このことは米軍基地を抱える本町や本県にとって重大な意味をもち,海兵隊の削減計画など本町の行財政及び経済的基盤を揺るがすようなインパクトを与え,……それに加えバブル経済の崩壊も景気後退に拍車をかけている状況.……基地問題については,本町の行財政及び経済基盤に深くかかわりがあり,その動向を常に注視しておりますが,将来削減されることが懸念され,今後の推移をみながら対応策を講じていくとともに,土地利用上不可欠な地域については,積極的に返還を要請し基地の整理縮小を考えてまいります(1992 年度 3月定例議会).

1994 年のフォーラムでパネリストとして登場した金武町軍用地等地主会長は,「軍転特借法を法制化しない限り,跡地利用は難しい」と,軍用地地主会の複雑な内情が述べられた[116].金武町商工会長は,このフォーラムの前に一部の会員にアンケートを実施しその結果を紹介しながら,軍用地料がもはや不労所得であると指摘し,リゾート開発と自衛隊使用の検討に言及した[117].商

工会の言動の背景には世界的な米軍再編計画が浮上しているなかで，地域経済振興の一環として観光業の育成に舵を切る意見表明といえる．

金武町商工会長の発言は，後のギンバル跡地利用計画の経過をみると全て検討された．1999年には米国のドジャーズタウンとして野球選手養成学校を誘致したが，2001年に断念した．その後ギンバル跡地利用計画は，医療機関の誘致，リゾート開発計画と各種出されてきたが，進捗状況は思わしくない．

米軍再編計画の軸は，冷戦終結により表面化した2点の主要問題が据えられている．第1は，宗教と民族あるいは加速するグローバル経済の拡大と地域のせめぎ合いに対し，米国が世界戦略の見直しを迫られたこと．第2は，1980年代からはじまった兵器開発における技術革新の結果，情報通信・電子機器技術が応用されはじめたことにより，米軍の海外駐留が見直されたことである．

こうしたことから，金武町でも「跡地利用は返還された土地を再開発するだけでなく，基地であるうちに整備させ，跡利用するという考え方」が，町長によって述べられたといえる[118]．フォーラムは米軍再編計画がはじまっている情勢を背景に，基地の利益構造を構成する町役場と地域団体が，基地維持と経済振興対策を討議する場であったのだ．

また，基地に依存するだけでなく地域経済振興をさらに進めようとするもう一つの背景を考えてみたい．それは軍事基地の権益をめぐるグローバル企業の関与である．米国はベトナム戦争後，反戦運動や財政危機に陥り様々な部門で機構改革をおこなった．代表的なものは，徴兵制から志願制に変わったことや基地維持に関わる部門の請負企業の増加をもたらしたことである．

請負企業は，世界の米軍基地の建設，物資供給，維持を担うなど基地運営業務である．米国の行政部門の民営化は，1970年代後半に軍隊にも導入され，従来兵士の仕事であった洗濯，食事の準備，掃除などは，民間請負企業の業務に変わってきた．そのため企業は，「世界でも特に安価な労働力を探すようになった．それはフィリピン人や世界の旧植民地であった地域の国民」である[119]．

このように沖縄の米軍基地の運営と維持管理は，既に国際的なグローバル企業が参入している．沖縄の基地建設時には，英語が話せるフィリピン人が雇用されていたが，ベトナム戦後には，現地採用の沖縄県人である数万の軍雇用員が大量解雇された．その後には，上記のようなグローバルな請負企業に雇用さ

れた英語圏の旧植民地出身者であるフィリピン，インドなどの低賃金労働者が就業するようになっている．

　さらに日本・沖縄の米軍基地の維持管理では，沖縄防衛局が実施する WEB 上の競争入札を介して，中小企業と米国の軍産複合体に関係するグローバル企業が競合する．そして入札では，しばしば地元の中小企業が敗北する．このようなことからも基地の町の観光業をはじめとする産業育成が，ここに来て主要な課題となっているのである．

　その後，米軍再編計画は順次提案されていく．これまで沖縄では反基地運動が強まると，日本政府が財政措置を増額するという状況が続いている．その予算増額と基地返還運動は常に天秤にかかっており，いずれにしても反基地運動は沖縄にとって不利益にならないと考えられている側面がある．

　一方，反基地運動からは日米安保条約や日米地位協定の改正が政府や全県民に問われている．日本政府からは安全保障・防衛政策が政府の専権事項であるため，一県民の異議申し立ては聞く立場にないし，聞かないという言葉が 1995 年以降たびたび聞かれる．政府のその言説は当たり前のようにマスコミに登場する[120]．

　地方自治法ではどのように規定されているのか．地方自治法第一条には，専権事項という言葉から連想されがちな国の裁量で何でも決め，住民，県はそれに従わなければならないとする記述はない．専権事項とは役割分担として国がやるべき仕事のことであって，それに異議申し立てすることを禁じているかどうかではない．

　むしろ条文にあるように，「地方公共団体は，住民の福祉の増進をはかることを基本として，地域における行政を自主的かつ総合的に実施する役割を広く担うものとする」ため，「地方公共団体の自主性及び自立性が十分に発揮されるよう」国は，尊重しなければならないのではないか．住民の生命，財産，自由，あるいは住民の生活基盤である産業に関することであれば，それが外交や安全保障に関連しようがしまいが，地方公共団体は住民の福祉のために意志を表明すべき立場にあるといえよう．そうしたことから沖縄では，他府県人が，沖縄の世論を聞こうとしない，あるいは聞かなかったことにしている人々が多いと感じている．

後述するように金武町では，2009 年頃にも軍用地料を受け取るならば，基地被害抗議運動などは慎むべきと圧力のかかる地域である．日本や沖縄の反基地運動，平和運動では，軍用地料の獲得は何を意味するかを議論してこなかったため，地権者の中には上記のような発言が当たり前のようにあるのではないか．

金武村が基地を受け入れた経緯は，地域経済の復興を基地に託していく過程に思えるが，じつは複雑である．そこには沖縄戦後，全島を軍事基地化しようと進む米軍の方針を前に，米国の財政力と卓越した軍事技術を目の当たりにし，その豊かさに圧倒され，経済的利益を期待した側面がうかがわれる．その背景には，沖縄が米軍占領下に置かれたことから，村も自力で復興を目指さざるを得ないという危機意識が存在したのではないか．

そのことを踏まえて基地と金武町の関係をみると，基地キャンプ・ハンセンの受け入れは，戦後地域社会が基地経済と基地維持の利益構造を形成する契機となり，再編されていくはじまりといえる．

だが町では，基地建設当時から雇用や経済効果だけでなく，基地被害が生活の安全を脅かし，環境破壊を引き起こしてきた．復帰後，特に 1980 年代以降，住民は被害の増加で抗議せざるを得なくなってきた．基地被害に抗議する町議会決議の増加は，基地に対する住民の変化といえる．こうした経緯から長年町には，生活の安全をどう確保するかという地域問題があり，基地被害が生活の問題であることは，2012 年の再契約問題にみるように，土地連に加入する軍用地地主にも共通するといえる．

他方，日本の経済不況，グローバル経済の拡大がさらに進み，米軍再編計画が浮上し，軍用地料の配分に関わる不公平性がもたらす経済的な格差は，1990年代後半以降さらに拡大した．金武町民は基地と地域経済，生活の関係を見直すことになっていく．

註

1）沖縄公文書館「USCAR 文書　天皇メッセージ」資料コード 0000017550.「資料 203 駐日政治顧問部 W・J・シーボルトから国務長官あて」（山極晃・中村政則『資料日本占領 1 天皇制』大月書店，1990 年），579-580 頁.

2）金城正篤・上原兼善・秋山勝・仲地哲夫・大城将保『沖縄県の百年〈県民百年史 47〉』

山川出版社，2005年，244頁．

3）中島琢磨『現代日本政治史3 高度成長と沖縄返還 1960 〜 1972』吉川弘文館，2012年，3頁．

4）基地反対闘争の代表的な例は，内灘や砂川における闘争に見られる．

5）NHK取材班『基地はなぜ沖縄に集中しているのか』NHK出版，2011年，33-34頁．

6）金城正篤ほか，前掲書，245頁．

7）以上については，NHK取材班，前掲書，40頁．米軍は布令第109号によって，1953年4月から1955年7月にかけて武装米兵などを動員し，真和志，銘苅，小禄，伊江村，伊佐浜などで「銃剣とブルドーザーによる暴力的土地接収」を強行した（前田哲男・林博史・我部政明編『〈沖縄〉基地問題を知る事典』吉川弘文館，2013年，18頁）．金武町軍用地等地主会編集委員『金武町軍用地等地主会　四十周年記念誌』金武町軍用地等地主会，1993年，202頁．

8）以上については，「由美子ちゃん事件」は1955年に嘉手納村で発生した強姦殺人事件，被害者は6歳の女児．容疑者は米軍人で逮捕されたが，処罰はうやむやにされた．金城正篤ほかによる前掲書は，「プライス勧告は，沖縄基地の軍事的価値を強調し，一括払いと新規土地接収はあくまで強行する，という内容だった．『一括払い』とは要するに国土の買上げに等しい．異民族による土地買上げは，植民地化への布石ではないかという疑念が人々の民族的感情を刺激した」と記している（252頁）．

9）島ぐるみ闘争は，「プライス勧告反対闘争としてはじまった．その意味では，軍用地問題が中心にあった．しかしそれはある意味では，10年におよぶ軍政下の圧政，言論弾圧，人権侵害，選挙介入などに対する反発を一挙に爆発させたものであった．従って軍用地問題は，軍用地所有者の問題ではなく，沖縄社会全体の問題であった」（前田哲男ほか編，前掲書，19-20頁）．それゆえ米国民政府は危機感をもち，軍用地料の値上がりを検討したといえるだろう．さらに，その頃の沖縄の状況については，沖縄問題調査会『水攻めの沖縄——囚われの島・沖縄の日本人』青木書店，1998年（初版1957年）を参照．

10）金城正篤ほか，前掲書，245頁．

11）金武町軍用地等地主会編集委員，前掲書，123-130頁．

12）支払金額は，金武町誌編纂委員会編『金武町誌』金武町役場，1983年，85頁を参照．

13）仲間勇栄『沖縄林野制度利用史研究——山に刻まれた歴史像を求めて』ひるぎ社，1984年，157-158頁．

14）部落有林野統一事業は1907年．治水事業は1911年．「公有林野造林奨励規則」施策の実施は1914年．

15）NM①からの聞き取り（於：金武町，2013年5月18日）．

16）沖縄県金武町編『金武町と基地』金武町，1991年，23頁．

17）同上．

18）以上については，金武町軍用地等地主会編集委員，前掲書，27頁，202-204頁．軍用

地の第二次接収問題に対する金武村議会の議事録や資料は存在しない．町議会事務局によると，「当時，村議会では，基地受け入れは議会で議決することではないと認識されていた」という（町議会事務局からの資料提供，2019年7月4日）．なぜ基地キャンプ・ハンセンの受け入れが村議会で議決されなかったのかを考えると，主に2点が浮かび上がる．1つは，当時の奥間清盛村長（1952-56年）が「村をして処理できる問題ではない，個々の地主の意志による」と述べたことである（金武町軍用地等地主会編集委員，前掲書，204頁）．2つ目は，辺野古の基地受け入れ問題では，地主が直接米軍と折衝をした方が，効果的という報道によったのではないかと考えられる．また，混乱した議会の内情を映し出しているのかもしれない．

19）金武町軍用地等地主会編集委員，前掲書，205-206頁．

20）同上書，29頁・207頁．「金武村軍用地所有者協議会」は，1954年6月に設立された「金武村軍用地主協議会」を改称したもの．

21）以上については，金武町議会史編纂委員会編『金武町議会史』金武町議会，2004，年45頁．NHK取材班，前掲書，47頁．さらに，NHK取材班は，「米軍側から直接的な圧力もあったようである．……島袋権勇（元・名護市議会議長）がその圧力の証拠を見せてくれた」と記す（同上書，44-45頁）．ラジオ・極東放送『私の意見』には，伊佐浜のように強制収用となるよりは，地主が琉球政府を介さず，直接米軍と折衝した方が効果的と決まり，少しでも有利になるよう陳情した結果，一定の譲歩が得られたこと，さらに「相手方の考え方，力を知らない上……，自分の立場もわきまへずに戦ったら，いくら戦っても危ないものだ」という言葉が添えられていた（同上書，47-49頁）．

22）沖縄県金武町編，前掲書，150頁．

23）同上書，152頁．

24）沖縄県金武町編，前掲書，153頁．

25）同上書，33頁．

26）同上書，152頁．

27）金武町軍用地等地主会編集員，前掲書，20頁．

28）沖縄県金武町編，前掲書，151-152頁．

29）同上書，151頁．

30）同上．

31）同上書，152頁．

32）名護市史編さん委員会『名護市史・本編7 社会と文化』名護市役所，2002年，607頁．

33）松下孝昭『軍隊を誘致せよ――陸海軍と都市形成』吉川弘文館，2013年，75頁．さらに荒川章二『軍隊と地域』青木書店〈シリーズ日本近代からの問い6〉，2001年を参照．

34）同上書，76頁．

35）同上書，97頁．

36）西谷修「接合と剥離の四〇年」（『世界』第831号，2012年6月）102頁．

37）以上については，鳥山淳，『沖縄／基地社会の起源と相克 1945-1956』勁草書房，2013年，

196 頁. 1953 年 7 月 11 日日記,「屋良朝苗日誌　001 1953 年（昭和 28 年）1 月 20 日～
4 月 16 日」, 沖縄県公文書館蔵, 資料コード 0000099312.

38) 以上については, 金城正篤ほか, 前掲書, 240-241 頁. 鳥山淳, 前掲書, 189 頁.

39) 来間泰男『沖縄の米軍基地と軍用地料』榕樹書林, 2012 年, 83 頁.

40) 新崎盛暉「はじめに　手段としての沖縄返還, 目的としての解放・変革」（初出 2004
年, 新崎『沖縄同時代史 別巻　未完の沖縄闘争』凱風社, 2005 年）8-11 頁.

41) 来間泰男, 前掲書, 65 頁.

42) 川瀬光義『基地維持政策と財政』日本経済評論社, 2013 年, 5 頁.

43) 同上.

44) 同上書.

45)「中東作戦に在沖米軍／極東条項なおざり／基地の県民生活影響鮮明」（『琉球新報』
2011 年 9 月 10 日）.

46) 正式名称は「日米安保条約第 6 条に基づく基地ならびに日本国における合衆国軍隊の
地域に関する協定」である.

47) ①と②は, サンフランシスコ講和条約第 6 条（a）の後半による（前泊博盛『本当は
憲法より大切な「日米地位協定入門」』創元社, 2013 年, 19 頁）.

48) 前田哲男ほか編, 前掲書, 54 頁. さらに, 島袋純・阿部浩己編『シリーズ日本の安全
保障 4　沖縄が問う日本の安全保障』岩波書店, 2015 年.

49) 林博史『米軍基地の歴史——世界ネットワークの形成と展開』吉川弘文館, 2012 年,
158-160 頁.

50) 同上書, 160 頁.

51) 同上書, 162 頁

52) 同上書, 166 頁.

53) 同上書, 167 頁. 日米安保条約は「全権（吉田首相）すら条約の内容を直前まで知ら
されず, 国民が知ったのは調印後であった. 日米安保体制には絶えず秘密外交, 密約が
密接不可分だが, 安保体制はその成立当初から国民主権の理念に反し, 政府の秘密主義
の土壌の中で成立した」（前田哲男ほか編, 前掲書, 11-12 頁）.

54) 沖縄県軍用地等地主連合会『土地連のあゆみ＝創立五十年史＝新聞編集編Ⅰ』2004 年,
785 頁.

55) 沖縄県知事公室基地対策課編・発行『沖縄の米軍基地』2013 年, 137 頁.

56) 琉球新報社編著『ひずみの構造——基地と沖縄経済』琉球新報社〈新報新書〉, 2012 年,
8 頁.

57) 宮本憲一『戦後日本公害史論』岩波書店, 2014 年, 583-590 頁.

58) NHK 取材班, 前掲書, 101-109 頁, 194-195 頁.

59) 沖縄県知事公室基地対策課編・発行, 前掲書, 137 頁.

60) 金武町土地連会員数は 1486 人（2015 年 2 月 23 日現在, 電話からの聞き取り）.

61) 土地連五十周年記念誌編集委員会, 前掲書, 506-507 頁.

第 2 章　軍用地の成立と利益構造　　　　91

62) 同上書，507 頁.

63) 喜久村準・金城英男『どこへいく，基地・沖縄』高文研，1989 年，131 頁.

64) 内閣府沖縄総合事務局「沖縄県経済の概況」（平成 30 年 10 月），14 頁（同局ホームページ，http://www.ogb.go.jp/soumu/soumu_sinkou/003093 最終閲覧日 2019 年 5 月 5 日）.

65) 更新協力費は，沖縄県内で米軍用地の長期賃貸契約（20 年契約）をした地主への礼金. これは反戦地主（5 年契約）と差別するために支払われてきた経緯がある（琉球新報社編著，前掲書，2012 年，12 頁）.

66)「軍用地の再契約問題／『自らの利益』のみ追求／『危険負担』で値上げ要求」（『沖縄タイムス』2011 年 9 月 23 日）.

67) 来間泰男，前掲書，2012 年，90-91 頁.

68)「拒否 114 人　前回の倍以上／被害に怒り　行政区拒む」（『沖縄タイムス』2012 年 5 月 21 日）.

69)「金武町並里区／軍用地返還を求め半世紀／増す騒音『美しい岬返して』（『琉球新報』2012 年 11 月 1 日）.

70)「嘉手納が土地連退会／地主会 軍用地料格差影響か」（『琉球新報』2015 年 6 月 28 日）.

71) 金武町役場総務課『広報金武 縮刷版（301-350 号）』金武町役場総務課，2005 年，270 頁. 各区財産管理会は入会団体のことである

72) さらに、復帰に際しての密約では，西山太吉『沖縄密約──「情報犯罪」と日米同盟』岩波書店（岩波新書），2007 年を参照.

73) ケント・E・カルダー（武井楊一訳）『米軍再編の政治学──駐留米軍と海外基地のゆくえ』日本経済新聞出版社，2008 年，194 頁.

74) 同上書，199 頁.

75) 川瀬光義，前掲書，69 頁.

76) ケント・E・カルダー，前掲書，199 頁.

77) 同上書，200 頁.

78) ケント・E・カルダー，前掲書，204 頁

79) 同上書，205 頁

80) GS からの聞き取り（於：金武町社交業組合事務所，2015 年 2 月 10 日）.

81) 沖縄県企画部統計課『第 57 回 沖縄県統計年鑑 平成 26 年度版』沖縄県統計協会，2015 年，15 頁.

82) 沖縄県知事公室基地対策課編・発行，前掲書，137 頁.

83) NHK 取材班，前掲書，90 頁.

84) 土地連五十周年記念誌編集委員会，前掲書，782 頁.

85) 同上.

86) 同上書，612 頁.

87) 新崎は反戦地主について，「日本政府は復帰に際し，強制収用されて米軍基地となった軍用地に対し新たな賃貸借契約を結ばねばならなかった. その状況の中で，軍用地料

を従前の約 6 倍以上に値上げし，1950 年代には島ぐるみ闘争の牽引者だった土地連を，基地維持政策の支柱に変質させた．……それでも復帰の時点で約 3000 人の軍用地主が契約拒否の意向を表明した．彼らは反戦地主となり，反戦地主会を結成した．しかし，その後政府＝那覇沖縄防衛施設局は軍用地を強制使用しつつ，彼らの中に分断と対立をあおり，切り崩しをはかったが，1977 年時点でなお 396 人の契約拒否地主が残っていた．……反戦地主は職業も，年齢も，イデオロギーもまちまちで，自分たちの土地を，もうこれ以上軍用地として提供したくないという志のみがその共通点であった」と述べている（新崎盛暉『沖縄現代史 新版』岩波書店〈岩波新書〉，2005 年，42-44 頁）．

88）喜久村準・金城英男，前掲書，66-67 頁.

89）同上書，67-68 頁.

90）大宜味村内住民からの聞き取り（於：大宜味村，2012 年 9 月 4 日）.

91）川瀬光義，前掲書，105 頁.

92）ここでいう「象のオリ」は，沖縄県読谷村にあった在日米軍の楚辺通信所のことを指す．それは巨大な円形ケージ型アンテナを形容している．「1999 年 4 月，金武町長は読谷村から『象のオリ』移設受入を表明した．それは，「ギンバル訓練場の跡利用計画と引き替えにキャンプ・ハンセン内への楚辺通信所（通称，象のオリ）移設の受入であった」（［27 年を重ねて世変わり沖縄 5.15］（6）／金武町長・吉田勝弘さん／原点に戻ろう／理想結実させる」『沖縄タイムス』1999 年 5 月 16 日）.

93）MK ②からの聞き取り（於：北中城村，2019 年 3 月 8 日）.

94）「沖駐労が初の要請行動／きょう防衛施設長に／自民特別調査会にも出席」（『琉球新報』1997 年 5 月 29 日）.

95）同上.

96）「全駐労，平和センター脱退／『反基地』に抵抗感／若年層増 要求との間にずれ」（『琉球新報』2008 年 11 月 5 日）.

97）金武町商工会記念誌発行部『設立 20 周年記念誌　商工会の歩み』金武町商工会，1993 年，2-4 頁.

98）同上書，107-133 頁.

99）金武町役場総務課『広報金武 縮刷版（351 号-400 号）』金武町役場総務課，2005 年，55 頁.

100）金武町役場企画課『広報金武　特別号外 2008 年 3 月』金武町役場.

101）NHK 取材班，前掲書，199-200 頁.

102）金武町議会史編纂委員会，前掲書，95 頁.

103）当時を「山火事は，昼も夜もよくあった．煙も臭いもすごかった，風向きによって民家に火が移ることもあって，そんな時は町中大騒動だった．この周辺の山は赤土が見える位に木が低い，しょっちゅう爆撃で燃えるから木が育たないんだ」と述べた（金武入会権者会からの聞き取り，於：金武町，2013 年 2 月 7 日）.

104）SACO とは，Special Action Committee on Okinawa（沖縄に関する特別行動委員会）の略.

第2章 軍用地の成立と利益構造 93

105)「米兵が県道を通行止めして，海から実弾で砲撃してくる．もう，すぐ山火事がおこる．あれはいつまでたってもなれない」NT ②からの聞き取り（於：金武町，2013年3月25日）．

106) 前泊博盛『沖縄と米軍基地』角川書店，2011年，119頁．さらに，若桑みどり『戦争とジェンダー——戦争を起こす男性同盟と平和を創るジェンダー理論』大月書店，2005年を参照．

107)「基地内でガス弾使用？／金武／目やのどの痛み」(『琉球新報』1980年3月28日)．

108)「訓練施設の移転要求へ 金武村」(『琉球新報』1980年3月29日)．

109)「米兵が施設内に度々進入」(『琉球新報』1980年4月7日夕刊)．

110)「催涙ガスの粉まき散らす／金武／米兵を逮捕」(『琉球新報』1987年12月7日)．

111) 同上書，199頁．

112)「在沖海兵隊／海外に年100日超／行動の実態明らかに／開示の米公文書で裏付け」(『朝日新聞』2019年3月31日)．

113) 金武町役場企画課と金武区事務所の聞き取り（於：金武町，2013年3月4日・8月8日）．

114) 金武町役場総務課編『広報金武 縮刷版（201号～250号)』金武町役場総務課，2005年，230-231頁．

115) 金武町役場総務課編『広報金武 縮刷版（251号～300号)』金武町役場総務課，2005年，162-163頁．さらに，島袋邦・我部政明編『ポスト冷戦と沖縄〈地域科学叢書X〉』ひるぎ社．

116)「地主の皆様はそれぞれの考えがあり私自身意見をいいにくい立場にある．県地主連合会としては，このたびの懸案である軍転特借法に関しては賛成している．特借法が法制化しない限り，跡地利用は難しい．米軍用地はこれまで使い捨てのようなところがあり，市町村も地主も困っている．土地の賃借料についても納得できる額ではない．米軍はあんなに広い土地に住んでいる．金武湾を埋め立てて町民が使える土地をつくるなどして欲しい」(金武町役場総務課『広報金武 縮刷版（251号～300号)』金武町役場総務課，2005年，414-415頁)．

117) 金武町商工会長は，「これまで町の商工業は，基地との係わりを維持しながら推移してきた．1993年度の軍用地料は25億円．企業でいう純利益である．一般土木建設工事業がこの純利益をあげるには約7百35億円の売上げが必要となり，軍用地料がいかに大きいかがわかる．フォーラムを前に一部の会員にアンケートを実施した．ブルービーチの海浜リゾート化にはほとんどの人が賛成．キャンプ・ハンセン跡地へのゴルフ場建設，自衛隊使用には一部反対意見もあったが，多くの方が賛成．そのほか，全国一の青少年旅行村，プロ野球Jリーグなどを誘致する本格的な施設を建てるなどであった」と述べていた（同上書，414-415頁)．

118) 同上書，414頁．

119) デイヴィッド・ヴァイン（西村金一監修，市中芳江・露久保由美子・手嶋由美子訳)『米軍基地がやってきたこと』原書房，2016年，282-283頁．

94

120) さらに, 新崎盛暉『新崎盛暉が説く構造的沖縄差別』高文研, 2012 年, ——『沖縄を越える——民衆連帯と平和創造の核心現場から』凱風社, 2014 年を参照.

第3章

基地と人の移動

　米軍基地の立地は，当面の生活を支える場として短期間に多数の金武町外に出自を持つ人々の転入をうながした．本章では，基地の町となった地域の特徴を人の移動に関わる3点から明らかにしたい．

　はじめに，基地建設が町に及ぼした影響を就業構造と地域経済の動向から検証する．次に，地域経済が基地維持と密接に関係しつつ，日米の安保政策や経済の動向といかに関わるかを分析する．最後に，サービス業に集まる女性従事者と宇金武の女性運動参加者との繋がりを考察し，町の地元民と「よそ者」との関係性を明らかにしたい．

　このようなことから，基地の町では多くの島々を巻き込み，新たな人々の動きを地域社会がどのように受容したかを浮き彫りにするだろう．

1　基地の町と就業構造の変化

町の就業構造

　基地維持は，流動的に雇用できる労働者を必要とし，周辺の商業地区では景気に敏感に反応し，転出入する自営業者や女性従業者などが就労してきた[1]．なかでも注目するのは，新開地を含む金武区の人口変動である．基地と地域社会は，人の移動，特にサービス産業の形勢とどのように関係しているのかを人口変動からみていこう．

　金武町の人口は，1960年前後の基地建設で急増した．金武区は1965年から2010年にかけて，金武町の人口と世帯数の約4割強を占めてきた（表4・5）．その特徴は区外出身者が多いことである．そのため，この地区の人口増減が，町内人口に大きな影響を与えてきた．基地建設の時期にあたる1955年か

96

表 4　金武町人口と世帯数の推移

年	世帯数	総人口	男性	女性	1世帯当たりの人員
1920	1,785	7,720	3,482	4,238	
1925	1,768	7,616	3,502	4,114	
1930	1,820	7,709	3,488	4,221	
1935	1,879	8,143	3,847	4,296	
1940	1,925	8,270	3,935	4,336	
1947	−	−	−	−	
1950	1,626	7,209	3,216	3,993	
1955	1,470	6,885	3,111	3,774	
1960	1,980	8,846	4,462	4,384	
1965	2,319	9,191	4,235	4,956	
1970	2,641	9,953	4,454	5,499	
1975	2,676	10,120	4,772	5,348	3.7
1980	2,756	9,745	4,585	5,160	3.6
1985	3,009	10,005	4,751	5,254	3.3
1990	3,104	9,525	4,463	5,062	3.1
1995	3,216	9,911	4,716	5,195	2.9
2000	3,378	10,106	4,933	5,173	2.7
2005	4,056	10,619	5,162	5,457	2.5
2010	4,373	11,066	5,440	5,626	2.3
2015	4,611	11,232	5,565	5,667	2.2

出典：金武町役場企画課『統計きん　平成 56 年，9 年，24，29 年度版　創刊号・第 4 号・第 7 号・
　　　第 8 号』金武町役場，1981 年・1997 年・2012 年・2018 年から作成（単位：人と戸）.
注：①1920 年から 1940 年までの金武町の人口・世帯数は，金武村と宜野座村の合計. ②1975 年から
　　1990 年までの 1 世帯あたりの人数は，住民基本台帳人口による（金武町役場企画課『統計きん
　　29 年度版 第 8 号』金武町役場，2018 年）.
資料：国勢調査.

表 5　金武町の行政区別人口と世帯数

年	金武		並里		屋嘉		伊芸		中川		合計	
	世帯数	人　口	世帯数	人　口	世帯数	人　口	世帯数	人　口	世帯数	人　口	世帯数	人　口
1965	954	3,843	627	2,641	225	1,152	114	561	121	648	2,041	8,845
1970	1,109	4,136	645	2,624	234	1,125	120	538	129	658	2,237	9,081
1975	1,406	4,902	723	2,576	280	1,210	150	622	145	608	2,704	9,918
1980	1,418	4,791	714	2,486	308	1,279	154	594	151	631	2,745	9,781
1985	1,547	4,886	742	2,394	343	1,326	174	651	166	615	2,972	9,872
1990	1,584	4,724	808	2,432	374	1,361	189	683	195	660	3,150	9,860
1995	1,665	4,560	853	2,473	416	1,435	281	806	230	738	3,445	10,012
2000	1,771	4,584	906	2,452	464	1,518	315	842	261	823	3,717	10,219
2005	2,073	4,710	1,016	2,609	579	1,625	364	900	314	927	4,346	10,771
2010	2,272	4,806	1,111	2,699	708	1,797	419	968	338	900	4,848	11,170
2015	2,338	4,804	1,177	2,757	806	1,889	464	1,055	352	916	5,137	11,421

出典：金武町役場企画課『統計きん　昭和 56 年，平成 9・24・29 年度版　創刊号・第 4 号・第 7 号・
　　　第 8 号』金武町役場，1981 年・1997 年・2012 年・2018 年から作成（単位：人と戸，住民生活課
　　　の集計による）.
各年 3 月末.

ら 1960 年の人口は，男性人口が 3,111 人から 4,462 人と 43％増加し，女性は 3,774 人から 4,384 人と 16％増加した（表 5）.

町役場の広報紙『広報金武』は，基地建設当時を「これに動員された労働人員は 150 万人（2 年間延べ），工事の多い時には 1 日 3000 人以上が従事した．この地域を平坦にするために投入された機動力はブルドーザー 70 台．これが半年間も続いた」と記している [2].

基地完成後の 1965 年には，男性人口が 4,235 人と 5％減少する一方，女性は 4,956 人と 13％増加した．基地完成後，金武区では電灯がともり，町内の様相が一変した．さらに，1970 年前後のベトナム戦争が町に与えた影響も大きかった．当時，町内の基地労働者数は「1 種から 4 種まで 1102 人……，しかし，事実上は 1300 人以上」といわれていた [3].

その後，基地労働者は米国経済の悪化とベトナム戦争の終結で大量解雇と離職に見舞われ，約 1,300 人から復帰直後の 1972 年には 353 人に減少した．

海洋博後の 1975 年には，「人口が減少した年齢層は，女子 15 歳〜 34 歳までの 309 人が最も多い．これは基地経済依存度の高い地域にありがちなサービス業の景気の動向によるもの……，1970 年国調でのサービス業者は 1312 人で今回（1975 年）は 903 人」と報じられた．新開地を中心とする飲食店の廃業，サービス業経営者・女性従事者の転出が読み取れる [4]．表 4 の国勢調査をみると，2010 年当時の人口と世帯数は 11,066 人，4,373 戸であり，人口の性別内訳は，男 5,440 人，女 5,626 人である．当時，沖縄の北部地域は過疎化が進んでいたが，金武町は 2000 年代も人口は微増している．

このように金武町は，基地収入の動向と「基地需要に応じて産業が成立する」経済構造に大きく依存してきた [5]．2012 年度の金武町予算は，約 102 億円でそのうち 3 割が基地関連収入と軍用地料で賄われている．では，町の暮らし向きはどうであろうか．

あらかじめ沖縄の農業の推移をみると，米軍は 1945 年の沖縄戦を侵攻しつつ土地の接収を開始したが，「これに含まれる面積の約 44％は農地であり，これは農地総面積の 17％に相当」した [6]．朝鮮戦争後の 1950 年代には，耕作地がさらに強制接収された．そのため戦前期の第 1 次産業就業者は約 7 割であったが，復帰時には約 2 割まで激減したと言う．

98

表6　金武町・産業別15歳以上就業者の推移

年	性別	建設業	卸売, 小売業, 飲食店	サービス業	生産年齢 人口 (15〜64歳)
1965	総数	427	877	815	5,463
	男	391	242	364	2,444
	女	36	635	451	3,019
1970	総数	401	1,284	1,312	6,125
	男	387	397	541	2,676
	女	14	887	771	3,449
1975	総数	580	1,054	903	6,294
	男	552	355	423	2,944
	女	28	699	480	3,350
1980	総数	591	961	841	6,068
	男	557	320	392	2,886
	女	34	641	449	3,182
1985	総数	684	1,111	1,010	6,431
	男	632	365	450	3,107
	女	52	746	560	3,324
1990	総数	608	937	1,191	6,213
	男	534	300	534	3,005
	女	74	637	657	3,208
1995	総数	646	754	1,320	6,537
	男	570	268	625	3,319
	女	76	486	695	3,218
2000	総数	670	690	1,307	6,406
	男	570	240	629	3,319
	女	100	450	678	3,087

出典：金武町役場企画課「統計きん 昭和56年度版創刊号」金武町役場，1981年と金武町役場企画課
　　「統計きん 平成19年度版第6号」金武町役場，2007年から作成.
単位：人.

　金武町の産業別15歳以上就業者総数の推移（表6）は，1965年5,463人，85
年6,431，2000年6,406人と横ばいである[7]．男女別でみると，男性は1965年
2,444人から2000年の3,319人まで徐々に増加し，女性は1970年の3,449人が
ピークでその後減少傾向をたどり，2000年は3,087人であった．産業別就業者
数の推移では，第一次産業の比率は1970年19%，75年16，90年19，2000年
には13%と低下した．第二次産業は同じく，13%，20，19，21%，第三次産
業は同じく69%，64，63，66%と推移している．全体的に停滞傾向といえる．
　ここで産業別15歳以上就業者のうち，建設業，卸売・小売業・飲食店業，
サービス業の就業者数と金武杣山訴訟直前の1990年代に注目しよう．卸売・

小売業・飲食店業は新開地の就業者も含み，サービス業には軍雇用員なども含まれる．建設業の就業者数は，1970 年が 401 人，90 年 608，2000 年には 670人と徐々に増加していた．

一方，卸売・小売業・飲食店の就業者数の推移は，1970 年は男性が 397 人，女性 887 人で，女性数が男性の倍以上になっていた．75 年には男性 355，女性699 人と男女ともに減少し，85 年には同じく 365，746 人とやや増えたが，90年には再度 300，637 人に減少した．95 年には 268，486 人と落ち込み，2000年はさらに 240，450 人と減少傾向が続く．

また，卸売・小売業・飲食店事業所数の推移では，1991 年に 428，96 年に324 に減少し，2001 年にさらに 305 と落ち込んだ[8]．この地区の店舗と従業者数は，1996 年に 100 軒と 100 人余り減少したのである．1975 年頃の変化は，海洋博後の不景気が関連している．1990 年代後半の減少は，日本のバブル崩壊による不景気と国・県が主にバー・スナックなどで就労する外国籍女性に対する労基法の厳しい適用などを実施したこと，沖縄では米兵の夜間外出禁止令が断続的に発令されたことなどにより，休業や廃業が増加したためといえる．

サービス業の就業数は，男性が 1970 年に 541 人，85 年 450，90 年 534，95 年625，2000 年 629 人と増加する一方，女性は同じく，771 人，560，657，695，678 人と推移し，増減があるものの横ばい傾向であった[9]．

建設業は基地の町に欠かせない業種である．表 7 は沖縄県と金武町の 1980年から 2005 年の建設業純生産額である[10]．①県計：建設業純生産額は 1995年に減額に転じ，その後増加していない．一方，②金武町：建設業純生産額は1995 年に減額に転じたが 2000 年には増加した．これは 1995 年の事件に対する県民の抗議を受けて策定された，SACO 合意に関係する北部振興事業によるものだろう．

本島北部では普天間基地移設の代替え地とされた名護市とその周辺地域に，10 年の期限付で予算措置が実施された．それはあくまでも受け入れの見返りではないとする“建前”であった．その予算措置は，10 年を越えた現在も単年度ごとに継続されている．

沖縄県土木建築部では，「バブル崩壊を期に民間投資が減少を続ける一方，

表7 沖縄県と金武町の建設業純生産額と就業者数の推移

年	①県計：建設業純生産額（百万円）	②金武町：建設業純生産額（百万円）	②*100/①：県計に占める金武町の割合%	③金武町：建設業就業者数	④金武町：産業別就業者総数のうち建設業就業者数の割合%
1980	219,159	1,197	0.55	591	16.6
1985	314,400	1,968	0.63	684	16.0
1990	329,295	3,896	1.18	608	14.9
1995	308,614	3,776	1.22	646	16.1
2000	297,416	5,434	1.83	670	18.0
2005	225,459	4,654	2.06	602	14.1

出典：①と②は建設業純生産額（沖縄県統計協会『長期時系列データ 沖縄県市町村民所得及び県民経済計算』沖縄県統計協会，平成25年3月）．但し，①と②の1980年分は1982年の数値を代用した．この統計データが1982年から作成されているためである．③建設業就業者数は，金武町役場企画課『統計きん 昭和56年，19年度版 創刊号・第6号』金武町役場，1981年・2007年から作成．④は各年の産業別15歳以上就業者の総数における①の割合を示す．
単位：人．

公共投資は1998年度まで増額を続け，建設投資全体の約6割を占めていた．ところが1999年以降は，厳しい財政事情を背景に公共投資が減少し，今後も建設投資の大きな伸びは期待できないなど，厳しい状況が続くものと予想される」と分析されていた[11]．金武町の建設業就労者比率をみると，④はおおむね16%を推移してきたが，2005年は若干減少に転じた．

沖縄県の全産業の倒産件数に占める建設業の傾向をみると，1990年56件で33.9%，1995年66件，39.3%，1996年64件，41.0%，1999年27件，32.5%，2000年62件，44.6%，2003年59件，49.6%，2004年45件，54.2%となっており，1995年を境に，倒産割合が増加するが，1999年には一時的に倒産が減少した[12]．だが，2000年以降その割合は約5割にまで上昇したのである．

さらに沖縄県土木建築部は，「建設業の倒産件数は年々減少しているといえるが，全産業の倒産件数に占める建設業の割合では，2004年は1998年以降最大となっている．景気が回復傾向にある中，建設投資の減少が受注競争の激化や収益低下を招くなど県内建設業の経営環境の厳しさがうかがえる」と記す，がそれは先述した名護市同様，金武町も例外ではない[13]．

また，金武町の建設業就業者数は，1990年代の半ばに若干変動があるものの安定していた．それは北部振興事業により2000年に持ち直したためであろう．だが，それも長く続かず2005年時には減少した．1965年から2000年にかけ

ての推移は，農業は半減，建設業は基地需要や沖縄振興計画を反映し45%増，サービス業は72%増である．サービス業は1990年代後半から福祉施設が開設されはじめ，介護施設や介護職の増加も一因と考えられる．

地域経済の減速とその影響

第1は，1人当たりの市町村所得の推移である．金武町の1991年は約187万円で，その後1996年188，2000年190，2005年181万円と推移している．1996年で他地域と比較をすると，県平均が約207万円で，恩納村248，宜野座村204万円と周辺地域よりもかなり低額である[14]．これが，金武区と並里区で軍用地料の配分に対する女性らの運動がおこなわれた1990年代の特徴であった．10数年というこの期間，金武町民の所得は周辺地域よりもかなり落ち込んでいた．

1人当たりの市町村所得の低下は，失業率，生活保護率や高齢化率などとの関係が推測される．2010年の失業率は金武町は12%で，恩納村の11%や宜野座村の8%より高い．金武町の新開地周辺では人口移動が激しく，不景気になると転出が増える傾向がある．これは，失業率をあげない一要因になっている．

第2は，生活保護率の変化である．2005年と2010年の変化をみると，金武町では18%，28%と上昇する．恩納村は6%，10%，宜野座村は6%，11%である．金武町の所得は低く生活保護率は高かったが，一段と上昇している．

これは町に約400床規模の病院があること，人口は減少しないが，高齢者比率の上昇につれ就労人口比率が低下していること，すなわち町内では高齢者の雇用機会が少ないのである．たとえば宿泊施設の多い恩納村では，ホテルのベットメーキングなど高齢になっても働く場所が比較的見つけやすいことから，金武町より雇用機会が多いと考えられる．このようなことから生活保護率の上昇をもたらしているのではないか．1人当たりの市町村所得の低下，生活保護率と高齢化率の関連は，今後詳しい調査が必要であろう．

第3は，金武町の母子世帯数である．全国，沖縄県，金武町の母子世帯数を2000年と2010年で比較すると，全国，沖縄県は共に低下傾向であるが，金武町は両者より高値である．金武町の2010年総世帯数比率に占める母子世帯

数は 3.0％で，沖縄県の 2.7％に比べ若干高率である[15]．母子世帯数が高値であることは，基地の町特有の現象であろう．金武町では，これに対応する施策として 1983 年から町営住宅の賃貸を開始し，2010 年度には 158 戸入居しており，母子世帯や単身高齢者が入居しやすい募集条件が設定されている．

　第 4 は，中学校卒業生の進学率推移である．沖縄県は 2000 年前後に若干落ち込んだが 2002 年から持ち直し上昇を続けてきた．他方，金武町の進学率は 1990 年代前半には沖縄県と遜色のない率であったが，1998 年をピークに減少し，ジグザクを続けながら 2005 年になってやっと 1995 年水準まで回復した[16]．この減少は，1 人当たりの年間所得に関係するのではないだろうか．

　このように金武町の人口変動と地域経済は，基地建設以来，ベトナム戦争をはじめとする日米経済と米軍の政策にかかわり変動してきた．1990 年代以降の全国的な不況は，沖縄県では 90 年代後半から影響が出てきた．就業構造からみると，卸売・小売業・飲食店の就業者数と事業所数が減少し，廃業が相次ぎ，建設業でさえ全国的な傾向と同様に倒産が増加した．不況は基地関連収入や北部振興事業により，2000 年前後に一時的に回復したが，その後景気は徐々に低迷していったのである．

　新開地の中小自営業者へも不況の影響が及び，その営業不振は既にみたように，労基法の関係，基地兵士の外出禁止令や基地と性産業の関係が問われたこともあるだろう．こうしたことから，基地の町の経済・雇用は，日米の安保政策や経済政策の強い影響下にある一方で，依存を強めてきた側面も考えられる．

2　移動する人々と憩いの場

基地と慰安の役割

　基地キャンプ・ハンセン周辺には他の米軍基地同様，基地完成頃から米軍人用の遊興地区が形成された．1950 年頃の新開地周辺は，谷間で松並木の美景があり，ハブの多いところであったが，基地建設によりこの周辺も区画整理が実施された．新開地は基地門前に位置するが，南側の洞穴を境に新興住宅街と接して 1980 年代から町営住宅も建設された．

　商業地区新開地のリーダーは，町役場とともに基地関係者と積極的に関係

第3章 基地と人の移動　　103

をつくり，地域経済を振興してきたが，地区形成の政策的な経緯を振り返ると，
1950年に沖縄民政府が「米兵に提供する特殊慰安施設」の設置を，米軍政府
に要請したことがはじまりといわれている．当時は「同性の中にも良家の子女
を守る防波堤論で賛成の声，女性の人権を守るために反対する声など両論が興
り，それに沖縄経済を復興させるドル獲得論まで絡んで世論がわいた」[17]．沖
婦連では特殊慰安施設の設置に関する対応が，組織的な反対運動とならずじま
いであった．

　GS（1936年生）は字金武の旧区民でフィリピンからの引揚げを経験し，沖
縄県中南部を7回移動し，昨今の政治情勢から戦争への懸念を訴える人であ
る[18]．1980年頃から90年代にかけて妻とともに新開地で営業した彼は，この
地区の歴史について以下のように証言した[19]．

　――新開地はどのような経緯で区画整理されたのですか？
　　新開地は，米兵のもつ暴力性を吸収・緩和する憩いの場を提供するために，
　琉球政府と村・地主のみなさんの協議で決まったと言う．暴力が町内に広
　がらないようにする役割を課せられた地区としてつくられた．当初，ここ
　は宮古島・八重山・奄美出身者ばかりで軍人の暴力・暴行事件は聞くに聞け
　ないことが多かった．戦後，町内ではその種の事件が，1000件を超えて
　いるのではないだろうか．公表されているのは氷山の一角で，当事者や地
　域の人々は隠し通すことに懸命だった．

　彼の証言はこの地域のはじまりとともに，基地被害の深刻さを訴えるもので
ある．沖縄の基地周辺では，米軍占領頃から歓楽街が形成され，多くの女性が
娯楽業に従事してきた．結局売春防止法の施行は復帰後であった．
　沖縄の歓楽街のはじまりは，いつ頃にさかのぼるのだろうか．那覇の辻遊郭
は，「琉球王府の外交の場として政治・経済の中心になった」ことで知られて
いるが，1944年の空襲で焼失した[20]．先述したように，他府県の日本軍駐屯
地では，"軍隊に遊郭はつきもの"といわれていた．沖縄における日本軍の駐
屯は，南大東島で飛行場の設営がはじまった頃からであったが，大規模なそれ
は1944年から急速にはじまった．部隊の設置は，県内各地に慰安所を急増さ

せたのである[21].

　慰安所の実態は，復帰を経た1970年代後半頃から後述するペ・ポンギの証言もあり沖縄県史，市町村史・誌編纂事業の中で聞き取りがおこなわれ，徐々に記録されていった．その後，韓国の調査団が県内を訪れ，慰安所に関連する証言はさらに蓄積され，沖縄女性史を考える会は，1992年に「『慰安所マップ』が語るもの」と題した発表を行なったのである[22].　金武町屋嘉区では自宅が慰安所とされたMH①が，当時の様子を次のように述べていた[23].

　——自宅が慰安所にされたとうかがいました．当時のお話を聞かせてください？
　　家の表側半分が慰安所にされ，残りの部分に家族が住んでいた．昭和19年頃（1944年），友軍が駐屯するようになってから3人の慰安婦がきた．私は当時13歳ぐらいだったと思うが，慰安所がどういうところか，まだわからなかった．

　——親としてとても迷惑だったでしょうね．
　　多分そうだと思う．当時19歳の姉がいたので，慰安所がどういうものか知っていただろうし，迷惑に思っていただろう．

　——毎日，兵隊が来ていたのですか？
　　もちろん，夕方になると友軍の兵隊が次の通りまでも並んでいたのは覚えている．

　——個人的に慰安婦の方々とお話されたことはありますか？
　　冗談をいったり，日常会話程度の話をすることはあった．でも身の上話などそういったことを話したことはなかった．

　——慰安所は米軍が上陸する直前まであったのですか？
　　どうだったか，はっきり覚えていない．石川の収容所にいた時に，慰安婦のタエコさんと会ったことは覚えている．他の2人のことは覚えていない

が，この人のことだけは覚えている．でも出身地とか名前以外のことは覚えていない．

──当時女性たちの年齢は，いくつくらいでしたか？
　若かったと思う．30代じゃないかな．

　この証言から，日本軍兵士が慰安所の前に行列をつくる姿は，地域の子ども
も含め人々が目の当たりにしていた．その上 MH ①は親が「迷惑に思ってい
ただろう」と語ったが，村民も同様な視線を向けていたことが推測される．嘉
手納町で当時看護婦として勤務していた女性によると，「『病院には，朝鮮人慰
安婦の人たちが定期的に性病検査のため連れてこられていました．1ヵ月に1
回から2週間に1回の割合で10人から15人くらいの女性たちが，憲兵に強制
的に引っ立てられて来ました．その扱われ方といったら，まるで動物を追い立
てるみたいなやり方でした』．……今日でこそ，彼女たちは強制的に慰安婦に
されたんだとわかりますが，当時は全く知りませんでした」と証言していた[24]．
このような情景は村民も気付いていたのだろう．
　MH ①は，女性たちが斡旋業者と思われる男性によって集められたことを記
憶していた．「土地をもたず商業で生計を営む住民にとって，兵隊は日常生活
を支える存在であり……既存の住民の生活空間と密接にかかわっていたため，
住民側は好意的にみていないにもかかわらず存在し続けた」といえる[25]．
　次に，どのような人々が性産業に従事したのだろうか．高里鈴代は，「那
覇市の辻遊郭の歴史は，1944年の十・十空襲によって終焉を迎えた．しかし，
そこで働いていた女性たちは，戦時中の従軍慰安婦として，また戦後の米兵
の強姦予防策として，あるいはドル獲得の先兵としての役割を強いられた」と
述べている[26]．焼け出された辻遊郭の女性に加えて，「渡嘉敷島，西表，那覇
……沖縄全域にまたがって駐留した約十万の日本軍隊のために創られた130ヵ
所あまりの慰安所で『慰安婦』を強制されていた朝鮮の女性」は働き手だった
[27]．沖縄戦の最中，彼女らは軍隊とともに歩き続け，多くが命を失ったと言う．
戦後の混乱期，こうした女性たちはどのように生き延び，基地周辺に集まった
のだろうか．その一例として，ペ・ポンギを取り上げる．

ペ・ポンギ（1914-1991）は，自らが日本軍慰安婦被害者だったことを初め
て証言した朝鮮半島出身女性である．証言するきっかけは1975年に，生活保
護を受けるために「外国人登録」をしたことによる．彼女はただ強制出国を免
れるために，自身が1944年に日本に来た経緯を語ることになった．共同通信
社の取材の後，「30年ぶり『自由』を手に」と『高知新聞』（1975年10月22
日付）に記事が掲載され，彼女の存在は1977年頃からクローズアップされる
ようになった．

敗戦後のペ・ポンギの足跡は，頼れる血縁や地縁のない元慰安婦女性が生き
てたどった実例である[28]．彼女は，1945年8月下旬に渡嘉敷島から座間味捕
虜収容所へ移動し，1945年9月頃に本島北部屋嘉収容所（金武町），ほどなく
石川収容所（うるま市）へ移送された．

日本語の読み書きのできなかった彼女は，収容所を出てからたった1人取り
残され，沖縄本島の各地－楚辺（那覇）・安謝（那覇）・屋富祖・与那原・コ
ザ・名護・嘉手納・普天間・小禄など－を転々と放浪した．仕事は基地周辺
の歓楽街・飲食店であった．ペ・ポンギの足跡を川田文子による聞き取りから
みよう[29]．

> いくあてがあったわけではない．言葉もわからず，地理もわからず，所持
> 金はなく，わずかな着替えの入った風呂敷包みひとつ頭にのせ，遊軍の地
> 下足袋一足手にぶら下げて，来る日も来る日も中部から南部にかけての沖
> 縄戦でもっとも戦火の激しかった焼け跡をさすらった．歩き疲れ，日も暮
> れると，焼け跡に建ちはじめたバラックの肴家を探し，「女中を使ってく
> れませんか」と交渉する．……ポンギさんは夜寝る場所を得，空腹を満た
> すためにバラックの二階で……，朝になると，いたたまれずバラックを出
> た．その繰り返しで，「落ち着かん，落ち着かんのよう」．

上記の証言は戦場に置き去りにされ，米軍政府下の基地周辺をさすらう女性
らが，少なからずいたことを推測させる．

こうしたことから戦後の買売春には，戦前の遊郭や日本軍にかかわる慰安
所で強制的に慰安をさせられていた女性たちが浮かび上がる．さらに1940年

代後半に辻町が,「米兵相手の特殊地区へと賑わいが定着していく反面, ……売春業が, ……前借金で拘束する街へと変貌し, ……戦後間もなく起こった干ばつで, 宮古から多数の女性たちが移り住んだ」[30]. 先述した高里は, そこに戦争によって寡婦となった女性たち, 米軍兵士・沖縄の男性などからレイプ・DV にあった女性たちが性産業に押し出され, 吸収されていったと記している.

そのような女性たちの慰安活動は, 収容所における米軍に対してもおこなわれ, 彼女らの一部は 1950 年中頃から 60 年代初め, 本土から沖縄に計画変更された米軍海兵隊訓練場の大規模な建設によって, 基地周辺に集まってきた.

『金武町史 戦争編・本編』には, 慰安所に対する村民のおもてだった反発は記載されていないが, 沖縄の慰安所, その後の歓楽街へ向けられる住民感情は, 複雑なものだったと推測される. 複雑さの一つ目は, 戦前沖縄住民が, 日本軍兵士から差別的な対応をされる一方, 自身の中には植民地朝鮮に対して同様な意識があったと思われるからである. しかも沖縄県人慰安婦, 特に宮古島, 奄美群島出身者には, 屈折した視線が存していたのではないか.

宮古島, 奄美群島の歴史を振りかえると, 両者は 14 世紀後半に琉球王府に入貢服属した地域である. 特に宮古島は王府から苛酷な人頭税を課せられたことで知られ,「台風と旱魃は宮古島が背負っている宿命である」と言われるほど天災が頻発し, 経済的な困難さに見舞われた [31]. そして, 沖縄戦当時, 約 3 万人の日本軍兵士が駐留し, 17 ヶ所の慰安所が確認されている (2012 年当時). 奄美群島は, 沖縄より早く 1953 年に日本に復帰したが, その後沖縄在住の奄美出身者は,「奄美差別」と言われるほどの社会的制約を受けた [32].

2 つ目は, 米軍占領期の沖縄における米軍人・軍属は, 占領意識丸出しで差別的な視線を常に住民に浴びせていたと金武町のインタビューで聞いたためである.

平井和子は, 日本の占領期における米軍基地周辺の買売春の分析で, かかわった女性らを「敗戦と家父長制国家の犠牲者としてみるだけでなく, 兵士の欲望を調節することによって軍事組織を裏側から支える役割を担わされている存在でもある」と論じている [33]. 米国を中心とした連合軍が日本の占領期に, 軍事組織を支える女性を必要とした構図は, 日本軍がアジア各地に駐留し, その周辺に慰安所を設置した目的に類似していたといえる.

しかも沖縄では米軍占領がその後27年間も続いた．地域住民たちが性産業に押し出された女性たちに抱いた意識や感情は，戦後も継続され，彼女らのことを語らない一つの理由ではなかったか．

つまりは，基地周辺の性暴力被害が多発する中，防波堤とされた女性たちへの視線は，地域内の女性差別を維持するだけでなく，強めることにつながったのではないか．その根底には，軍隊の駐留が約70余年間生活圏周辺に存在してきたことがあるのだろう．

軍隊と慰安所に関係する複雑な問題は，歴史をたどると明治期までさかのぼり国家政策にいきつく．川田は，慰安婦問題を「日本社会の女性に対する差別や蔑視の象徴的な事件であること、この問題をきちんと解決することは、現在の私たち自身の権利を確立する問題のひとつ」と女性の人権拡大に対する重要な指摘をしている[34]。

復帰の日程が決まる中，1969年の琉球政府法務局「沖縄における売春の実態調査」によると，当時沖縄県の「売春婦と思われる者」の数は，7,362人となっていた[35]．彼女らは何らかの形で，自らの身体を提供し子どもや自分，親を支えるために働いた女性たちである．

同時期の金武町におけるそのような女性の数は，699人で県下でも上位に位置した．「約7千人の売春婦がすべて基地売春でなく，地元や本土からの旅行者相手の売春でもあったが，……売春可能人年齢比では約30人に1人という数字になる．……売春女性の実数はこの倍」といわれる[36]．沖縄が特殊だったのは，もちろん米国の占領下という政治的状況があったためである．

売春防止法は，復帰により1972年に施行された．沖縄は絶え間なく紛争や戦争を続ける米軍占領が継続したため，一面戦後は訪れることもなく，米軍基地の増強・再編とともに買春も肥大化していったと考えられる．その上，沖縄は復帰を契機に様々な分野で本土系列化が進み，「基地依存の経済から『観光』経済へと大きく傾斜をはじめており，買売春の形も観光売春へと新たな様相を呈している」[37]．

日本では，2000年12月に「女性国際戦犯法廷」が開催されたが，沖縄における慰安所や戦後に基地周辺の歓楽街が担わされた役割の研究は，はじまっているもののまだ多くが論じられず，むしろ沈黙されている[38]．だが，買売春

第 3 章　基地と人の移動　　　　　109

問題は女性の貧困だけが問題でなく，地域社会や男性の問題でもある．戦後の沖縄では経済的に弱い立場に置かれた多くの女性たちにとって，人権問題という言葉など思い浮かべることもできない状況だったといえよう．

新開地の変遷

米国民政府の投下した軍事予算の増減が，新開地と人の移動に与えた影響を考える上で，次の 3 時期は重要だろう．第 1 期は基地建設後で，金武町でその影響を最も受けたのは，金武区である．当時の基地門前の新開地周辺は，地域経済の中心地としてドルの稼ぎ手とされ，最も利益をあげた[39]．ベトナム戦争当時にはキャンプ・ハンセン駐留軍人数が約 8000 人，これに対し 1970 年の町の人口は 9953 人である[40]．駐留軍人数はほぼ町の就業人口に匹敵した．

このような商業活動を支える一貫として，金武町役場と金武町社交業組合は，新開地形成時からオフリミッツ対策や A サイン取得に奔走した[41]．たとえば，1965 年にはキャンプ・ハンセン周辺の村と市が，「キャンプ・ハンセンへ庭園の贈物」をおこなった．当時から「基地司令官の交代式に出席したり，全組合で歓迎会を開いたり，部隊に招待を受けるなど，親善行事」も実施された[42]．

他方で 1960 年代後半には復帰運動が激しくなる．

表 8 は 1980 年当時の金武町社交業組合員の出自別一覧である．1964 年時の社交業組合員登録は，大島郡 4 世帯，17 人，宮古島は 1 世帯，5 人で組合はまだ小規模であった[43]．

その後，A サインの取得などで組合のメリットが明らかになり組合員数が増加し，彼らの出自は徐々に多様になっていった[44]．ここで 1964 年当時の金武小学校保護者の出

表 8　金武町社交業組合員数（1980 年現在）

地域	世帯	世帯員	地域	世帯	世帯員
恩納村	3	11	那覇市	5	20
大島群	10	48	嘉手納町	1	4
今帰仁村	7	25	宜野座村	8	25
宮古群	34	157	鹿児島県	1	2
金武町	26	103	東村	1	5
勝連村	1	3	粟国村	1	2
具志川市	5	16	上海	1	4
与那国町	4	11	与那城村	1	1
南風原町	3	13	具志頭村	1	1
糸満市	1	1	石川市	2	6
福島県	1	5	浦添市	1	6
東京都	1	1	竹富町	1	5
島根県	1	3	久米島	1	7
石垣市	1	9	国頭村	2	8
名護市	13	73	沖縄市	1	5
本部町	3	10	久志村	1	5
読谷村	2	3	沖縄市から通勤	1	–

出典：金武町社交業組合編『創立 20 周年記念誌』金武町社交業組合，1981 年から作成．

表9 生徒数及び出身地調（金武小学）

出身地	人員	出身地	人員	出身地	人員
金武村	786	西原	4	美里	1
大島群	30	東風原	4	玉城	1
宮古群	23	宜野湾	3	計	955
那覇	17	北谷	3	職業欄	
本部	15	浦添	3	職積	人員
宜野座	14	石川	3	農業	481
名護	13	国頭	2	商業	83
八重山	12	粟国	2	公務員	65
今帰仁	11	屋嘉地	2	建築業	71
具志川	9	東	2	サービス業	68
コザ	7	中城	2	軍作業	75
羽地	7	屋部	1	労務	54
読谷	7	大里	1	会社員	7
久志	6	豊見城	1	漁業	5
勝連	6	知念	1	その他	28
与那城	6	嘉手納	1	計	955
糸満	6	伊平屋	1		
久米島	5	伊江	1		
奥納	5	南風平	1		

出典：「生徒数及び出身地調」『広報金武縮刷版　1号～100号』金武町，2001年．
1964年．

身地調査をみると，保護者の職業欄は，農業が半数を占め，商業，公務員，建築業，サービス業，軍作業，労務などとなっている[45]（表9）．出身地域は表8と類似し，しかも大島郡，宮古島出身者が目立ち，基地完成後には金武町外の他地域出身者が増加し，基地の町特有の軍作業員やサービス業が一定数存在したことがわかる．

第2期は，ベトナム戦後である．復帰前後の基地労働者は，米国経済の悪化とベトナム戦争の終結で，大量解雇に見舞われた．先述したようにキャンプ・ハンセンの軍作業員は，約1000人減少し，海洋博後には多くのサービス業女性が転出した．

海洋博後の不景気は，軍人用の新開地ばかりでなく国内客向けのうしなー街へも影響を与えた．軍作業員の大量解雇のあおりを受け客足が減り，多くの店が閉店へ追い込まれることになった．その結果金武町の社交業組合は，うしなー街と新開地の2地区で構成されていたが，1本化され新開地のみになった．店舗数の減少は，飲食店の廃業，サービス業経営者・従事者の転出として読みとれる．

女性従業者らの転出後，1980年代にその労働を埋めたのはフィリピンを中心とする外国籍女性エンターティナーであった[46]．基地地域の性産業にかかわるサービス労働が沖縄県人から外国籍女性らに代わったのは，低額な賃金という経済的背景であった．彼女らの多くは，観光ビザで入国するため人口変動として現れない．

第3期は，2000年前後の新開地の人々が移動と定住に分かれた時期である．

先述したように1995年の県民大会以後，町と新開地の営業は，米軍の度重なる夜間外出禁止令や米国のさらなる財政悪化と日本の不景気などにより「平日の客足はほとんどない状況」で，「米軍の給料日であっても客足は少ない」[47]．観光客や修学旅行は，アメリカ同時多発テロ事件などによって減少した．自営業者は高齢化が進み，休業や閉店が相次ぎ，営業利益は縮小していった．

2000年代半ばには外国籍女性が皆無となり，兵士の暴力性やあからさまな買売春の実態は見えにくくなっている．だが沖縄では，米軍人・軍属による事件・事故が続いている．近年軍人・軍属による性産業にかかわる遊興は，リバティー制度の抜け道を使っておこなわれていると言う[48]．金武町では，若い人は名護市へいくと聞いている[49]．地区のダンサーは大阪から来た1人である（2016年当時）．新開地の近年の経営者は，1人ママが多数を占め高齢化が進み，退役軍人の男性経営者が目立ちはじめている．金武町社交業組合の会員数は65人で，経営者は5年で2割が転出していく[50]．

頻繁に移動する人々

新開地区の特徴の一つは，転出入が多いことである．金武村社交業組合加入者の世帯と人数をみると，1961年の1戸，7人から1980年には146戸，598人に増加した[51]．その出身地をみると，最初の10年は宮古島と奄美大島出身者が7割を占め，復帰後は離島，金武町周辺，本島北部からの転入者で占められている．組合員の本籍地別内訳をみると，宮古島が約26.2％，奄美大島が約8.0％，金武町出身者として登録した数は約17.2％，名護市が約12.2％であった．ただし，旧区民による営業数はいたって少なく，「他村からの居留者が占め」，常に1ケタで推移してきた[52]．現在は皆無で借地・借家権をもつのみである．

復帰後には売春防止法の施行，ベトナム戦後と海洋博後の不景気により，自営業者を含む女性らが金武町から百人単位で転出した．既述したように1980年代にその労働を埋めたのは外国籍女性エンターティナーだった．当時のフィリピン女性は79人という調査があるが，実数はさらに多いと思われる[53]．1980年代後半の社交業の収益は前述したように，「軍用地料が18億円，社交業組合関係の収入が30-40億円．町の予算が40-50億円」と一時期不景気に陥ったが，じつは地域経済の牽引者として多額の利益をあげていた[54]．

当時の経営者 KN は，夫とともに宮古島から那覇市に転入し一定開業資金をつくり，1970 年から金武町でクラブを経営した．KN は当時のことを次のように語っていた[55]．

—— 1980 年代の新開地はどのような状況でしたか？なぜ，フィリピン女性を雇うことになったのですか？

1980 年代の金武町は，午後 3 時位から軍人が町にあふれ出した．夜中に軍人が基地へ戻っていくまで商売をした．当時は肌の色によっていく店が決まっていたね．この地区は，宮古島出身者が 6 割，奄美が 2 割位だったと思う．ブローカーが女性エンターティナーを仲介したので，フィリピン人を雇用した．ブローカーに仲介料を払うだけで，手続を全部やってくれた．ここは米軍人相手でフィリピン女性は英語が話せ，米兵とうまくやれた．冗談もいえたから経営が成り立った．日本人の場合それが難しく，接客を言葉からおしえなくてはならず営業にならなかった．法の適用が厳しくなり，採算が合わなくて 2002 年に廃業した．

——復帰頃はどうでしたか？

多くの女性たちが転出していった．その中には身一つで稼ぎ，開業資金を蓄え那覇へいった人々もいた．みんなよく働いたよ．

多くが貧困層で経済動向から直接的な影響を受け，性産業の搾取構造といえる中に身を置いていた人々と考えられる．なかには，将来を見越し自覚的な女性も含まれていた．新開地の中心広場で不特定の住民に人の移動にかかわり聞き取りをした．GK ①は，新開地でウエイトレスから居酒屋経営者となった女性である．金武町で開業資金をつくり，自営業を営み定住した．彼女はその経緯を以下のように語った[56]．

——生まれはどこですか？ どのようなきっかけで金武町へ見えたのですか？

フィリピンで生まれた，父は麻工場を経営していた．現地人を 20 人ほど雇用していた．父は現地徴用され戦死した．母と 5 人の兄弟・姉妹でしば

らくジャングルを逃げ回り，敗戦後福岡へ引き揚げた．そこで母がなく
なった．兄弟・姉妹で糸満の叔母の家に身を寄せた．

高校卒業後那覇に出てウエイトレスをしていた．その後，沖縄市から金武
町へいった友人から，金武はたくさん仕事があるよと誘われた．1966 年
に金武町のレストランで働きはじめた．その経営者は奄美出身で，新開地
にレストランやクラブなど 3 件も開業し成功した人だ．その人は一財産つ
くって奄美へ帰ったね．よくしてもらった，いろいろおしえてもらって．
貯金をして開業するといいとアドバイスももらった．それを励みに一生懸
命働いたよ．開業資金を貯めて焼き肉屋を開業した．その間"寄留民のく
せ"にと何度もいわれた，そうゆう時には同じように税金を払っていると
言い返えした[57]．経営に困った時に 8 人ほどで模合を起こし，何とか経
営をやってきた．2 回離婚したが息子が 1 人いる．関東にいっている，1
人暮らしだが別に良いと思う．

　GK ①の話からは，働きながら開業資金を貯蓄したことがわかる．彼女が
「頼れる地域社会」をもたない人であったことや，地域内で女性に対する出自
や職種などによる差別があったこと，また自営業を営むには模合が必須であ
ることもわかる[58]．次に YT は，親子三代にわたり金武区に定住しているが，
その経緯は以下のように述べられた[59]．

　——ご両親の出身はどこですか．金武町へはどのような経緯で住むことに
なったのですか？

　祖父は今帰仁村，母は本部町出身だ．1950 年代に那覇を経てコザ（現在
沖縄市）へ移動し，1959 年頃から金武町で営業をはじめた．私は沖縄市
で生まれた．父は，既に那覇市・沖縄市で貿易商や飲食店などの経営経験
をもっていた．呼び寄せに応じて金武町へやってきた．母は，昼間自動車
を使用して沖縄中を駆け巡り化粧品のトップセールスとして成功した．そ
れにもかかわらず夜は飲食店の営業と，よく働き財産を築いた．ベトナ
ム戦争で好景気だった頃，私は宜野湾市の大学に進学し台北へ留学した．
当地で結婚後，さらにミュンヘンに留学し，1983 年に日本に戻り，サラ

リーマンを1年経験した．父が病気になり，跡を継ぐため1984年に金武町へ戻った．1990年代の不景気に入りつつある頃，妻とともにスナックを営業する傍ら，野菜のハウス栽培をはじめた．多角経営といえるかな．2000年代初めには息子が3代目を継いだ．妻は日本語学習をしたいと大学に入学し，54才でアモイ大学博士課程に進学し，中国研究により博士号を取得した．彼女は頑張りました．

彼は各地を移動し，県外との交流の中で得た経験から経営の多角化を目指す構想をもつに至ったと思われる．彼の息子はバー・スナック経営だけでなく，父同様，ビルメンテナンスなど多角経営をおこなっている．彼らは地域の景気が悪くなっても，この地区から転出せず定住している．

既述したように金武町社交業組合員数は1981年がピークで146人，その後減少を続け2014年には65人となった[60]．このことはベトナム戦争後，性産業が国際的な市場に組み込まれた影響もあるのだろう．基地軍人の消費動向に左右される中小自営業は，日米の財政・安保政策，不景気が改善されず経済的格差が拡大する中，生き残ることが困難な時代といえる．

YIは金武町在住者で，金武町から転出した経験はない[61]．彼女は義務教育終了後に，新開地の従業員として働いた経験をもつ，60歳代前半の女性である．彼女の語りを聞いてみよう．

——この地区で働きはじめたきっかけは，どのようなことでしたか？
中学卒業後に兄の経営する店で働きはじめ，金武区の人と結婚した．夫は働かない人だった，結局子どもを4人連れて離婚した．その後は昼と夜の掛け持ちで働いた．忙しかった．今は一人暮らしで福祉を受けている．

彼女の話は義務教育終了後に，専門的な職業訓練を受けず財産もなく，離婚により母子家庭となったことから，生計を担う女性の生活状況を現している．

MOは，新開地の食品・雑貨屋で働く女性である．既に80歳を超えている．彼女が金武町で働くことになった経緯は，以下のように述べられた[62]．

第 3 章　基地と人の移動　　　115

　——生まれはどこですか？　金武町で働くことになったきっかけはどのよう
なことでしたか？
　　南洋諸島から中城村へ引き揚げた．そこで結婚しボリビアへ移民した．7
　　人の子どもがいる．生活をよくするため復帰を期に，中城村へ戻った．そ
　　の後，金武町へ転入し，1980 年代からこの地区のスーパーでパートとし
　　て約 30 年間働いている．当時から町の移り変わりをみてきた．すっかり
　　人が少なくなり，変わった．今ダンサーは大阪からきた女性 1 人だ．

　KY ①は，中卒後，宜野座村から金武町へやってきた．年齢は 60 歳を超え
ている．彼女はどのようにして自営業（スナック）をはじめたかを証言する[63]．

　——生まれはどこですか？どのようにして自営業をはじめたのですか？
　　義務教育を終えて隣の宜野座村からきた．はじめアルバイトとしてスナッ
　　クで働きはじめ，通っていた．途中からこちらに引っ越した，今はパート
　　ナーがいる．固定客もいるので，このまま続ける．

　これまでの聞き取りからわかるように，この町では移民や出稼ぎ経験を度々
聞く．新開地で聞き取りのできた人は，1960 年代から 70 年代に金武町に転
入し，ほとんどが開業資金を蓄え自営業となり定住した人々である（表 10）．
彼らは 1950 年代から 60 年代はじめの戦後混乱期に，出生地あるいは引揚げ
後の地から那覇市や沖縄市に学業や職を求めて移動してきた．それは主に親
族や知人の呼び寄せである．当時は占領期で，本土への出稼ぎや学業はパス
ポートが発行されねばならなかったため，近くの都会である那覇へいったのだ．
多くの人はその後また呼び寄せにより金武町へ転入し，1990 年代後半には定
住を決めていた．彼らは後述する金武杣山訴訟の原告よりも，頻繁に移動して
いる．
　中村牧子は日本本土に関わる人の移動について，1936 年〜 65 年の 30 年間
に「人々は，地域的には大都市−地方間を右往左往し，職業的には雇用と農業
や自営との間で揺れたのちに，再び雇用へと一斉に流れ込んだ．……この 30
年間における変動は部分的には戦争という特殊事情がもたらしたもので，また

表10　金武町社交業組合事務所周辺の人々・移動表

在住先＼移動年		1950年代	1960年代	1970年代	1980年代
金武町	在住	YI	YG. YE. KY①. GK①	GS. ST①. NS①. MO. KN. KG	YT
	転出	GS	GS YT		
宜野座村		KG			
沖縄市		GS. YG. YT. ST①	KY①		
うるま市		YE			
中城市		MO			
宜野湾市			YT	KG	
名護市			NS①		
今帰仁村		NS①. YG. YT	NS①		
本部町					
那覇市		GS. YG. YT. GK①	GS. KN. KG. NS①		
糸満市		GK①			
宮古島市		KN			
関東				YT	
ボリビア		MO			
台湾			YT		
ドイツ			YT		

出典：金武町社交業組合事務所と周辺広場での聞き取りから作成（於：金武町，2015年1月11日・1月12日・1月14日・1月15日・1月16日・1月18日・10月13日）．
注：破線は学業，実線は就業のための移動を示す．
丸文字はイニシャル．

部分的には被雇用者が，主流をなす社会への転換期であることによる一時的なものだった．戦争が終わり産業構造の転換が終わりに近づくにつれ，被雇用者の移動も活発さが失われた」と記している[64]．

　中村の使用した戦前・戦後のデータには沖縄県が含まれていない．ここで使用したインタビューは13人で少数であるため，沖縄の事例を検討する際には，中村の論点を同列に扱えないだろう．これは今度の課題である．

ドル稼ぎと占領期の清算

　新開地は，暴力事件などが絶えない地区であった．しかも，性暴力・暴行事

件の多くが隠されてきた．たとえば，1960年代後半に報道された金武村内の
ホステスの殺害・暴行事件は，1965年1件，1967年は2件と毎年起こってい
た[65]．これは先述したGSのいうように氷山の一角であろう．この年(1967年)
は，「ベトナム戦争からの帰還兵による強盗，ホステス殺しが続発，……米兵
相手のバーでは，女性が1人でトイレにいくのは自殺行為だ」といわれた[66]．
ベトナム戦後の1975年頃，「金武はカフェー・キャバレー，料亭などの総数は
155軒で，深夜飲食店21軒．また，石川地区刑法班認知件数の中で傷害事件
は石川・恩納・宜野座がゼロであるのに対し，金武は189件，窃盗なども他の
3地区に比べ多い」[67]．ここは，ネオン街で米軍人用の憩いの場としてあるが，
周辺市町村に比べ物騒な夜の町であった．

　1980年代に入り，社交業組合は米軍との懇談会で，「表沙汰にはならないが，
地域住民がいかに日常生活で被害を受けているか，米兵らによる窃盗事件や無
銭飲食はきりがなく，わいせつ行為も多い．……小さな問題から大きな問題に
発展する」と訴えた[68]．

　基地キャンプ・ハンセンの第1ゲート前には交番がある．週末の夜にはパト
カーが地区を巡回する．外からは地区の女性従業者がどのような就業環境にあ
るのかは見えにくい．多くの人は地区で働く女性たちの就業状況や被る暴力性
について語らない．そしてその女性たちは，比較的短期間で他の地域へ移動す
る傾向をもつ．

　こうした状況の中，那覇周辺地域のキリスト教会のグループは，1981年か
ら1995年までこの地区で相談活動をおこなった．中心になったのはシスター
MR（1935年生）である．彼らは総勢10人で毎週末女性従業者の相談活動を
おこなった．彼女がなぜその活動をすることになったのかについては，次のよ
うに述べていた[69]．

　──どちらのご出身ですか？
　　私はフィリピンで生まれた．父母は大宜味村出身で，父は17歳の時に
　フィリピンの麻山に出稼ぎにいった．兄弟は日本軍によって殺傷された．
　引揚げ後石垣島で育ち，高校生の時に教会に通いはじめた．高卒後代用教
　員として2年間働き，25歳でシスターになった．その後東京やアメリカ

で幼稚園教諭と修道女の教育を受けた.

——相談活動はどのようなきっかけではじめられたのですか?

　1981年にフィリピン・ダバオで体験学習プログラム，いわゆる再教育を
受けた.　生まれ故郷であったため，懐かしくて出かけた.　その際，現地で
お手伝いすることはないかと問うたところ，「フィリピンで手伝うという
より，沖縄でできることがあるでしょう，多くのフィリピン女性が日本・
沖縄・韓国などアジアでエンターティナーとして出稼ぎにいっている.　そ
れらの国のシスターは何をやっているのか」と問われた.　信徒の Need に
応えることが使命と考えてきたが，自分の足りなさを痛感した.　私たちは
1981年の帰国後から毎週土曜日に金武町新開地へ約10人で出かけ，フィ
リピン女性の相談活動を1995年まで続けた.

——どのようなグループでしたか?

　当時私は，修道会の幼稚園の仕事をしていた.　そのかたわらで性産業に従
事する女性の駆け込み寺もやっていた.　性産業で働いていたが，男性ある
いは夫の暴力に耐えきれず，子連れで修道院に逃げてきた女性をかくまう
ことだ.　本土へ逃がしたことも何度かある.　この頃は，戦後占領期のウミ
を出した時期であった.　多くが行政施策だけでは，にっちもさっちもいか
ない状況で，母子家庭女性の生活をやり直す手助けであった.　グループは
教会のシスターばかりでなく，駆け込み寺の中で知り合ったり助け合った
りした人々，たとえば公務員や自営業者らと一緒につくった.　教会の仕事
と併行して，歓楽街の相談活動もやっていた.　金武町だけでなく真栄原や
辺野古の歓楽街へもいった.

——服を着替えるとかは現地でされたのですか.　金武町の協力は得られたの
ですか?

　当初は吉田勝栄町長だった.　趣旨を説明したら，快く着替えとかに使える
よう町役場の多目的ホールを貸してくれた.　いつも午後2時から4時まで
新開地へいった.　営業で忙しくなる前にいかないと話ができないので，そ

の時間だった.

——どのように声をかけたのですか?
　大抵2人1組で,何か困っていることはないですかと声をかけ電話番号を書いた名刺を渡した. 初めのうちはお客のように座って世間話をしていた. 健康状態はどうか,給料はもらえているかなど話すと,教会へいけてないこと,家族に会えないことがつらいと訴えられた. しかし,私たちは何もできないのです,それを痛感しました. でも毎週シスターが見回りに来るという事実が,信徒であるフィリピン女性の支えになってくれればと思っていた.

——店でトラブルになることはなかったですか? 相談の内容について町役場で話されましたか?
　毎週いくうちに徐々に店の主人に疎んじられ,店で長居ができなくなった. 名刺を渡すタイミングが難しくなって. でも,根気よく毎週いった. 帰ってくれとか店に入れないというところも出てきた. 町役場では時々報告もした,吉田勝栄町長は協力的だった. 1995年の県民大会後,軍人の夜間外出禁止令が出て新開地の女性従業者数は激変した. それをきっかけに歓楽街の様相が変わり,この活動は終わった. 今は辺野古に連帯する活動や座込みに交代でいっている.

　MRは,後に当時を次のように記す.「金武町のクラブマネジャーが『フィリピンの女性がいるから 町民が枕を高くし,安心して寝られるんだ……. それに貧しい国の女性が,ここで働くことは,彼女らの家族を助けることになるんだ』と豪語した」[70].
　1983年には,新開地で女性従業者の宿舎が火事になった. 彼女らは屋外から施錠されていたため逃げられずフィリピン女性2名が焼死した[71]. この事件は女性らの就業実態の側面を白日の下に曝すことになった. 人権を無視した生活条件などが問題となり,地元消防署だけでなくフィリピンのNGOによる現地調査もおこなわれた. MRは火災事件後について,次のように語っていた[72].

── 1983 年に新開地で火事があり，フィリピン女性が亡くなりました．フィリピンでも問題になったと聞きますが，その後新開地の様子は変わりましたか？

　消防署が調査に入り，結局火災を出した店は廃業した．じつのところその後の宿舎の状況は余り変化がなかった．

火災後においても，女性従業者の宿舎はこれまでと変わらずなかったと言う．すべてではないが，外からの施錠はその後も続いたのだろう．

　先述した 1980 年代後半の金武町社交業組合長は，新開地の営業は地域経済の主要業種であるが，隠されている暴力・暴行事件などの多さを述べていた．新開地で暴力にあってきたのは，主に金武町外出身者や外国籍の女性たちといえる．

　基地建設以後新開地とその周辺は，先述したようにドルの主要な稼ぎ手であった．金武町社交業組合は復帰運動の時期に，「基地撤去反対推進委員」を選出し，大量解雇反対と反戦復帰運動をたたかう全軍労対策に「生活を守る会」を結成した[73]．1971 年の金武村議会では，全軍労の「スト権実施のため基地業者の被害は莫大なものである」とし，さらに「基地業者に対して救済処置を」と発言された[74]．この頃のことは元キャンプ・ハンセンの軍雇用員 KI によって以下のように述べられていた[75]．

──復帰前の全軍労のストライキについておしえてください．婦人部はありましたか？

　1968 年〜 69 年にかけて，全軍労は人員削減に反対しストライキをうった．マリン支部全体で 303 名，金武では 180 名の人員削減と賃金の引下げ提案がされた．24 時間体制で基地ゲート前にバリケードをつくりストに入った．それはスト破りをさせないことである一方，軍人が新開地に出ていけないことにもつながった．35 日間のストだったが，自分たちの雇用がかかっていたのでやり通した．クリーニング，ハウスメイドや清掃の作業員は，15 日目頃から仕事についた．結局，支部全体では 30 数名の人員削減

で妥結し，金武の人員削減は撤回された．その後復帰に際し，賃金が月給
制になり，ドルから円に切り替わったことから数割の賃下げになった．多
くの人が離職した．金武のマリン支部には婦人部はなかった．

——米軍からの嫌がらせはなかったですか？　反基地運動の関係はどうでし
たか？
　嫌がらせはいろいろあった．まず，オフリミットの発令となった．米軍人
がバリケードのところまで差し入れにきた，コーヒーやお菓子をもってね．
これはからかいというか嫌がらせだよ．防衛局は，マリン支部の三役をな
るべく採用しないようにしていた．金武町の分会はそこまでなかった．

——金武町社交業組合の関係者とは，話合いをもたれたのですか？
　オフリミットの関係では，社交業組合の代表者がテントのところまでやっ
てきた．なぜストをやるのか，いつまでやるのか，基地がなくなっては困
るとか，いろいろいわれた．それで，首切りと賃下げ提案とたたかってい
ることを説明した．自分たちの生活がかかっているのだと．復帰運動の項
目である反基地運動も全軍労の方針で，復帰に際し，核兵器を持ち込ませ
ない本土並み返還を求めることであることを説明した．丁寧に話しわかっ
てくれた．

　KI の証言からは，社交業組合が当時「生活を守る会」を結成し，基地で待
機する機動隊の前でデモ行進したことから互いの生活をかけたものだったこと
がわかる．

——復帰後，全軍労は 1978 年に全駐労と組織統一をして，1996 年に全
駐労は分裂しました．金武の分会はどうでしたか？
　復帰後，組織統一し名称が全軍労から全駐労に変わった．職場集会は外で
やったが，ハチマキ闘争はできた．第 2 組合は平和運動，反基地運動，基
地撤去に反発した．自分たちの職場がなくなるからといって．第 2 組合は
10 分の 1 くらいだった．金武の分会はマリン支部と少し違って，活動は

分会の実情にあわせて考え，それが完結していた．復帰前軍作業員は金武町の人が多かった．その頃の仲間と模合もつくった，今も続いている．

新開地はベトナム戦後に，営業利益が徐々に縮小した．そしてオフリミット，基地警戒態勢のレベルアップは，兵士の夜間外出禁止令などを招き，営業は打撃を受けてきた．それに対応して夜間外出禁止令が出される度に，金武町役場と金武町社交業組合は連携し，早期解除を要請してきた．新開地は基地軍人の消費動向で営業利益が左右され，基地に寄り添い営業をおこなっている．そのため，軍人・軍属の行動を制限するリバティ制度や反基地運動は，新開地の営業と利害が一致してこなかったといえる．

こうしたことから町の人口変動は，基地の動き–基地建設，ベトナム戦争，復帰や1995年の県民大会など–に連動して，労働者が転出入を繰り返してきたことがわかる．金武町の遊興地区と基地労働者は，互いに基地の存在によって生活を成り立たせている．そのため両者は，基地撤去を目的とする反基地運動と利害が一致しない面をもってきた．

3 語られない女性たち

歓楽街の前史ともいえる慰安所の概略は，既に述べた．新開地区，特に性産業と地域はどのような関係にあるのかを整理すると，歓楽街の周辺に商業地区を形成しているが，多くの住民はその地区のことを語らず，地区に近づかない傾向は戦前から同様である．このことは戦後という区切りや日本軍と米軍という差異にかかわらず，連綿と継続してきたことといえる．

新開地は区画整理され，各地から女性たちが集まるようになった．そこには元慰安婦のタエコやペ・ポンギに類似した女性たちばかりでなく，沖縄戦で親兄弟・夫を亡くした女性たち，親とはぐれた子どもたちなど，戦後の食糧事情の悪化や貧困で，職を求め宮古や奄美群島など離島から金武町へやってきた．地区の一角にはクラブ，キャバレーとともに旅館・ホテルなど買売春地区が形成されていった．1975年調べでは，金武区の旅館・ホテルは15軒，サービス業143軒，美容室13軒，理髪店12軒，雑貨店107軒となっていた[76]．

そして，地区は1990年代初めまで主に米軍人専用の遊興地区であった．金武町の人々は上記の女性たちにどのような視線を向けていたのだろうか．金武杣山訴訟の原告グループは15人（2013年現在）と少数であるが，彼女らと新開地女性従業者の関係をみよう．

原告グループは日常的な買物を金武区内の商店街や町外でおこない，新開地では買物をしなかったと述べる．金武区内には1990年代2カ所の商店街と一般食料品などを扱う商店があった（但し商店街は現存しない）．1994年の「買物動向」調査はそれを裏付けている[77]．

たとえば，一般食料品の購買先は地元が76.1％で，そのうち区内の主な店舗が63.0％，金武町内商店街での購入は4.6％，新開地は5.3％である．外食をする場所は，地元が20％で，そのうち金武大通り商店街が6.4％，新開地が5.0％，その他が8.6％である．地元以外が80％を占める．両者の数字は新開地区での購買者は一定数あるが，それは金武区民というより新開地内とその周辺の住民を推測させる．

一方，鈴木規之らによる1990年代の外国籍エンターティナーからの聞き取りでは，「外出はママさんの知っているような範囲で，近所の店に日用品を買いにいく程度は許可を取る必要はない．遠出は禁止されている．……ほとんどの女性たちが各自のボーイフレンドに米軍基地内で買ってきてもらっている．その主な理由は，（1）基地内の物価はかなり安く，フィリピンの製品も手に入りやすい，（2）英語の表示がついているので使用法がわかりやすい，の2点である．特に薬については病院にいく機会がないので，普段は市販の薬に頼らざるを得ないが，日本の薬は値段が高い上に英語の表示がないので服用できないと訴えていた」と言う[78]．

上記から，女性従業者は新開地区内の限られた店を利用し，基地内の利用が多いのである．金武町内の商店街を利用することは皆無といって良いのではないか．これは，女性従業者が新開地区外の女性たちと接触することが，少なかったことを示していよう．

地域活動はどうであろうか．新開地の女性の多くは，午後から夜中までを就業時間としている．宮古島から那覇市を経て金武町へ来た元女性経営者KNは「社交業組合だけでなく婦人会や自治会へ入会し役員を受けた」と述べる．し

かし，長年経営者である世帯主は5年で2割が転出する傾向をもち，女性従業者は米軍占領期，復帰後も定住者が少なく地域活動の力になりにくい．1981年の社交業組合加入の世帯主は，女性／男性が107/39人となっており，世帯人員は平均4人で，世帯人員の続柄は不明である．

商業地域には「通り会」という自営業者の団体がある[79]．原告グループのTY②は，新開地周辺の自営業者で「通り会は楽しみで今も参加している」と述べる．新開地の商店街はこの会に属する人々が多い．

一方で，先述したGK①は「生活や商売で困った時には，模合を起こし商売仲間と助け合ってきた．地元民との付き合いはない．当時，通り会の参加もしなかった．婦人会や老人会，公民館祭りもいったことがない．何度か"寄留民のくせに"といわれた」と述べていた[80]．

IHは，職場が新開地に近いことから「給料をもらうと職場の人たちと新開地のレストランへいった」．だが，日常的な利用はなかった．原告グループの夫らは，夜の飲食には新開地を利用せずうしなー街や石川市などへいくという．それは新開地区が，米軍人の憩いの場となっていることにかかわっていた．

原告グループと新開地区の人々との日常的な付き合いは見えてこない．いうまでもなく新開地の女性の多くは，午後から夜中までが就業時間であり，婦人会や「通り会」などの地域活動に参加するものは少ない．

このようなことから，新開地区の女性従業者と金武杣山訴訟の原告らは，別の世界に生きているようである．前者は，グローバルに展開する軍事基地と性観光業を結びつける「売春斡旋業者の国際化」に組み込まれた人々ともいえよう[81]．

先述したGSのインタビューから，この地区の女性従業者は，貧困層といえる本島地元民と離島出身者，後に外国籍女性（観光ビザ・労働ビザで入国する女性）が多数を占め，階層分けされ差別的な対応がされてきたと考えられる．

後述する区外出身者男性と婚姻した旧金武区民女性への抑圧を成立させるには，新開地区の女性従業者という働くよそ者が存在し続ける構図が必要だったのではないか．歓楽街として形成された経緯を考えると，地域の人々はその内情はわかっていたのだろう．彼らと日常的な接触がみられないため，口を閉ざす一方，差別意識を持ち続けてきたと考えられる．

マリア・ミースは「東南アジアの女性が大々的な規模で最初に売春婦にされたのは，ベトナム戦争と太平洋地域にアメリカの空海軍基地が設置された状況においてであった」と論じている[82]．秋林こずえは，「軍隊に性暴力はつきものだという考えから地域社会が対策として基地周辺に性産業を設置してきた」ことや，性産業の設置は「性暴力を受ける女性たちと性暴力からは守られるべき女性たちという女性間の分断を容認すること」であると記している[83]．

女性従業者らは，基地経済を支える底辺労働者といえる人々であり，景気の動向で移動を繰り返す傾向がある．それは，金武区民全体との交流の少なさや労働条件の改善に関連する発言権の乏しさなどから移動するともいえるし，それゆえに地域内の女性差別を隠すことができたといえるだろう．

那覇やコザで長年ケースワーカーをしてきたMKは，戦後長い間「義務教育後に職業訓練を受けていない女性は軍作業員かホステスしか現金収入の道はなかった．……ホステスを選ぶ人は母子家庭が多くて，本当に気の毒だった．しかし，何もかも足りない状況の中で自活していくための相談や援助を増やしつつ地域の中で見守ってきた」と振り返った[84]．

それは，金武町でも類似した状況と推測される．MOは「一目でアジア系ではない子どももいるが，地域の人は何も聞かないし，何もいわない」と言う．GSも同様に「地域で黙ってやってきた，……そうやってきたんだ」と語っていた[85]．

また，石川真生は，「観光ビザなどで入ってきて，ヤクザたちにくいものにされる女性と……労働ビザをもらってやってきた女性を一緒くたに考えるのは危険だ」と述べる[86]．なぜならそれは，「クラブの経営者だけでなく，レストランや洋服屋などその他大勢の人が寄り集まり，支え合って生きている金武の町すべての人を批判していることにつながる」からだと問いかける．この発言は女性従業者を労働者とし，その視点から彼女らの職業の選択や労働環境，人権問題を考えようとするものであろう．むしろこの職種を選ばざるを得なかった社会構造こそ問われるべきだろう．またGSは，新開地の暴力について次のように述べていた[87]．

――なぜこの時期に新開地の暴力について語ることになったのですか？

私はフィリピンで暮らしていた。敗戦直前に1年間フィリピンのジャング
ルで母と弟と一緒に逃げながら生き延びた。その後関東に引き揚げたが，
上陸する検査の途中で1人になってしまった。その収容所では水さえろく
になく，結局10歳の時1人で沖縄へ送還された経験をもつ。その後基地
の町で生活し，口に出せないような暴力事件が相次いだことを知っている。
最近のニュースをみるとまた戦争へ進みそうでとても心配だ。いま，体験
したことを話さなくてはと思っている。

　前述したように，新開地は，基地建設頃に米軍人用として形成された。町役
場と新開地の自営業者らは，基地関係者と積極的に関係をつくり地域経済を振
興してきた。1983年の火災事件から，新開地で就労する女性従業者の中には，
地区をはじめとする金武町内を自由に往き来することができなかった人々がい
たことがわかる。このことは，女性間に出自や職種などによる差別があったこ
とを物語る。女性従業者が景気の動向などから頻繁に移動する背景から，人の
移動を促す基地経済は，一面女性差別や人権侵害を覆い隠す作用を含んでいる
のではないか。
　そして，原告グループは新開地の女性従業者について一言も話さず，その関
係は聞き取りや日常的なつきあいからは見えてこない。女性従業者らは，地域
社会と隔絶した位置にいた人々といえる。語らない彼女らは女性間の差別を容
認してきたかに見える。
　けれども，そこにはさらなる問題が浮かび上がる。既述したように，原告グ
ループは区外出身者の夫とともに旧金武区民から差別を受けてきた。それにも
かかわらず，彼女らの中にも新開地区への差別意識があり，地区の状況をみな
いようにしてきたと思えることだ。
　だが，性暴力事件からみると，GSが言及する新開地区の役割は，予想より
機能しなかったのだろう。
　そのようなことからも，北部地域では，性暴力事件に抗議する1995年の県
民大会で，マスコミ対策を初めとして企画段階から活動したと聞く。軍用地料
の女性差別に抗する運動で中心となった人々も同様だったろう。
　YMは県民大会について「戦後50年経って，沖縄の女性・少女はまだ性暴

力に我慢しなければならないのかが強くあった」と振り返った[88]．長年の怒りと屈辱は，日米地位協定の見直しや基地と性産業の関係を問い1990年代にやっと行動にできたのだ．

　言い換えると，地域の性暴力被害はより多く新開地の女性従業者が受けてきたが，町の全住民がその可能性をもつ立場であり被害も受けてきたとし，町中がすべてを隠し通してきたといえる．現在も事件は減っていない．

　このようなことからみえてくるのは，原告グループが新開地への差別意識をもちながら，自らの経験を含め町内すべての性暴力事件を押し隠してきたことである．それゆえ，原告グループは女性従業者だけでなく新開地についても語らないのである．性暴力被害からみると，地域の女性間の関係は単純に分断されていると言い切れず，逆に語らないことが複雑なつながりをあらわしていると考えられる．

　その上，軍用地や軍用地料により再編された地域社会は，こうした女性たちが米軍相手の歓楽街で日常的にさらされる暴力を隠蔽する役割だけでなく，地域の女性差別をも覆い隠す役割を果たしていたのである．しかも，性産業に就業する女性たちは，地域の家父長制の中でより多く性暴力と差別にさらされてきた．だが，女性従業者が目に見えなくなったことは，女性間の差別関係が崩れ，金武区旧区民の中に，軍用地料の有無にかかわる女性差別が見えるようになったことが考えられる．

註

1）ここでいう女性従業者とは，ホステスやダンサーなど性産業にも関わる低賃金女性を指す．

2）金武町役場企画課『広報金武 縮刷版（1号〜100号）』金武町役場企画課，2001年，197頁．

3）同上．

4）同上書，401頁．

5）琉球銀行調査部編『戦後沖縄経済史』琉球銀行，1984年，237頁．

6）与那国暹『戦後沖縄の社会変動と近代化——米軍支配と大衆運動のダイナミズム』沖縄タイムス社，2001年，71-72頁．

7）金武町役場企画課「統計きん 昭和56年度版創刊号」金武町役場，1981年，33頁．金武町役場企画課「統計きん 平成19年度版第6号」金武町役場，2007年，38頁．

8）金武町役場企画課「統計きん 平成 29 年度版第 8 号」金武町役場，2018 年，47 頁.

9）同上書，44-45 頁.

10）県民経済計算は，経済活動により新たに生み出された付加価値を生産，分配，支出の三つの側面から把握したもの.「生産」された付加価値は，労働者や企業に所得として「分配」され，それを財源とし家計や政府が支出するという経済循環を想定している（沖縄県統計協会『長期時系列データ　沖縄県市町村民所得及び県民経済計算』沖縄県統計協会，2013 年，64 頁).

11）沖縄県土木建築部土木企画課「沖縄県における建設産業活性化支援ガイドブック——建設業の経営基盤強化と再生のために」同課，2006 年，1 頁（出典：建設投資見直し（国土交通省）／許可業者数調べによる).

12）同上資料，1 頁.

13）同上資料，2 頁.

14）沖縄県統計データ WEB サイト（長期時系列），https://www.pref.okinawa.jp/toukeika/ 最終閲覧日 2019 年 5 月 5 日.

15）上記の沖縄県統計データ WEB サイトからのデータと金武町「統計きん 平成 14 年度版第 5 号」金武町役場，2002 年，45 頁から作成. 公営借家数は金武町「統計きん 平成 24 年度版第 7 号」金武町役場，2012 年，32 頁.

16）金武町と沖縄県の数値は，金武町役場企画課「統計きん 平成 4・9・19 年度版第 3・4・6 号」金武町役場，1993・1997・2007 年，110 頁・112・110 頁による. 全国は，e-Stat 政府統計ホームページ（学校基本調査），https://www.e-stat.go.jp/stat-search/files?page=1&layout=datalist&toukei=00400001&tstat=000001011528&cycle=0&tclass1=000001021812 最終閲覧日 2019 年 5 月 16 日.

17）那覇市総務部女性室編『なは・女のあしあと（戦後編）』琉球新報社事業局出版部，2001 年，203-205 頁.

18）さらに，蘭信三『帝国崩壊とひとの再移動——引揚げ，送還，そして残留〈アジア遊学 145〉』勉誠出版，2011 年を参照.

19）GS からの聞き取り（於：金武町，2015 年 2 月 10 日).

20）那覇市総務部女性室編，前掲書，501 頁.

21）『沖縄県史』によると，沖縄守備軍（第 32 軍）は 1944 年 3 月に「全島要塞化」の目的で急遽編成され，その後中国大陸や日本本土から日本軍の主力部隊が移駐するようになった. その主要構成部隊である第 62 師団（中国の山西省と山東省で編成された）の 8,300 人は，沖縄への上陸に際し数回「常に軍紀厳正にすべし」の訓示を受けた. だがその甲斐なく，「この大規模な移駐直後から，兵士による地域女性への強姦事件が頻発した. ……中国，満州と同じように，“外地”沖縄への差別意識を強く持っていた」のである. その後次々に慰安所が設置されていった. 慰安所制度の目的の第一は「『強かん防止』である. ……『慰安所』設置に反対した渡嘉敷島の女子青年団は駐屯部隊長から『だいたい戦地は慰安所をおいている. 慰安婦たちを置くということは，むしろ，あ

なた方の身を守るためなんだから了承してください』と諭された．だが，那覇市の国場など住民の反対で設置できなかった所もある．第二は『兵士の戦意高揚』，士気を高め鼓舞するためのカンフル剤として『慰安所』が使われた．兵士を徹底的に統率するために性を支配する．第三は『性病予防』，……第四は『スパイ防止』，……軍部は，『慰安所』の設置について直接泉守憲県知事に要求した．それに対して知事は，『ここは満州や南方ではない．少なくとも皇土の一部である．皇土の中に，そのような施設をつくることはできない』と不快感を示して拒否した．……軍部の要求は，知事の権限さえ押さえつける強圧的なものであった．……慶良間諸島の慰安所は，7〜8人（朝鮮人女性たち）が配置された」（高里鈴代「日本軍『慰安婦』と沖縄の女性たち」沖縄県庁文化財課史料編集班編『沖縄県史 各論編8 女性史』沖縄県教育委員会，2016年，305-310頁）．

22）沖縄開催実行委員会編「第1分科会　慰安所マップが語るもの」『全国女性史研究交流のつどい　沖縄から未来を拓く女性史を！第5回』沖縄開催実行委員会，1992年．

23）MH①からの聞き取り（於：金武町，2015年9月16日）．

24）「女性たちの戦争体験」読谷村史編集委員会編『読谷村史 第五巻　資料編4 戦時記録上巻』読谷村役場，2002年，354-355頁．

25）洪玟伸『沖縄戦場の記憶と「慰安所」』インパクト出版会，2016年，177-182頁．

26）那覇市総務部女性室，前掲書，501頁．

27）高里鈴代『沖縄の女たち——女性の人権と基地・軍隊』明石書店，1996年，45頁．

28）山谷哲夫監督，映画「沖縄のハルモニ　証言・従軍慰安婦」1979年．川田文子『赤瓦の家——朝鮮から来た従軍慰安婦』筑摩書房，1987年．

29）川田文子「『慰安婦』被害の最初の証言者・裴奉奇さん　そして渡嘉敷島で起こったこと」富坂キリスト教センター編『沖縄にみる性暴力と軍事主義』御茶の水書房，2017年，108頁．

30）那覇市総務部女性室編，前掲書，273頁．

31）平良市史編さん委員会『平良市史 第一巻 通史編1 先史〜近代編』平良市役所，1979年，451頁．

32）米軍占領期，沖縄県と鹿児島県奄美群島は米軍政府下に置かれた．そのため日本との経済交流が制約され，奄美群島の人々は沖縄本島に職を求め移住するということが多くなった．だが，奄美群島は1953年に日本に復帰した．それ以後，1972年までの約20年間にわたり，移住していた奄美群島出身者は，公職追放や参政権・土地所有権の剥奪など様々な社会的制約をうけることとなった．

33）以上について，平井和子『日本占領とジェンダー——米軍・買売春と日本女性たち』有志舎，2014年，7，230頁．高里鈴代「日本軍『慰安婦』と沖縄の女性たち」沖縄県庁文化財課史料編集班編，前掲書，305頁．さらに，岩国の歓楽街については，藤目ゆき『女性史からみた岩国米軍基地——広島湾の軍事化と性暴力』ひろしま女性学研究所，2010年を参照．

34）大森典子・川田文子『「慰安婦」問題が問うてきたこと』岩波書店［岩波ブックレッド］，

2010 年，62 頁.

35）琉球政府法務局調査「沖縄における売春の実態調査」市川房枝監修『日本婦人問題資料集成 第一巻 人権』ドメス出版，1978 年，775・786 頁. 当時の法務局調査では，コザ・センター胡屋が 931 人，辺野古一帯が 130 人である.

36）高里鈴代，前掲書，98 頁.

37）那覇市総務部女性室編，前掲書，498 頁. さらに，松井やより『アジアの観光開発と日本〈アジアが見えてくる 3〉』新幹社，1993 年を参照.

38）2000 年 12 月に東京で開かれた女性国際戦犯法廷は，「『慰安婦』制度についての日本軍上層部の刑事責任と日本政府の国家責任を裁いた民衆法廷」であった（アクティブ・ミュージアム「女たちの戦争と平和資料館」(wam)，2012 年，51 頁).

39）『広報金武』によると，新開地は「基地キャンプ・ハンセンの建設と米兵の増加に伴い質屋，バー，レストランなどが次々と建ち，金武村最大の繁華街と化した. ……隣接する浜田やターキンチャにもアパート，住宅が建ち並び新開地は衛星都市を思わせる」と報じた（金武町役場企画課『広報金武 縮刷版（1 号～ 100 号）』金武町役場企画課，2001 年，81 頁).

40）ベトナム戦争当時のキャンプ・ハンセン駐留軍人数は金武町役場企画課からの聞き取りによる.（於：金武町役場，2013 年 8 月 8 日).

41）オフリミッツは，米軍によって出される指令で米軍人・軍属・家族が民間地域へ出入りすることを禁止する内容をいう. 基地に依存する地域への経済的なダメージを与えるという意味合いがある（金武町社交業組合編『創立 20 周年記念誌』金武町社交業組合，1981 年，38 頁).

42）金武町役場企画課『広報金武 縮刷版（1 号～ 100 号）』金武町役場企画課，16 頁.

43）金武町社交業組合編，前掲書，53-63 頁.

44）米軍は，1953 年頃米軍人・軍属の健康のため厳しい風俗営業施設許可基準を設け，その基準に合格したバー・キャバレー・クラブ・飲食店・原料店に営業の許可を与え，米軍，軍属の出入りを許した. A サインとはこの「許可」(apporve) の頭文字 A を取ったもの（山城善三・佐久田繁編『沖縄事はじめ・世相史事典』月刊沖縄社，1983 年，642 頁).

45）生徒数及び出身地調（金武小学校）を参照する（金武町役場企画課『広報金武 縮刷版（1 号～ 100 号）』金武町役場企画課，2001 年，8 頁).

46）「金武で働いているフィリピン人は 79 名である」（鈴木規之・玉城里子「沖縄のフィリピン人――定住者としてまた外国人労働者として (2)」，『琉球法学』58 号，琉球大学法文学部，1997 年，257 頁).

47）金武町「金武町新開地整備事業基本調査――報告書」1998 年，26 頁.

48）在沖米軍は 2012 年に沖縄本島中部で発生した米海軍兵による集団女性暴行事件を受け，事件事故防止のために「リバティー制度」と呼ばれる外出制限措置が執られ，深夜外出や飲酒の規制を導入していた. ただし，この制度は度々見直しがされている（「米軍の規制 形骸化」『琉球新報』2016 年 3 月 15 日).

第 3 章 基地と人の移動 131

49) GS からの聞き取り（於：金武町，2015 年 9 月 16 日）.

50) YT ②からの聞き取り（於：金武町，2014 年 12 月 2 日）.

51) 金武町社交業組合編，前掲書，20-36 頁.

52) 金武町誌編纂委員会編『金武町誌』金武町役場，1983 年，703 頁. GS からの聞き取り（於：金武町，2016 年 2 月 10 日）.

53) 鈴木規之・玉城里子，前掲論文，257 頁.

54) 喜久村準・金城英男『どこへいく，基地・沖縄』高文研，1989 年，105 頁.

55) KN からの聞き取り（於：金武町，2015 年 1 月 13 日，15 日）.

56) GK ①からの聞き取り（於：金武町，2015 年 10 月 14 日）.

57) 金武区誌によると，19 世紀後半 1872-1879 年の期間に首里の下級士族（無禄）は職を失った．先述したように，彼らは本籍を首里に置き金武町に入植し，「寄留民」として居住した．士族出身の寄留民は，一定の現金などを支払うことで金武区の入会地使用権を得ている．すなわち，当時寄留民への差別意識は強くなかったのである（金武区誌編集室編集『金武区誌　戦前編 上』金武区事務所，1994 年，86-91 頁）.

58) 鳥山淳『沖縄／基地社会の起源と相克　1945 － 1956』勁草書房，2013 年，180 頁.

59) YT からの聞き取り（於：金武町，2015 年 1 月 17 日）.

60) 表 9 と YS からの聞き取りから（於：金武町，2015 年 1 月 15 日）.

61) YI からの聞き取り（於：金武町，2015 年 1 月 16 日）.

62) MO からの聞き取り（於：金武町，2015 年 1 月 14 日・15 日）.

63) KY ①からの聞き取り（於：金武町，2015 年 1 月 17 日）.

64) 中村牧子『人の移動と近代化──「日本社会」を読み換える』有信堂高文社，1999 年，159 頁.

65) 基地・軍隊を許さない行動する女たちの会『沖縄・米兵による女性への性犯罪（1945 年 4 月〜 2012 年 10 月）第 11 版』，2014 年，20-21 頁.

66) 同上資料.

67) 金武町役場企画課『広報金武 縮刷版（1 号〜 100 号）』金武町役場企画課，2001 年，334 頁.

68) 「基地被害なくせ」（『琉球新報』1983 年 6 月 1 日）.

69) MR からの聞き取り（於：与那原町，2016 年 6 月 2 日）.

70) 宮城涼子「基地沖縄の女性たち」（初出 1987 年，ワン・ジャン他 16 名『今，この現実の中で……共に生きる』女性パウロ会，1988 年）197 頁.

71) 「比国女性 2 人死ぬ」（『琉球新報』1983 年 11 月 12 日夕刊）. 鈴木・玉城の聞き取りによると，「8 年ほど前（1970 年代後半）に金武町でエンターティナーが脱走したことがあり，プロモーションが外鍵を準備するようになった．それ以降はほとんどの寮で管理が厳しくなり施錠するようになってしまった．……（火事の後）現在は鍵が常備されているだけで，実際にはかけなくなった」（鈴木規之・玉城里子，前掲論文，251 頁）. さらに，内海愛子・松井やより『アジアから来た出稼ぎ労働者』明石書店，1988 年を参照.

72) MR からの聞き取り（於：与那原町，2016 年 6 月 2 日）. 地区における宿舎の管理は，

曖昧であるため聞き取りのまま記載した.

73) 金武町社交業組合編, 前掲書, 28-31頁.

74) 金武村議会編『金武村議会議事録 昭和46年度』金武村議会, 1971年, 33頁.

75) KIからの聞き取り（於：うるま市, 2013年9月18日）.

76) 金武町誌編纂委員会編, 前掲書, 703頁.

77) 金武町企画課編「第3次金武町総合計画（基本構想・前期基本計画）」金武町役場, 1997年, 141頁.

78) 鈴木規之・玉城里子, 前掲論文, 249-250頁.

79) 通り会は商店街の通りに面した商店で構成される自営業者の集まりである.

80) GK①からの聞き取り（於：金武町, 2015年10月14日）.

81) マリア・ミース（奥田暁子訳）『国際分業と女性——進行する主婦化』日本経済評論社, 1997年, 208-209頁.

82) 同上書, 210頁.

83) 秋林こずえ「ジェンダーの視点と脱植民地の視点から考える安全保障——軍事主義を許さない国際女性ネットワーク」（『平和研究』第43号, 日本平和学会, 2014年）51-68頁.

84) MKからの聞き取り（於：那覇市, 2015年9月13日, 2016年3月16日・5月14日）.

85) GSからの聞き取り（於：金武町, 2015年9月16日）.

86)「素顔のアングル——フィリピンの出稼ぎ女性たち」（『沖縄タイムス』1989年8月14日夕刊, 1989年9月22日）.

87) GSからの聞き取り（於：金武町, 2015年9月16日）.

88) YMからの聞き取り（於：那覇市, 2015年5月21日）.

第4章

基地の町と地域社会構造

　前章では，基地の町に地縁関係を持たない移動する人々が，日米両政府の軍事・財政状況に影響されつつ地域経済の一翼を担う経緯を述べた．彼らは，基地の存在によって経済活動を行っているが，現金収入として軍用地料を受け取ることはない．

　本章では，地域社会が軍用地料を軸に緊密な利益構造を維持していることを3点から検証する．まず，基地維持を支える利益構造が，町役場や区事務所，入会団体を介して，どのように地域社会に浸透しているかを分析する．次に，金武区と並里区における区事務所と入会団体の軍用地料収入が，軍用地料を軸として地域のあり方を規定するほどの位置にあることを描き出す．そのことは，女性が置かれてきた立場を浮き彫りにするだろう．最後に，戦後沖縄で地方政治家となった人物が軍用地料と基地被害という地域問題に取り組んだ足跡を辿る．こうしたことから金武町の地域問題，区事務所の位置づけと町の政治的傾向の一端を明らかにしたい．

1　区の財政構造と軍用地料

町勢の概略

　金武町における行政区の位置は，図4のようである．町勢をみると，前述したように2015年の人口は11,232人，世帯数が4,611戸である．2015年度末における歳入額は112.8億円，歳出額は106億円で，そのうち自主財源が40.1％，依存財源が59.9％となっていた[1]．一般会計（歳出）の対予算総額の割合は，総務費が22.85％，民生29.39％，衛生4.53％，ここには火葬場の管理費が含まれる．同様に農林水産費が11.37％，土木6.75％，教育費が16.61％，消防費が

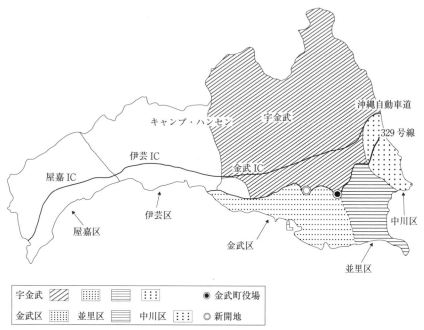

出典：①地部は，並里区誌編纂委員会編『並里区誌―並里区誌―戦前編―』並里区事務所，1998年，141頁図1．②区の境界は，政府統計の総合窓口（e-Stat「国勢調査町丁・字等別境界データ」(47314) 沖縄県国頭郡金武町（http://geoshape.ex.nii.ac.jp/ka/resource/47314.html，最終閲覧日2019年5月22日）．
注：金武区と並里区の区界は，曖昧なため点線とした．キャンプ・ハンセン内の金武区と並里区の区界は，資料が入手出来ず宇金武として記した．

図4 金武町と行政区の略図

2.01％で，地域の消防運営に使われた．その他が6.40％，ここには議会運営費が含まれる[2]．

　既に見たとおり町内純生産は245億円でその内訳は，第1次産業が2.9％，第2次産業が20.4％，第3次産業が76.7％で，15歳以上の労働力人口は，9,266人で総人口の82.5％となっていた．町役場の職員数は158人で，前年の162人より若干増員された．町議会議員は16人である[3]．

　町の軍用地面積は，米軍と自衛隊使用を合わせて2,246ヘクタールで町面積の約6割である[4]．そのうち軍用地料収入の歳入構成比の内訳は，自主財源である財産・収入が17.9％を占め，収入割合は2013年に比較し約4％減少したが，

第 4 章　基地の町と地域社会構造　　　　135

表 11　「旧慣による金武町公有財産の管理等に関する条例」に関わる分収金配分の推移（1985年〜2017年）

区分／年	町役場からの配分率	1985年	1990年	1995年	2000年	2005年	2010年	2015年	2017年
金武町軍用地地主会への分担金	8/100	3,176	1,884	3,764	4,594	5,305	6,892	7,030	7,180
分収金（町役場分）	1/2	397,485	491,017	633,599	782,625	862,958	903,254	971,718	990,089
金武入会権者会	1/2	150,960	186,062	238,885	295,667	329,524	345,000	371,809	379,773
並里財産管理会	1/2	104,873	129,686	166,938	205,637	221,078	230,995	247,500	252,380
伊芸財産保全会	1/2	106,415	131,247	168,808	208,934	233,315	244,223	261,848	267,473
屋嘉財産管理会	1/2	35,235	44,022	58,968	72,387	79,041	83,036	90,561	90,463
負担金，補助金及び交付金　合計		798,144	983,918	1,270,962	1,569,844	1,731,221	1,813,400	1,950,466	1,987,358

出典：金武町一般会計当初予算：総務費から抜粋，（金武町役場総務課から（2018/1/16・2/27).
単位：千円.

　その後回復し 2016 年も数％増加した．依存財源である国有提供施設等所在市町村助成交付金は 2.4％，施設等所在市町村調整交付金が 2.3％で，地方交付金の一部にも組み込まれており，こうした軍用地料収入は，町役場予算全体の約 3 割を占めている．

　旧金武村の杣山は一時国有林となったが，紆余曲折の末，1906 年に国有から公有地と民有地への有償払下げが行われたことは既に述べた[5]．この払下げ代金は，村役場と当時居住していた区民が支払ったのである．そして，戦後軍用地となった杣山には，1952 年以後軍用地料が米国民政府より村役場と区事務所へ配分された．だが，村役場から区へ分収される軍用地料の収益配分率の案分は一定せず，区の受ける基地被害状況などでたびたび変動してきた[6]．そのため，村会議員 GY らは村議会で地料配分の公平性を問い続け，案分は 1968 年に 2 分の 1 と決定された．

　復帰後の金武町は，1982 年に「旧慣による金武町公有財産の管理等に関する条例」（略称：旧慣条例）を制定した．軍用地を有する区は条例に則り入会団体を設立し，町役場は団体に 2 分の 1 の案分で分収金を配分している．

　表 11 は，町役場が各入会団体へ分収した金額の推移である（金武町では軍用地料を分収金という）．ただし，旧慣条例に基づく入会団体の設立年は，金武区と並里区は 1982 年，伊芸区は 1986 年，屋嘉区は 1989 年であるため，1985 年の分収金受領先は，伊芸と屋嘉は区事務所であった．

表 12　金武町行政区の組織と財政など

	年間予算 (万円以下 四捨五入)	事務委託費 (万円以下 四捨五入)	補助金 (万円以下 四捨五入)	区長と職員	区長任期 (公選制)	区組織
金武区	13,027	1,102	8,000 (入会団体から)	1+4	4	行政委員会 (10名)
並里区	15,613	773	なし	1+4 (会計と事務)	4	区議会 (10名)
伊芸区	8,000	359	7,500 (入会団体から)	1+4 (事務と水道)	4	行政委員会 (10名)
屋嘉区	6,909	557	3,900 (入会団体から)	1+4 (会計と事務)	4	区政委員会 (10名)
中川区	2,700	344	2,000 (町役場から)	1+3	4	行政委員会 (8名)

出典：①各区長からの聞き取り（於：金武町金武区，伊芸区，屋嘉は 2018 年 7 月 9 日，中川区は
　　　2018 年 7 月 11 日），並里区は電話による聞き取り（2018 年 7 月 17 日）．②事務委託費の資料（金
　　　武町役場総務課から電話による聞き取り，2018 年 7 月 6 日）．
2017 年度分.

独自財源と地域の拠点

　金武町では 1952 年に軍用地料の支払いが開始された後，地料をめぐる主た
る裁判は 3 件である．裁判がたびたび争われた地域において，軍用地料はどの
ような役割をもち，位置付けられるのかを考える上で，町役場と行政区（＝区
事務所），入会団体の関係は重要であろう．特に財政面において戦前と 1952 年
以後の変化を提示したい．まず，区事務所の概略をみよう．

　金武町の区事務所（中川区を除く）は，金武町から事務委託費を受け取るの
みで，町民は区費・自治会費を支払っていない．戦前の伊芸区は，杣山の山林
売買の収入などを区の運営費に充て，固有の建物をもたず，職員も会計 1 名で
あった[7]．

　区事務所の財政状況をみると，軍用地をもつ区のうち金武，伊芸，屋嘉は毎
年入会団体と予算協議をした後，入会団体に分収された軍用地料の一部を補助
金として受け取る[8]（表 12）．これは戦前の杣山からの収益金を区の運営に充
てる形に類似している．

　2017 年度予算における補助金額の割合によると，金武区は入会団体から
年間予算の約 60％にあたる 8,000 万円を受け取っていた．伊芸区は同様に約
94％，7,500 万円を，屋嘉区は約 56％，3,900 万円であった．並里区事務所は
独自の軍用地料収入があるため，入会団体から補助金は受け取っていない．

第 4 章　基地の町と地域社会構造　　　137

　軍用地をもたない中川区は，少し事情が異なる．この区は運営予算にかか
わって町役場と裁判をたたかった．詳細は後述するが，中川区は裁判に勝訴し
た後，役場から区運営の補助金を受け取ることになった．役場からの補助金は，
中川区予算額の約 74％ にあたる．

　区事務所は，任意団体で大規模な公民館内に事務所，体育室，図書室をもつ．
なかには婦人会館・青年会館を別館として所有する区もある．公民館は区事務
所の財源で建設し，どの区も 1980 年代から 90 年代初めに完成している．入会
団体事務所は別の建物であるが，伊芸区，屋嘉区，並里区は区事務所と隣接す
る．金武区では区事務所と入会団体，金武町軍用地地主会事務所が区内の一角
を占める．並里区の場合，区事務所所有の公民館などの維持管理費は，予算額
1 億 4,000 万のうち約 2,000 万円が費やされていた（2012 年当時）[9]．

　区事務所の事業報告・会計報告をみると，中川区は町役場に報告し，会計報
告は区事務所内に掲示する．それ以外の 4 区は，事務委託費以外役場から予算
配分されていないため，町役場への事業・会計報告をする義務はない．区民に
対しても区ごとで対応が異なる[10]．並里区は，区議会で予算編成し会計報告
するとともに，年 2 回「区議会だより　おおかわ」を発行し，運営の概要を公
表する．

　区長と区職員の待遇では，区長が公選制で 4 年任期，給与は区の財政状況，
規模により異なるが，名目賃金は約 28 万円から 38 万円と幅がある．職員数
は同様に 3 人から 4 人となっており業務分担は会計，事務，水道管理などで
ある．名目賃金は各区により異なるが，初任給は町役場に準じ平均すると役
場職員の約 8 割と言う．並里区は給与表をつくっている．職員の雇用は伊芸
区のみ 5 年で，他区は 60 歳定年制である．並里区は区長と職員以外に会計が
配置されている．会計は副区長の位置づけで，区長が任命し区議会の承認を
受ける．

　区事務所は区内を班分けし，班長を通じて町役場・議会や区などが発行する
広報紙やチラシを各世帯に配布する．自治会的活動では，伝統的な行事，公民
館活動，老人会，婦人会，青年会，子供会への助成，奨学金制度，祝い金の支
払，夏休み期間の学童保育などを実施している[11]．近年は社会福祉関係の事
業も検討されている．町役場と区事務所は年 1 回行政懇談会を開催し，月 1 回

区長会を開催する．ただし，区長会は5区長の会議で，役場からの出席は定められておらず，必要に応じて町役場と合同で開催される．

軍用地料収入が独自財源としてある並里区事務所を対象に，町役場と区事務所の関係をさらにみよう．並里区は農業と教育・福祉分野で手厚い助成がされていることが知られている．区事務所は復帰後，土地改良工事にもかかわり農業振興に務めてきた．現在も毎年土地改良や田芋組合などに関係する予算や，生産奨励費として堆肥や農薬の補助費，小農具及び漁具補助費の助成金を支出している．

他方，町役場の農林水産課では，農機具の購入や施設園芸，病害虫防除などに助成制度がある．区と役場の関係をみると，制度として重なり補完的な助成もあるが，並里区の方がきめ細かく制度を構成している．しかも，並里区は豊かな財源をもつため，「老人会など各団体に年間計1,400万円の活動資金を補助する」[12]．

これは福祉予算のうち高齢者の敬老金にもいえることで，役場は70歳から74歳が年間4,000円，75歳から79歳までが年間6,000円である．並里区では65歳から79歳までは年間一律6,000円となっており，敬老祝い金の開始時期が5年早く，金額も差がない．

高齢者祝い金をみると，88歳，97歳，100歳の設定は同じであるが，年間の祝い金額は，役場より並里区の方が高額である．こうした敬老事業は他の区事務所も実施し，それは補完的なものといえるが，金額は区により異なり，並里区は高額に位置する．

教育関係予算をみると，並里区では，毎年小学校入学時にランドセルを贈呈し，幼稚園，小学校，中学校の給食費のうち年3ヵ月分（4月–6月）を負担してきた．だが，給食費の補助は，町役場が2017年度から「子育て支援と貧困対策」を目的に「在籍する園児・児童・生徒の学校給食費補助金制度」を実施し，全額無料となったため廃止された．すなわち，並里区は町役場の施策を一部先取りしていたのである[13]．

言い換えると，並里区は各種の助成で役場と補完的な関係にあるが，他方で独自の農業施策をおこなっており土地改良工事に手厚い予算を組みきめ細かく運営してきた．これは町民に知られている．並里の組織運営は，一見町役場と

類似しているようだが，じつは区民の声に，より敏感に反応しているといえる．このような区事務所の運営は，金武町近隣の宜野座村などでもおこなわれており，川瀬は区事務所が「様々な行政サービスをおこなうなど，『ミニ役場』的な機能を担っているのである．軍用地料はこのようにして地域社会に浸透している」と指摘している[14]．

　だが，ここで忘れてならないのは，区事務所がおこなうサービスは主に軍用地料によって規定されるため，町役場からの予算配分によって行われる行政サービスとは異なることだ．政令指定都市における行政区とは大きく異なる．しかも，入会団体と区事務所の力関係は財源をもつ方にあり，時に私的団体の方針に左右される場合も考えられる．そして，町役場はその力関係に関与できない[15]．

　その上，金武町における行政区は，区事務所と入会団体が一体となった，町役場から独立した独特な組織運営の顔を持つ．基地問題の関わりや後述する養豚団地建設問題が，その例である．基地被害抗議では，時に区事務所が，地域の抵抗の拠点となってきた．区事務所に集約される抗議の声は，区行政委員会や区議会から町議会を動かし，町議会決議の採択，しばしば町民抗議集会の開催へと進む．その逆に町議会から区事務所という動きもある．集会開催費用や運動に関係する諸経費は，区事務所費とカンパなどによって賄われてきた．たとえば，1988年の基地被害に対する町民抗議集会，1995年の事件，次章で述べる2003年からはじまった伊芸区事務所の米軍の対テロ用「都市型」戦闘訓練施設建設反対運動である．

　このような抗議の運動は時に沖縄防衛局を動かし，軍用地料の値上げにもつながっている．区事務所は，行政サービスを補完する「ミニ役場的」な面だけではないのである．区事務所が地域問題解決の拠点であることは，区民の日常生活に密接に関わり，地区の情報が集まる場所であることを示す．さらに，区長をはじめ日々の世話役活動で地区の有力者がどのような言動をするかで，町議会議員の選出にも影響していく．

　岡本が論じた「共同体的生理」を考えると，地区を主導する有力者によって運営される区事務所の活動は，地域の規範形成にも影響を与え，暗黙のうちに従わざるをえないとする構図を浮き彫りにしているようである．それは近代以

前から徐々に変化しながらも続いてきた，集団による地域の自治的組織ともいえるが，幾多の世変わりを経験している沖縄の歴史の中で培ってきた，独特な性格をあわせもつのではないか．

そして，そのような地域で沈黙が暗黙の了解となってきた性暴力事件や軍用地料のことは，1980年代頃から表面化するという地域変化が生じている．

もとより金武町の区事務所は，戦前杣山の収益から区運営をおこなってきたが，それは少額の予算の中でやりくりしてきたものだ．杣山が軍用地として接収され，その賃貸料としての軍用地料は，復帰を境に高額になってきた．そのため並里区のように区独自の農業施策を実施することができたといえる．すなわち，軍用地料は区事務所を維持し，区内の地域経済の振興や諸事業を通じて地域秩序をつくることさえ可能にしている．

軍用地料問題で提訴された金武区と並里区の入会団体と区事務所について，さらに詳しくみてみよう（表13）．金武入会団体は法人格を取得した私的団体である．会員は会則に合致した旧金武区民で，金武杣山訴訟後には金武区全世帯の約40％を占め，年間50万円の軍用地料が配分されている（表14）．

この入会団体は，前述のように毎年金武区事務所へ補助金を配分している．その手続きは，入会団体が区と翌年度予算計画を協議した後，補助金額を決定するのである．このように金武入会団体は，区事務所へ補助金の配分で大きな影響力をもち，高額な軍用地料によって区を遙かに上回る絶大な力を有している．

旧金武部落民会は，既にみたように早い段階で入会団体を設立していた．復帰後，金武区事務所が年中行事や自治会活動をおこなうようになり，サービス対象者も全区民とされたことから解散した．旧金武区民は金武区事務所の様々な行事に参加するが，旧金武部落民会の流れを継承し，後述するように多額の軍用地料を管理・運営する金武入会団体に，強い帰属意識をもっていると考えられる．それは，ウナイの会が教育・福祉サービスの改善を述べる際，金武町への要望は一言も出されず，入会団体の軍用地料の使途として裁判やインタビューで主張していたことからもうかがわれる．

旧金武区民によって運営される金武入会団体は，金武区だけに留まらない金武町の地域経済を左右する力を保持するが，それゆえに，軍用地料の管理運営

第 4 章　基地の町と地域社会構造　　　141

表 13　字金武：区事務所と入会団体の予算額など

2008 年度金武入会団体決算額		総額	593,471 円
		軍用地料	584,747 円
会員へ配分		補償費	448,800 円
金武区事務所		補助金	80,000 円
		積立金	2,182,097 円
2012 年度金武区事務所予算額		総額	130,270 円
2011 年度並里区事務所予算額		総額	140,210 円
		軍用地料	120,920 円
		補助金	0 円
2010 年度並里入会団体歳入額		総額	260,000 円

出典：金武入会権者会（2013 年 2 月 5-7 日，8 月 9 日・29 日
　　　に入手）・金武区事務所（2013 年 2 月 5 日，3 月 4 日，8
　　　月 8 日に入手）・並里区事務所（2013 年 2 月 7 日，3 月 5 日，
　　　5 月 19 日に入手）・並里区入会団体（2013 年 2 月 6 日，7
　　　月 20，8 月 29 日に入手）の資料から作成.
　　　単位千円　百円以下は四捨五入.

表 14　金武入会団体会員数と軍用地料額などの推移

年	補償金金額	会員数	金武区世帯数における入会団体会員数の割合%	事項
1956	$50	456	54	金武共有権者会設立
1972	5 万円	415	37	復帰
1982	7 万円	480	33	①金武町「旧慣条例」による金武部落民会設立
1986	15 万円	※	※	②金武入会権者会に改称
1992	18 万円	525	33	
2000	30 万円	587	33	①と②合併，名称を金武部落民会とする
2002	60 万円	608	32	金武杣山訴訟はじまる
2007	50 万円	899	40	2006 年 3 月最高裁判決言い渡し．同年 5 月会則改
2012	50 万円	1,086	47	正．成人の男・女子孫の世帯主に軍用地料を配分.

出典：「共有権者会沿革誌」と金武入会権者会の聞き取りから作成（出典：金武入会権者会（2013 年
　　　2 月 5-7 日，8 月 9 日・29 日に入手）
注：①1956 年の会員数は 1963 年の会員確認調査後の数を代用した．補償金額と会員数は「金武共有
　　権者会沿革誌」金武入会権者会議事録（自 1961 年 7 月 17 日－至 1983 年 12 月 24 日）から．②金武
　　区世帯数における入会団体会員数の割合：1956 年から 1972 年の数値は表 4・5 を参照した推定値.
　　復帰以前の金武区世帯数は公表されていないため．※は不明のため.

で区内の不公平感を産み出している.

　これに対して並里入会団体は，並里区事務所から派遣された準備委員 7 名に
より設立準備委員会が設置され，そこの協議を経て 1982 年に設立された．会
則は，並里区の町議会議員や中学校長など有力者らの合議で決定された．入会
団体は，現在，並里区全世帯の約 80％にあたる旧並里区民に対して軍用地料
の配分を毎年一会員当たり 24 万円支払っている [16]（表 15）．並里入会団体は，

表 15　並里区人口と入会団体会員数などの推移

年	並里区			
	人口	①世帯数	②入会団体会員数	②*100/①
1985	2,394	742	620	83.6
1990	2,432	808	665	82.3
1995	2,473	853	657	77.0
1998	2,452	891	680	76.3
2000	2,609	906	715	78.9
2005	2,693	1,016	804	79.1
2010	2,699	1,111	890	80.1

出典：並里財産管理会・並里区『配分金等請求訴訟事件　杣山・区有
　　　地裁判記録集』並里財産管理会・並里区事務所，2012 年，235 頁
　　　と区人口と世帯数は表 5 から作成.

その設立経緯から区事務所に準じた管里・運営体制がなされていると考えられる.

　金武区事務所は，並里区に比べ予算規模が人口に対して少額であり，独自収入がない分入会団体からの軍用地料を使用した補助率が高い．そのため金武入会団体との関係では立場が弱い．金武区事務所が毎年私的団体である入会団体から多額の財政補助を受けていることは，どのように考えるべきか.

　区事務所に対する財政補助が町役場から人口に比例して区事務所に配分される，あるいは町役場の事業計画に応じて予算措置がなされるのであれば，一定公平性が保たれるだろう．だが，私的団体と毎年予算計画を協議した後，区事務所が財政補助を受ける場合，全区民に対する公平性はどのように担保されるのか．また区事務所の運営は私的団体である入会団体の方針に左右されることはないのだろうか.

　この問題に関連することとして，金武区行政委員会は，金武杣山訴訟がはじまった後に訴訟問題を取り上げた．そこでは，1906 年の杣山買取り時の支払に参加したかどうかが問題とされた[17]．訴訟には軍用地料の使途における区行政サービスの不公平性という全町民の問題が含まれていたにもかかわらず，旧金武区民の男子孫と女子孫の問題に留め置かれたのである.

　これに対して並里区事務所の事業・予算計画は，全区民対象に作成され，軍用地料からの独自収入が区議会の裁量によって執行されている．区民の結集力は強く，区事務所は地域内で力をもっている．並里区の 2011 年度予算額は

独自収入の軍用地料が約83%を占めた．金武区と並里区の人口比は，約2対1である．区財政における区民一人あたりの軍用地料の割合を単純に人口からみると，並里区民は金武区民より多い．

軍用地料には迷惑料を含むというが，金武区と並里区では，基地被害を受ける両区民がその恩恵を公平に受け取っていないばかりか，並里区は軍用地料に含まれる迷惑料部分が，より公平に区民に分配されていると考えられる．両区のこの違いは大きいと言わざるを得ない．並里区は戦後民主的な村づくりを目標とし，復帰後基地経済からの脱却を掲げて農業振興策を推進し，地域の文化・福祉・教育などを含む地域づくりをおこなってきた．

このようなことから金武区と並里区では，区事務所と入会団体のあり方がかなり異なっている．軍用地料の利益構造は，金武町役場，金武入会団体，並里区事務所の重要な財源であり，その巨額さゆえに各々があたかも独立した団体といえる．

しかもそれぞれの組織における地域運営の差異は，長年の生活に根ざした地域の特徴といえるのだろうか．また軍用地料という独自財源は，町役場の方針に左右されず，より地域に密着した地域づくりが可能になる一方，地区内の力関係を規定し，規範にも影響を与えているのだろう．こうしたことから金武町特に，並里区事務所と金武入会団体は，強い影響力をもち，社会的な権力を有する立場にあるといえる．

入会団体の変容

金武町では2000年代に，2件の軍用地料をめぐる裁判（金武杣山訴訟と配分金等請求訴訟）がたたかわれ，判決後既に約10年経過した．金武町の4入会団体——金武入会権者会（略称：金武），並里財産管理会（略称：並里），伊芸財産保全会（略称：伊芸）と屋嘉財産管理会（略称：屋嘉）——は，1990年代から2000年代中頃までに会員要件となっていた男子孫を世帯主に変更する会則改正を行った．そこで，4入会団体の設立時からの概略を4点から振り返り，会員要件の改正がどのような地域変化をもたらしたかをみよう（表16）．

第1は，設立年である．金武は先述したように，基地建設前に旧金武区民が積極的に入会団体を設立し，並里は旧慣条例制定後に設立された．伊芸と屋嘉

表 16　金武町：入会団体の会則改正による変容

事　項		金武	並里	伊芸	屋嘉
	設立年	1956 年	1982 年	1986 年	1989 年
入会団体と会員など	居住開始要件（現行）	1906 年柚山払い下げ当時の部落民	1946 年	1906 年柚山払い下げ当時の部落民	1906 年柚山払い下げ当時の部落民
	会員資格が男子孫から世帯主に変更された年	2006 年	1991 年	2001 年	2007 年
	会則改正前の会員数	640 (2005 年)	665 (1990 年)	224 (2000 年)	266 (2005 年)
2015年	会員数	1118	933	338	350
	会員世帯／全世帯（％）	47.1	77.8	67.6	42.6
	補償金（1 世帯／年）	50 万円	24 万円	48 万円	12 万円
	区事務所への補助金（約）	8,000 万円	なし	7,500 万円	3,900 万円

出典：①区事務所への補助金と会員数は 2017 年 7 月 25 日・26 日の聞き取りによる．会員世帯数／全世帯％は入会団体の聞き取りから算出．②区人口は，金武町役場企画課『統計きん　平成 24・29 年度版第 7・8 号』金武町役場，2012 年・2018 年から作成．

注：①「会員が死亡し資格を喪失した時，同居する配偶者は 1 代限りとする」は類似した規定が金武，並里，屋嘉，伊芸で会則に明記されている．②金武の準会員要件は，1907 から 1945 年 3 月まで柚山を利用していたもの．③並里区事務所予算の軍用地料 1 億 2,000 万円を補助金とみなした（桐山節子「第 12 章 戦後沖縄の基地と女性―地域の変動と軍用地料の配分問題」庄司俊作編『戦後日本の開発と民主主義―地域にみる相剋』昭和堂，2017 年，432 頁）．④伊芸の居住開始要件は 2002 年からのもの．それまでは「1906 年柚山払い下げ当時の部落民」と「1937 年当時伊芸村に居住していたもの」である．屋嘉は同様，2007 年からの居住開始要件である．⑤各入会団体の名称は，143 頁の略称を使用した．

は入会団体設立に際し，軍用地料の案分（区事務所と入会団体）をはじめとする地区運営に関連する検討など，事前準備に時間を要し時期がずれ込んだと言う．

　第 2 は，会員要件のうち居住開始時期である．金武，屋嘉，伊芸は 1906 年となっているが，並里は中川区と分区した 1946 年に設定されている．伊芸は 2001 年の会則改正前まで，「1906 年柚山払下げ当時の部落民」と「1937 年当時伊芸村に居住していたもの」という 2 つの条件だったが，会則改正により「1937 年……」が削除された．1937 年は県への支払が完了した年であった．屋嘉も同様の事項が 2007 年までに削除された．その理由は，金武と並里は県への有償支払を 1935 年に完了したが，伊芸と屋嘉は 1937 年にずれ込んだためである．

　第 3 は入会団体の総会である．金武，並里，屋嘉の年次総会は年 1 回となっ

ているが，伊芸は年3回開催され（年次総会，会計報告，会員確定），総会を重視した運営である．そして，伊芸は法人格をもたない．

第4は，会員要件を世帯主に変更した後の会員数の変化である．改正前と2015年現在の人数を比較すると，金武では640人が10年で1,118人となり約48％の増加．並里は，665人が24年間で933人と約30％の増加になっている．伊芸は224人が17年間で338人と約66％，屋嘉は266人が8年で350人と24％増加していた．会員数の変動が最も大きかったのは金武で，逆に最も緩やかだったのは並里といえる．

また，伊芸では2014年頃から，毎年の現況調査で世帯主の女子孫に会員資格があることを伝え，会員申請を勧奨している．その申請は総会で承認する．そのため女性会員が，1年で20人増えた年もあった．並里では請願運動が行われ1991年に会則改正して，世帯主ではない女子孫が会員となる事項を加えた．それにもかかわらず近年，女子孫が積極的に世帯主になることを選択し，会員申請をする人が目立つという．

入会団体から区事務所への補助金額は，屋嘉では定額制でなく毎年変動する．金武と伊芸入会団体は，若干の変動はあるものの現時点で定額といえる．中川区事務所への補助金は，1982年以後金武町役場から予算化されている．その金額には，軍用地料の引上率を毎年反映させることとなっていたが，2006年以後中川区事務所は約3,000万円を受け入れ，現状維持である．入会団体の預金は金武，並里，伊芸で億単位となっているが，屋嘉では現在預金をもたない．

入会団体の運営傾向をみると，並里では居住開始時期が戦後であること，1990年代に他に先んじて女子孫差別の解消を進めたこと，会員配偶者の死去後の地料配分を性別にかかわりなく実施していること，女性役員が1名加わっていることから，男女の公平性を保とうとする姿勢で一歩先んじている．

また転入者の出自を考えると，入会団体の会員数がどの団体でも増加していることから，分家した子供だけでなく，Uターンした家族が居住しているとみられる．Uターンはどの年齢層だろうか．『統計きん』の生産年齢人口（年齢3区分国勢調査人口）推移をみると，1995年6,537人，2005年6,515，2010年6632人で変動はあるものの横ばいである[18]．

次に老齢人口をみると，1995年1,505人，2005年2,332，2010年2,558人と

10年で1,000人以上増加している．金武町の1世帯当たり人員は2005年に2.4となり，減少傾向はその後も続き，2013年以降は2.2と微減している．2013年の全国平均は2.32，沖縄県は2.43であり，金武町は他府県より低位である[19]．

上記のデータと入会団体からの聞き取りを整理すると，転入人口は退職や離別・死別，家族介護などによるUターンの要因が浮かび上がる．しかも民営借家を中心に居住している[20]．すなわち，この町の軍用地料の配分は，人口減少に歯止めをかける要素になっているといえる．

入会団体間の組織は，部落民会協議会がある．部落民会協議会は金武町の入会団体によって構成され，各団体の会長と事務局長が出席する．この協議会は当初市町村合併に関わる杣山の権利・利益を守り，それを後世に引き継ぐことを目的に2000年に設立された．市町村合併問題終了後も2年に1度開催されている．

協議会は，入会団体の情報の交換とそれを共有する場であるとともに，認識をすりあわせる場にもなっている．財政関係は別の会で議論される．町議会では市町村合併について2003年から2006年にかけて何度も議論されてきた．その際の町長の答弁は，「名護市が過去におこなった旧久志村の合併等を踏まえ，その時に行われた財管等の問題等を含めながら」協議を進めたいというものであった[21]．部落民会と町役場は5回に及ぶ勉強会を開催したが，入会団体の財産にかかわる問題では結論が出ずじまいで終了した．結局，金武町では平成の市町村合併は行われていない．

ところで，金武町の入会団体は，これまでの裁判をどのようにみていたのだろうか．金武では後述するように，軍用地の入会権については今後も様々な問題が出てくる可能性があり，変化していくだろうと語られた．伊芸の入会団体では，次のように述べられていた[22]．

　　古くからの人々にとっては，杣山・入会地は尊敬の対象でもあった．そのような歴史をすてることはできない．軍用地料は地区の歴史文化，入会権の根源を守る財源と考えられる．区外出身者が地区の歴史文化行事に参加することは認めるが，杣山から産み出された財産の配当は別である．杣山は県からの払下げに際し，部落ごとに金銭を出し合い払下げ金に充てた．

第4章　基地の町と地域社会構造　　　147

このことが入会権の存続，土地の所有にはある．それが区外出身者に配当
されない根源である．

入会権の根源の部分と民主化されてきた現代をどうすりあわせるかが課題
である．歴史的な利益は守る，守っていかねばならない．会則に記載がな
い会員資格にかかわる部分は，改正をせねばならないと考えている．世帯
主をどのように変えるか検討中だ．とはいえ，世帯主が男性であることは
現実には重視されていないし，位牌継承も女性でもよい．伊芸では軍用地
料で奨学金武制度を運営しているが，地域の人材育成に使いたい．

軍用地料は地区の歴史文化，入会権の根源を守る財源とする見解は，入会団
体の共通認識と考えられ，部落民会協議会で市町村合併が検討されたときにも
出された視点である．

戦前の区財産は，現在も受け継がれ軍用地料という高額な財産に変化して
いる．軍用地料問題をめぐる運動では，金武，並里，伊芸区の女性らが区をこ
えて情報交換をしつつ，地域の生活に根ざした方法で運動を作り上げ行動した．
その行動は並里と伊芸で，近年女子孫が会員資格を得るために世帯主を男性か
ら女性に変える傾向を産み出してきた．これは経済的利益の獲得が，世帯主は
男という社会通念を変化させていく出来事といえる．

金武杣山訴訟をみていた金武区の女性（53歳）は，2003年の訴訟当時新開
インタビューで裁判について「慣習なら時代によって変えてもいい．まずは
女性が発言できるシステムづくりが必要だ．今回の裁判はその突破口だと思
う」と語っていた[23]．だが，入会団体のインタビューでは運営に関する女性
の参画は言及されていない．これが現時点の到達点である．

軍用地をもたない中川区

復帰後，中川区住民による軍用地料の裁判は2件たたかわれた．第1は，
1977年に村当局（村長と収入役）を提訴したものだ．この裁判は中川区が，
軍用地をもたないことに関係する．第2は，並里区事務所と入会団体を提訴し
た配分金等請求訴訟である．

中川区は国道329号線の南北に位置し，比較的新しく入植した人々が多い．

南側はギンバル（銀原または源原）と呼ばれ，琉球処分後に首里方面から寄留者が転入し，藍作りなどをはじめた地域であった．北側は，「1938 年頃から県営開墾事業が施行され，……1942 年頃までに工事は完了し県内から移住者が募集され，……現在の区民の多くは元からの住民ではなく，沖縄県各地から開墾目的の移住者が集まってできた部落」である [24]．中川区は沖縄戦の最中，中南部各地からの避難民が急増した．人口は敗戦による引揚げで激減したが，1946 年に並里区から分区した．

まず，中川区長は，提訴前の 1977 年 9 月 19 日に「分収金交付陳情」を金武村議会議長宛に提出した．陳情書は「従来村当局が各区に交付しておりますところの分収金を，中川区にも今回からは適正な額（40,029,304 円）を交付くださいますよう」というものであった [25]．だが，それは 9 月 27 日に不採択となった．

陳情書不採択の後，4 人の中川区住民（原告）は，軍用地料をめぐり金武村長と収入役（被告）を提訴した．原告は，金武村役場が軍用地料を予算計上せず，区へ直接配分をおこなっていたことと軍用地料の使途をめぐる行政サービスの公平性を問うた．

裁判は 1982 年に中川区原告側が勝訴した．金武町役場は中川区事務所に補助金として約 1,450 万円を支出することとし，その後の補助金額には軍用地料の値上げ率を毎年反映させることとなった．1983 年に刊行された『金武町誌』によると，中川区は「町からの補助金だけでは金額が不十分で，他区なみに区行政を運営することは困難であるといっている．それで軍用地料の適正配分を叫んでいるが，まだその念願はかなえられていない」と記されている [26]．

裁判の背景には，金武村議会で議論になった軍用地料の収益配分比率問題や復帰前後の数年で地料が約 6 倍に増加したことがある．金武村役場の受け取る軍用地料の使途は，軍用地をもたない中川区事務所にとっても，重要な関心事であったといえる．議会宛てに陳情書が提出される過程では，村会議長や議員に相談を持ちかけたことが推測される．

原告による提訴事由の（1）は，旧金武村が 1935 年に県から買い取った杣山の利用権を各区が保有する条件で統合し，その利用権の対価として分収率を 5 対 5 とした．しかし協定文書は存在していない．戦後米軍用地として接収され

た後，収益配分率が区によって異なる年もあり，村役場は軍用地料の分収金を歳入予算に計上しないで直接4区に配分していた．(2)は，村役場が4区に支払っている分収金を中川区にも配分することを請求したものであった．

金武村役場は，杣山を県から買い取る際に，1906年から1935年までに8,328円を支払ったことを主張した．中川区はその代金を負担していないため，軍用地料の分収金受領の資格はないと主張された．

1982年10月の判決によると，(1)については，「旧慣による使用権の設定されている公有財産であっても，その管理と処分は関係法令の規制を受けるのは当然である．……入会的利用が不可能となった場合の賃料収入の帰属，配分問題について旧慣の趣旨を十分に尊重しつつ議会の議決等を得て賃料の分収契約等に変更すべき筋合いのもので，執行機関が勝手に賃料の一部を各区の取得分とすることはできない」と認定された[27]．

その上で，「地方自治体210条の規定により，……分収制度の内容にしたがって支出すべきである．町長・収入役は重大な過失をしたから1976年度各区へ支払った分収金を弁償すること」が言い渡された[28]．(2)は棄却されたが，中川区の原告は勝訴した．

こうして金武町の公有財産（軍用地から得られる地料）の運用をめぐる争いは，「初の司法判断が下された」[29]．金武村は「戦後，軍用地として接収された村有地について条例等の根拠なしに，戦前の分収制度を復活させ，地料の半額を歳入予算に計上しないで直接金武など4区へ配分していた」ことが判断されたのである[30]．

金武町役場は提訴を重く受け止め，判決が出る前の1981年12月に旧慣条例を可決成立させた．条例の主な事項は，町役場が軍用地料である分収金を交付する団体（名称は各区に任せる）を設立することと町と区の分収率を5対5と定めたことである．町議会では条例の制定を急ぎすぎではないか，判決後でもよいのではないかといわれたが，村会議長GYらの意向により，短期間で制定された．裁判の判決は1982年10月にあったが，旧慣条例は裁判所には好印象をもたれず，村当局は敗訴した．

この一連の出来事は，町議会広報紙「きんてん」など によって町民に周知され，軍用地料が一部の住民に支払われていることが話題にのぼるようになっ

た[31]．軍用地料に関連する情報は，それまでまとまって公開されていなかったが，当時「きんてん」が発行され，これを通じて，裁判の経緯や軍用地料に関係する情報が，住民の知るところとなったのである．

次に，配分金等請求訴訟は，2003 年に中川区の一部住民（原告 134 人）が，並里区事務所と並里財産管理会（被告）を相手取って提訴した裁判である．提訴は金武杣山訴訟の影響を受けたものといわれている．裁判の原告は，戦前まで並里区に属していた源原組の住民で，戦後すぐの分区まで入会権を有する人々であった．彼らの提訴事由は，「戦後所属する行政区は変わったが，住所は変わっていないから，元々の入会集団並里区からは離脱していない．入会権を放棄したこともない．したがって，源原組には現在も並里区民としての入会権があるから，杣山などの入会地の軍用地料を，並里区民並に配分せよ」というものであった[32]．

入会権者が入会権を喪失する事由は，3 点である．1 は離村失件で，村を離れたときは権利を失う．2 は自ら入会権を放棄した場合．3 は，入会集団の義務や役割等を果たさないようになった結果，入会権が剥奪される場合である．

この背景と提訴事由から，当初この事件は被告側にとって「負け筋の事件」と思われていた[33]．だが並里区事務所は，「戦後も並里区住民は入会地の維持管理のために大変な努力を重ねてきた事実がある」[34]．それを見落とし，入会地に対する戦後の関わりが源原組も同等であるとするのは不当であると反論した．

加えて，裁判期間中に，区事務所を中心とする入会地の維持管理が，並里区住民によってどのように実施されていたかの資料が見つかった．その資料が物証として採用されたことから，2008 年の最高裁判決は，並里区事務所と入会団体が勝訴した．それは「昭和 20 年代からの並里区の区政委員会の会議録などで，その資料には，討伐対策，山係の設置，タキダキブーやその実施状況等が具体的に記録されていた」[35]．

並里区民による杣山の維持管理はその会議録から実証され，原告である源原組が，戦後何らそれに関係してこなかったことが裏付けられ敗訴した．原告が勝訴した場合，会員数は百単位で増加しただろう．それは軍用地料を受け取る人が増加することにより，財政状況が大きく変わる事態を招く．後述する金武

杣山訴訟でも，入会団体が類似した状況を嫌ったことが考えられ，この点では並里区も同様であった．

　並里区は町役場と類似した機構・運営を行い，民主的な地域づくりを目指しているが，入会権の根源を守ることに妥協はない．裁判は，地域内に軍用地料の有無による不公平感の存在を示すが，同時に軍用地料が地域を強固につなぐ要素となっていることを浮き彫りにする．

2　地域づくりとその変容

金武区と並里区のあり方

　金武区と並里区の特徴は既に述べているが，再度整理すると，第1は両区の地理的な位置である．両区は同じ字金武として隣接するが，お互いに別々で対等のムラとして扱われてきた．言葉も若干の違いがみられる[36]．第2は，慣習のうち明治期から一般的になった門中制である．沖縄北部地域はその縛りが緩やかであったといわれる．両区のそれは強固な組織でなく，社会的機能が弱く差異はあいまいである．第3は，1899年から1943年までの移民・出稼ぎである．区の人口に占める移民の割合は，金武区で33％，並里区で50％である[37]．

　第4は，軍用地である．現在，金武入会権者会が管理・運営する軍用地料の出所は2種類ある．1つは，県から無償で払下げられた入会団体固有の里山の収入，もう1つは，県からの買取りに際し有償払下げになった杣山で，町役場から案分される分収金である．これに対して並里区には，軍用地料を管理する組織が2種類ある．1つは並里区事務所で，共有地からの軍用地料収入を管理する．もう1つは並里財産管理会で，金武と同様に町役場からの分収金を管理・運営する．両区の世帯数における入会団体会員比率は，金武区で約30％，並里区は約80％である（金武杣山訴訟が提訴された2002年当時）．

　第5は，行政の関係である．復帰前まで旧金武区民には，男性世帯主を構成員とする部落会があった．復帰後は部落会が解散し金武入会団体がその流れを受け継ぎ，高額な軍用地料を管理・運営する．金武区事務所は入会団体から補助金を受け取り，全区民を対象に自治会的な活動をおこなう．並里区は区独自

の軍用地料を管理運営し，戦後から一貫して並里区事務所を中心に全区民対象に運営されている．こうしたことから，金武区と並里区事務所の運営の違いは，活動資金が入会団体からの補助金かあるいは独自収入によるかの差といえる．

次に地域づくりの視点からみると，金武区は，基地建設とその維持に関連する労働により多数の区外出身者が転入し，定住した人々が集住する．区の特徴は，地域経済の中心をなす商工業やサービス業など多くの自営業者が居住していることである．

基地建設後の旧金武区民世帯率を金武区の入会団体会員数の推移からみると，1956 年当時，入会団体会員比率は全世帯の約 60％と推測される．その後金武区総世帯数に占める入会団体会員数は逆転し少数派になっていった．1970 年には 37.4％，2000 年は 32.7％，そして 2006 年の裁判判決前は 30.9％に減少した．世帯数からみると，旧金武区民比率は 1970 年代以降も減少傾向であるが，区外出身者比率は 1960 年代以降も徐々に増加してきたことを示す．

入会団体の会員である旧区民は，団体に帰属意識をもち，柚山からの軍用地料受領の権利をもつ人々である．区外・他地域出身の自営業者は，金武町商工会・社交業組合に結集し，町役場と直接連携をとり，米軍基地との関係の中で営業利益を上げてきた．自営業者の結束は，地縁に頼らない・頼ることのできない人々に欠くことのできないつながりといえる．このようなつながりは，区外・町外出身者の急増による地域変動の激しさを目の当たりにした旧区民に緊張感をもたらし，地縁が異なる人々に軍用地料配分を拡大しない対応を産み出させる 1 つの背景になったと思われる．

他地域出身者は，入会団体の軍用地料受領の権利をもたないが，基地に関わり生活してきた人々である．1960 年代以来，金武町商工会の会員である OM は，「基地に批判はするが，基地のおかげで生活ができてきた．これは事実で忘れてならない」と述べていた[38]．金武区は，彼女に類似した人々が多数派といえる．

なお，金武町商工会の前身は 1963 年からはじまり，復帰後に法人格を取得し「国や県，町役場の施策を実践する中小・小規模事業が中心となった地域総合経済団体である」[39]．2014 年度の会員数は 370 名，組織率は 71％となっている[40]．

第 4 章　基地の町と地域社会構造　　　153

　並里区のありようを考える前に，復帰後の農業部門における金武区と並里区
の違いで，あらかじめ述べておきたいことは，戦後字金武はその 80％を軍用
地に接収されたことである．そのうち金武区には町外から基地建設や基地維持
に関連した自営業，賃金労働に多くの人々が転入し，1950 年代後半には既に
離農が進んでおり，金武町の中で最初に商業が発展した地域だった．

　金武区の離農は復帰後もさらに加速し，その後も減少の一途をたどった．
2005 年現在，農業は 2.2％と極少数派で，同区における地域変動のあらわれで
もあるだろう．金武区の変動は農業を基盤とする結束より，むしろ，旧金武区
民は旧金武部落民会の流れをくむ金武入会団体へ結束してきたといえる．

　一方，並里区は復帰前後に基地依存経済からの脱却を掲げ，農業振興を進め
た．村役場は 1970 年代から 1990 年代にかけて，県の構想に準じて沖縄振興開
発計画の中で「産業からあふれた労働力は，……農業が吸収」しなければなら
ないと，屋嘉や並里区域に「客土による土地構造改善や養豚団地を造成する工
事」を実施した [41]．並里区選出議員である GY は，「村有地や軍用地でない公
有地を農耕地として農民に払い下げて農耕地の拡張を考えるべきだ」と積極的
な農業振興を発言した [42]．当時 GY は岡村村長の与党の立場にあった．

　そのことから並里区は，金武区と同様に軍用地の接収がおこなわれたものの，
復帰後に区事務所は金武町役場と連携し，福花・武田原の土地改良工事を実施
するとともに耕作地の造成に努めてきた．それは，基地雇用員離職者や復帰後
の不景気による未就労者を吸収する目的を有する一方，農業を主体とする村づ
くり活動を目指したことによる．そのため，並里区は，1995 年頃まで全世帯
の約 30％が農家であった．

　「広報金武」によれば，並里区は「農林水産まつりのむらづくり部門で受賞」
し，さらに，「金武町の地域特産品として水芋（田芋）を栽培しはじめた [43]．農
業生産額も 1983 年には億単位に伸びている．並里区は区民が一体となり，村
づくりのために盛んな集落活動が行われている」と報じた [44]．

　区事務所は豊かな財源を基に，農業による経済振興と地域づくりが進められ，
集落活動の活発さが注目されていた．2000 年をピークに農業生産額は減少す
るが，それでも農業戸数は 2010 年で 1 割近い．金武区との差は約 30 年以上と
いえるのではないか．並里区では，区事務所の予算に農業関係の助成金が組ま

れており，農業就業者は，区事務所の方針をともにつくりながら農業を続けて
きた．地域の変動が金武区ほど激しくなかったことや，農業が一定維持されて
きたことにより，区の自治的機能が支えられ，軍用地料問題では，女性たちの
要望に融和的な対応をとることにつながったと考えられる．

足立啓二は「日本のムラは……規範を共有する構成員によって，合議のもと
に自主的に運営される，紛れもない一つの自治団体であった．……一つの自立
した公権力主体であった」と論じている[45]．並里区では1980年代にGYが町
議会議長となり活躍したが，彼をはじめとする町議会議員らは，足立が論ずる
「村の自治」的機能の中心となった地域の有力者といえるだろう．先述した並
里区のYYらは，軍用地料をめぐる女性差別について，後述するように並里区
の長老に相談し指導を受けた後，入会団体へ請願し短期間で会則改正を達成し
た．これは，YYが復帰後並里区事務所に勤務し，婦人会役員を担う中で，地
域の長老によって統括されている，区事務所の「村の自治」的機能を熟知し，
地域の力関係を知り尽くしていたことも一要因といえる．こうしたことから，
並里区は戦後村の自治的機能を維持しながら，農業を中心とする地域づくりを
展開してきた．

一方，金武区は，区外出身者が増加したことから基地に関係する商業振興に
努め，町役場と商工会を中心に結束を強める他地域・区外出身者と，入会団体
の会員である旧金武区民の結束という，2つのつながりが存在している．地域
の社会構造に着目すれば，両区における区のあり方の相違も金武杣山訴訟に対
する対応の違いをもたらしたといえる．だが，1980年代末頃，金武町，並里
区は重要な地域問題を抱えることになった．

地域振興と養豚団地建設問題

養豚団地建設計画は岡村村長時代（1964-1976）からはじまり，金武区の養
豚団地は1981年に，屋嘉区は1982年に完成していた[46]．並里区養豚団地建
設は，金武町の農業振興整備計画の一環として1983年頃から前原（メーバル）
地区に計画された．

ところが，並里区養豚団地建設問題は，1988年9月に金武町議会リコール
請求運動にまで発展し，建設反対運動は1988年3月頃から地元新聞でたびた

び報道された．何が問題だったのかを，運動の経過と地域の対応から検証しよう．

養豚団地は5,000頭規模の飼育を目指し，金武町で養豚業を営む畜産農家の集約化をねらったもので，国と県から補助を受けて町が造成する約6億円の事業であった．1985年当時，金武町の畜家飼養頭数における豚数は9,967で，この事業がいかに大規模なものかがわかる[47]．

新たに並里区にも建設する計画は，県とも既に協議が終わっていた．だが，くすぶっていた悪臭公害に抗議する人々は，「養豚団地敷地変更を求める会」を立ち上げ，1988年3月31日には，並里区議会議長・並里区民代表らが町議会に対し「養豚団地の敷地変更を求める要請書」を含む3件の陳情をおこなった．だが，それは即日みなし不採択となり決裂した．

その趣旨は「悪臭公害を心配」したもので，町役場の具体的説明が不十分，区民は合意していないとして場所変更を訴えたものだった[48]．町議会では，「宜野座村にもそういうことが予定されていたのを運動によってできなかった」との発言もなされ，宜野座村の計画が頓挫した顛末が，金武町にも伝わっていた[49]．また沖縄市では，1981年から米軍基地内に養豚団地の建設が協議されていたが，米軍との間で合意が取れ，既に工事がはじまり，しかも年度内に完成することが1988年5月に新聞報道された[50]．

その後金武町では建設場所の変更を検討したが，反対派と折り合わず建設反対運動は混迷の様相をみせた．6月には建設反対町民大会が開催され，9月には"悪臭は絶対に消せない"と訴えるまでに至り，金武町議会解散請求を提出したのである．そして解散請求要旨と町議会からの弁明書が，1988年9月31日付け「広報金武」に掲載された[51]．

議会解散請求要旨は，①建設用地の変更②住民のコンセンサスが得られていない③悪臭は絶対消せない④将来の開発を誤る⑤わずか5人の業者⑥軍用地内に変更を⑦リコールが残された手段とするものであった．このうち④，⑤について考えてみたい．

④は，近くに国道バイパスが建設されると「地域は将来の住宅・商業・公共施設の用地として，またブルービーチ開発との関連で最も重要な」地域となる．これに対し，金武町議会は，「悪臭，垂れ流しが防止でき生活環境に影響を及

ぼさない，本事業の完成によって既設豚舎の環境整備や悪臭も逐次改善されていく．ブルービーチ開発に支障をきたさない」と反論した．

この運動は1988年3月頃，並里区事務所・区議会から盛り上がった．だが前年の町議会では，当時の吉田勝栄町長に対し沖縄の国際リゾート化を目指す一環で，並里区内のブルービーチ開発を観光の目玉にしようという計画と，養豚団地建設との整合性について質問がされていた．しかもブルービーチは米軍基地内であるため，その「解放運動」（返還に向けての運動）の声も紹介された．

ここで，金武町の観光産業の育成について振りかえると，リゾート開発構想は1970年代後半からいわれだしたが，具体的に動き出したのは1987年に制定された総合保養地域整備法（通称：リゾート法）成立からであった．1987年の金武町議会臨時会では，この問題について次のような発言がされた．

> 将来の金武町の「自立」の柱になるのは観光関連産業で，リゾート法を導入できるか否かは死活問題だ[52]．

> 金武町全体が畜産業を中心とした形で生きていくということであるならば，それは別です．……でも，金武町の将来は本当にこれでいいのか……養豚団地が計画に沿ってできますと，ブルービーチは生きていけない（海の汚染を懸念）……その後は後悔する．ブルービーチ開発を何とかしてくれということで，町民みんなが叫んでいる矢先です．10年前（1977年）から重要な課題としてブルービーチ開発が打ち出され……並里区の方でもブルービーチ解放運動が出て，同時に金武区の方もそういった形で動いていくという声が，議会の方でも聞こえてきました[53]．

> 町長：沖縄県リゾート構想の「重点整備地区」に金武，宜野座は漏れていたが，1985年に織り込んで貰うように要請をして指定させた……恩納の村長さんから聞けば，次々企業が目を付けていると，西海岸の場合は放っておいても，企業側がどんどん目白押しに殺到しているのが実情，それに比べ東海岸（金武，宜野座など）は後れを取っている[54]．

第 4 章　基地の町と地域社会構造　　　　157

リゾート開発の実現のためには，軍用地であるブルービーチかギンバル訓練場の返還が必須であるとの認識から，いかなる方策で基地返還運動をつくっていくかが課題であった．その背景には，当時米軍再編の議論が聞こえ始め，西銘沖縄県知事が「昭和 63 年度（1988 年）に向けて基地の整理縮小を県政の重要課題として，来春訪米して強力に米国に直訴する」との発言があったことも要因だろう[55]．

このような町議会の発言をみると，建設反対運動には，金武町の将来計画に観光業を前面に押し出そうとする動きが，大きく関係していたとみられる．観光産業の育成により，宿泊業，小売・サービス業，金武区新開地への集客も見込まれ，波及効果への期待が大きかったのだ．

翌年の 1988 年 3 月町議会では，議員が養豚団地建設による悪臭問題が「ブルービーチ開発事業の弊害になるのではないか」と場所の変更を訴えた[56]．だが，吉田勝栄町長の後任となった仲間輝久雄町長は，観光開発と環境問題の整合性やビジョンについて明確な答弁をおこなわなかった．その後並里区事務所は，3 件の陳情書を提出したが既述したようにすべて不採択となった．

⑤は，住民側が「わずか 5 人の業者，しかもよそからの“かけこみ”，団地を取得する業者は町全体の養豚業者約 60 人のうちたったの 5 人」と主張したことだ．この主張は悪臭公害の対応策の要求とともに，養豚業者の多くが町外出身者のため，団地建設反対を訴えたと推測させる．これに対し，金武町議会は「解散請求者は，関連する業者についてわずか 5 人のよそからの駆け込みと主張しているが，それこそ偏見で排他的であります．5 人とも 10 年以上金武町で養豚業を営んでいる町民です．こういうゆがんだ考えが，町の発展を阻害し町民の和を壊します」と反論した[57]．

これは，主に並里・金武区民が主導した町議会リコール請求運動であったが，県からの補助事業であったため県議会でも問題になった．養豚団地建設問題は，悪臭に関連する環境問題やよそ者に対する排他性に対処できないばかりでなく，今後の養豚団地建設や観光など地域経済の将来ビジョンの課題を残したまま，県予算が流れ中止となった．

出直し選挙の結果は，建設反対派の票が伸び推進派と同数になり，議会勢力

は拮抗した．結局，並里区養豚建設計画は頓挫したのである．GY 町議会議長は，この出直し選挙に出馬することなく町議会議員をおりた．しかし，その後も地域の長老として影響力を持ち続け，後述する軍用地料問題では YY と NM ②の要求に理解を示し，会則改正に尽力していた．

リコール請求を受けた町議会が，この運動をどのようにみたかを『金武町議会史』における歴代正副議長座談会から振り返ろう．そこでは，字金武選出のGY と GS，IH ②，HG，TZ によって，以下のように述べられていた[58]．

IH ②：今もって理解できないのは，当時の反対運動に携わった人たちの中に，養豚団地建設の予算が認められた当時の現職の議員がたくさんいたこと……議会では町民にこれほどの反対運動があるならば，場所の変更には応じようではないかという話もして……．しかし，あくまでも議会を解散するんだという運動に発展していった．

GY：私は当時，議長を務めておった……，とにかく……理不尽なリコールではなかったのかなと，今もって私もそう思っております．

HG：結論から申しますと，一部のリーダーによって住民をあおってしまったんじゃないか，というふうに思います．議会ではしこりが残った．

GS：当時，私は議会に席はありませんでした．何人かの方々が尋ねてきて，養豚団地をそこにつくるということになっているようだが，これは区域の住民としてどうしても許しがたい問題だという．……生活排水が夏になるとたまって臭う……住民運動を起こすのは一つの方法，自分たちの生活環境を守るために．

TZ：その場所は，将来ブルービーチの開発，ギンバル訓練場の開発があるから，ちょっと具合が悪いのかなと思っていた．だが視察（宮崎県）にいって，これなら悪臭防止できるんじゃないかという考え方に立った．……計画の当初から反対せず，……，住民運動で反対に移ったことに悔いを残す．依然として豚舎の悪臭問題は改善されていない．

この座談会をみると，並里区議会による陳情書の提出を契機に団地建設は中止に追いこまれていく様相が推測されるが，字金武内で悪臭問題が，大きな反

対運動になり場所の変更から議会解散へと進んだ経過は曖昧である．だが，畜産・養豚業をここで留め，基地の利益構造を堅持するとともに商業やサービス業の拡大に務めようとする立場もうかがえる．つまるところ，この問題には確かによそものに対する排他的な発言やビラの問題もあったが，根底には町の地域経済の振興をどう図るかという問題があったのだろう．

計画を中止するという1点で，並里区民と金武区の人々は一致し，さらに観光産業を育成するというビジョンによって，有権者の半数は今後に期待をつなぐことになったと考えられる．

養豚団地建設反対運動から浮き彫りになった問題点——地域に存する排他性，畜産業とリゾート開発——をもう少し考えてみたい．他地域出身者に対する排他性は，後述する金武杣山訴訟でもみられたので，金武区と並里区における排他性について地域有力者の政治的姿勢をみよう．

養豚団地建設における議会側の反論文書は，町議会名となっているが，当然町議会議長であったGYは，同様な見識の持ち主であった．並里区出身者の町議GYと当時の仲間町長は，金武町外出身者に対し偏見をもたず，融和的であったことが反論文書の主張からいえる．その姿勢は地域経済の活性化とともに，出身地を問わず町内に在住するすべての人々の輪をつくろうとするもので，町の発展を願う極めて真っ当なものといえよう．

他方，金武区の有力者はどうか．養豚団地問題は金武杣山訴訟と似ていると言われたので軍用地料問題についてみてみよう．詳細は後述するが，ウナイの会の女性たちは提訴前に金武入会団体に対して要請行動をおこなった．それに対する彼らの態度は，強硬かつ高圧的であった．だが，金武の有力者は一枚岩ではなかった．後に，金武杣山訴訟をたたかった女子孫が，1998年頃相談を持ちかけたのは，当時入会団体理事でのちに会長となったNS③であった．

ここでNS③の言動に注目したい．2003年那覇地裁で入会団体が敗訴したときに，彼は入会団体会長として団体の立場を地元新聞に投稿した．彼は元教員である．NS③は，「金武町は米軍基地とともに，外から移住者が増え，祖先伝来の財産を守るために入会団体を設立した．単純に女性差別だけで結審された感を受ける．任意団体が昔からの慣習，伝統を守ることの指導ならともかく，なぜ国家権力が介入するのか疑問である」と述べ，2002年以来はじめて

入会団体の立場を地元新聞に表明した[59].

　しかし，NS③は 2006 年 3 月の最高裁判決を受けて会則改正に奔走した．それは，裁判で違憲とされた「世帯主の男子孫」の文言を「世帯主の子孫」にするため，強硬な反対者を説得する行動であった．彼は，「会則改正は私の使命と考え，反対する役員の家を一軒一軒訪ね説得した，なかなか承知してくれない人がいて，何度も家にいきました」とそのいきさつが述べられた[60]．この努力が実り，金武入会団体の会則改正が，2006 年 5 月に承認されたのである．

　裁判中の NS③の対応は，組織の長としてやむを得なかった面があるといえる．けれども，その言動は彼のその時の意識のすべてを現すものでなく，女性たちの要望に対して共感する面を持ちあわせていたと考えられる．それが，裁判後の行動につながったといえよう．その点で，金武区も排他的な人ばかりではなかったのである．こうした排他性は，金武町で常に多数派を占めるものでなく，人々の判断は，課題によって変化しているのだろう．

　次に，地域振興と観光業の関係である．観光業が総合的な地域振興を高める施策であることは，既に述べた．もちろん，リゾート開発には，基地被害をなくすことや環境問題への配慮を含み，地域が安全であることが重要な要素である．養豚団地問題が浮上していた頃は，基地被害も頻繁におき，抗議の町議会決議や集会がたびたび実施されたことは，既に記した．

　他方で，1980 年代の金武町では，並里区事務所が農業振興に努め，それが県の表彰を受けるまでに収益を上げていた．だが，環境に配慮しつつ，畜産業の振興を進める上の限界が，明らかになった時期でもあった．それほど環境問題が，生活問題として浮上していたのである．地域振興のビジョンは，観光業の育成へと転換していったといえる．

　リコール請求後に実施された選挙の当選者をみると，野党である養豚団地建設反対議員は選挙前に 2 割であったが，改選により 5 割まで増加した．与党は改選前 8 割であったが，3 割減少して 5 割となり与野党が拮抗した．また，選挙前の議員の職業をみると，農業が全体の約 6 割を占めていたが，選挙後は 3 名減となり，自営業や団体職員が増え議員の職業が多様になった[61]．その後農業と申告する者が増加することはなかった．また女性議員が 1 名選出された．並里区選出で長年西銘順治の選挙を支援してきた GY と GT②が引退し，世代

交代ともいえる情況になった．つまり町議会の勢力地図が塗り替えられたのである．

　後に，米軍再編計画が世界各地で本格的に展開される一方，日本はバブルがはじけ，長い経済不況に突入した．基地の町は経済自由化の厳しさの中，将来ビジョンが問われることとなったが，養豚団地建設問題は 1990 年代に，総合的な地域経済の振興をどう進めるかという予兆ではなかったろうか．それは，地域再編の新たな契機と捉えるべきと考えられる．

　金武町では長年，観光産業の育成が大きな目標であった．既にみたように，1994 年には跡地利用フォーラムが開催され，商工会からも積極的にリゾート開発の要望が出された．長らくブルービーチの開発をたびたび政府に訴えてきた金武町では，1995 年のあの事件以後にギンバル訓練場の返還問題が動き出し，2011 年に返還された．

　その跡地利用計画は，リハビリ・医療関係施設，スポーツ施設等の整備と，民間のホテル誘致も進め一大リゾート地区とする計画だ．並里区の海岸線と美田を生かし，遊興地・新開地の活性化をも含み，観光産業が町全体の経済的利益を増大させるだろうことを期待されている．だが，計画の進捗状況は緩やかである．

　ただ，基地経済に依存した地域が，農業や観光業など他産業の育成に転換することは，県政で明らかなように軍用地料の利益構造を変化させる要素をもち，地域の多様性をつくりだす．

　軍用地料という独自財源を有する区事務所や入会団体は，町役場や政府方針とは異なる位置で，地域振興を可能にすると考えられる．

3　基地と地域有力者

基地被害への姿勢

　金武町の基地被害を振り返ると，米軍占領期の伊芸区では，先述した 1964 年に「流弾事件に抗議する区民大会」がはじめて開催され，演習場撤廃要求の決議文を採択し，決議文は大田主席，琉球政府，金武村長に手渡された．1968 年には岡村村長が，米軍に対する 2 件の要請行動を村議会で報告した．その内

容の第1は，並里区でおきた原野火災の損害補償でマリン隊へ要求額を提出したこと．第2は核兵器に関わるB52の撤去運動であった．彼は村議会で「B52の撤去，原潜の寄港については，反対の意思表示はすべき」だと，土地連合会とは異なる立場を表明した[62]．だが，町長が吉田勝栄（金武区）に変わると，基地被害への姿勢は変化した．

1985年3月の定例議会における施政方針演説をみると，町長は，金武町が軍用地料や基地関連収入によって財政が潤っていることを述べ，事件・事故があるからといって「性急な判断による対応は混乱を招く」とし，基地被害に対する具体的な行動について言及しなかった[63]．これに対して，並里区出身で金武区在住の町長仲間輝久雄は，吉田勝栄の後任で復帰後16年ぶりの競争選挙によって町長に就任した．彼は金武町が，軍用地料や基地関連収入によって財政が潤っていることを述べながら，冷戦終結後の米軍再編によって浮上した基地返還とその跡地利用計画に取り組む姿勢を協議したいと主張した[64]．

それは，先述した1994年の金武町軍用地跡地利用フォーラムの開催となり，日米両政府による返還計画より先に，軍用地の跡地利用計画をつくろうとするものであった．仲間町長は，金武区出身の前町長吉田とは姿勢が異なり，軍用地地主会を積極的に巻き込んだフォーラムの開催となった[65]．なお，長年返還を求めたギンバル訓練場は，1996年以降の基地返還協議で議題となり，2011年に紆余曲折の末返還された．

B52撤去の意思表示を言明した岡村と同時代をともにした保守的な地方政治家GYは，基地問題に対してどのような考え方をしていたのだろうか．先述した「米軍演習を糾弾する町民総決起集会」での町議会議長の挨拶は，金武町の事件・事故が1981年までは一ケタ台の発生だったが，1982年から二ケタ台になり年々増加傾向にあるとし，「事件・事故をなくすには，演習場の即時撤去しかない」と訴えた[66]．この場合の撤去は基地を指すのではなく，あくまで基地被害をもたらす演習場の撤去を指している．基地被害に抗議する彼の発言は，1970年代から90年代における金武町有力者の政治的特徴の一つといえる．

地方政治家からみる地域

本書にたびたび登場する並里区出身のGY（1922-2006）は戦後，基地受け

第4章　基地の町と地域社会構造　　　　163

入れをはじめ金武村・金武町の様々な局面に立会い，地域の世話役活動とともに県などとパイプをつくり，地域有力者として様々な場面で名前が挙がる．彼の足跡から沖縄における保守的傾向をもつ地方政治家の立場を明らかにしよう．

GYの両親は，金武町並里区からアルゼンチンへ移民した．父が現地で死去したため，2才の時母と兄・姉とともに沖縄へ帰ることとなった．母子家庭の3男である彼は，働く母のもとで育ち，高等小学校卒業後村役場で雇用された．徴兵では海軍に配属され，整備兵の時敗戦を迎えた[67]．

1946年に金武町へ戻り，その後並里区を出ることはなかった．GYの妻は，子育てが一段落ついた40歳から働くようになり，母・妻と身近な女性は，働く人々であった．このことは女性と男性がともに生活を支えることが，特別なことではなかったといえる．

彼は1954年から25年間7期，町議会議員を務めるとともに1978年から1988年まで町議会議長の地位に就いた．「金武町議会報」によると，県町村議会議長会副会長，北部市町村議長会会長にも選出された[68]．彼は地域内の問題や相談事には間を置かず，すぐに対応する人であった．このような対応の早さは立ち話をしていても相談を受けているように見え，世話役活動で多忙だったことを推測させる．

ところで，沖縄では1962年8月に市町村自治法（1953年公布施行）が改正され，議員の兼職が禁止された[69]．1965年の議員報酬は月額30ドル，1ドル360円で換算すると10,800円であった[70]．1966年の沖縄軍雇用員第1種の賃金は29,491円で，比較すると金武村の議員報酬はいかにも少額で，兼業を前提とした報酬額と推察される[71]．GYは議員とはいえ高額所得者に属してはいなかっただけでなく，むしろ共稼ぎで子育てをした苦労人といえる．

GYが1954年に村会議員選挙に出馬した契機は，「地域をよくしたいという強い気持ちと地域の人々のすすめ」を受けたもので，「人望とその手腕を買われたものだ」[72]．

彼は1960年代後半から1990年代中頃，国政・県知事選挙では戦後沖縄の保守政界の中心に位置した西銘順治（1921-2001）の選挙対策を担う一員となり，金武町とその周辺地域で参謀となった．西銘は当初社会大衆党に参加したが，沖縄自由民主党の支援を受け那覇市長を2期務めた（1962年〜68年）．その

後 1968 年には，沖縄自由民主党総裁に就任し琉球主席公選に打って出た．西銘の保守陣営は段階的復帰論，「イモ・はだし論」をとなえ，師弟関係にあった革新系の屋良朝苗と対決したが敗北したのである．

この選挙では，日米両政府が西銘に対し裏工作をしていたことが 2010 年に公表された．

公開された外交文書は，沖縄返還交渉が日程に上る中，選挙では日本だけでなく米国側も親米的な保守系候補を県民代表にと，選挙資金に関与した内実を浮き彫りにしたのである[73]．西銘の段階的復帰論は，日米両政府が許容できる範囲で日本へ復帰することを意図したといえる．この報道をみると，西銘は那覇市長時代から米国民政府側との度重なる交渉を経験し，日米政府とのパイプをつくっていったことが推測される．彼は 1970 年〜 1978 年，1993 年〜 1996 年に衆議院議員を務め，1978 年〜 1990 年には沖縄県知事に選出された．そして，彼は 1996 年に引退した．

金武町の国政・県知事選挙は，圧倒的に保守陣営が強い地域として知られている．GY ②によると，「本島北部・金武町周辺の立会演説会会場には，GY と西銘がエール交換する姿が常にあった．また村長選挙では岡村顕（1964-1976）の参謀も務めた．だが，GY 自身が首長に立候補するという立場ではなく，選挙では地域における保守陣営のとりまとめ役だった」と証言した[74]．当時 GY が行動をともにした人々は，既に記した並里区出身で村長経験者の岡村顕，村・町会議員経験者の GT ②らで，彼らとともに国・県知事選挙を取り仕切ったのである[75]．それにも関わらず，GY は自民党系無所属議員のまま引退した．

ここで，彼のエピソードを 2 点記そう．第 1 は，養豚団地建設反対運動が議会のリコール請求にまで至り，混迷をみせた問題に関係することである．GY は当時を振り返って次のように述べていた[76]．

　　私は当時，議長を務めておった……，議長は中立になって事を運ぶべきであるが，議長が真っ先になってやっているのは何ごとかと議論になった．……議案が決まらないうちは，議長はあくまで中立の立場であるべきだけれども，いったん議会で議決してしまえば，議長は議会の代表だから，やっぱり賛成した方に動かねばならない．それくらいわかってほしい

と……苦労の連続でした.

　GY の議員活動は，地域を良くしたいという気持ちと地区からの推薦を受け
たことからはじまったことは既に述べた. だが，養豚団地建設問題では，議長
として議会決定に反したことはできないとする気持ちが前面に出て，必ずしも
区民の要望に沿った活動ができず，矛盾を抱えたまま自身も悩んだことが述べ
られた. 結局，これを機会に町会議員をおりることとなった.

　議会へのリコール請求は，町会議員の世代交代を促したのである. 観光産業
の育成は，町の商業全般に広く波及効果をもたらすことが望める. 新たな産業
育成を進める中で，GY にみられる融和的な関係をつくり出すことが可能にな
るのではないか.

　第2は，基地被害に関係したエピソードである. それは2003年から伊芸区
ではじまった米軍の対テロ用「都市型」戦闘訓練施設建設反対運動（詳細は第
6章）に関係する[77]. この抗議運動では基地キャンプ・ハンセンゲート前の早
朝集会などが，足掛け3年に及んで行われた. 当時 GY は80歳をこえ，公職
から退いていた. だが彼は，伊芸区住民によって連日展開されていた早朝集会
に「いても立ってもいられない」と体調を気遣いながら参集し，当時の伊芸区
長らを激励した. そこでは，以下のように述べられた[78].

　　議長の時には，基地被害抗議運動を多々おこなってきたが，取り組みが弱
　　く，未だあなた方に連日ご苦労をかけている. もっと工夫し強く進めてい
　　れば，今のような事態を招くこともなかったのではないかと思う. 力及ば
　　ず悪かった.

　このように GY は，彼の「一生懸命さ」，誠実さが伝わる連帯の言葉を語った.
伊芸区の反対運動は，住宅地域から離れた場所に訓練施設を移転させることで
合意し，2006年に終結した. しかし基地被害はその後も続き，同区では2009
年に再び抗議集会が開催され，多くの女性たちが参加したのである.

　これは，基地を維持し軍用地料という利益を手放さず，基地被害抗議に対し
ては，町議会決議をはじめ抗議集会・デモで行動を起こすという姿勢で，GY

が長年このような対応をしてきたことを示している．すなわち，ここにはまず
基地容認があり，条件闘争や交渉によって基地被害を減らそうとしていく立場
といえる．この姿勢は反戦地主や土地連の立場と異なるものだ．

だが，こうした立場は日米両政府が常に主導権を握るだろう．「米軍が基地
を返還するかどうかは地権者の都合によって決められるわけではなく，あく
まで米国の軍事戦略次第」であるためだ[79]．軍用地料値上げが，これまで政
治的要因によって行われてきたことは既に述べた．軍用地料という権益は，日
米両政府が主導権をもつため，懐柔されやすいのである．そのため地域は絶え
間なく基地被害に抗議せねばならない．そこに矛盾を見出すが，金武町伊芸区
で早朝集会に参加していた女性たちは，この疑問に無言である．那覇市在住の
YM は，どのような考えで運動に参加しているかを次のように語った[80]．

> 軍用地料は基地賃貸料だから，受け取りは当然と思う．沖縄の基地は
> 1952 年の講和条約以後，本土の内灘などのたたかいから海兵隊基地が沖
> 縄に集中してきた．復帰前に首相がいった「核抜き本土並み」とは，沖縄
> の米軍基地を本土並みにという意味と思っていた．ところがその後をみる
> と，本土は米軍基地が返還されてその比率が下がったのに，沖縄の米軍
> 基地は，返還が困難を極め，依然として約 7 割を占めている[81]．その上，
> 軍人による性暴力事件をはじめとする事件・事故などの刑事責任が問えな
> いならば，基地の撤去を迫るという考えで反基地運動をやっている．基地
> がある限り，私の孫もこういう事件が多発する中で暮らしていかねばなら
> ないと思うと，基地をなくしていきたい．様々なことが次々起こるがあき
> らめない，冷静な生活感の中で基地の問題を考えている．

YM の姿勢は，GY らの姿勢とは異なっている．軍用地の賃貸借関係を拒否
するという男性世帯主を中心とする反戦地主のたたかいとも微妙に異なり，基
地問題が生活の問題として語られている．西銘は，旧東京帝大卒で米軍占領期
に活躍するようになったエリート層の政治家である．彼は「沖縄民衆の動向に
よって，あるいは支配権力の動向によってどちらの局面にも変化し得るもので
あったのではないか」と考えられる[82]．

第4章 基地の町と地域社会構造　　　　　　　　　　167

　一方，GY は 1950 年代中頃の土地闘争頃から地域の世話役として頭角を現し，
金武町並里区の実力者として力を蓄えていった人物である．長年の経歴からは，
彼が常に軍用地料にかかわる不公平性と基地被害の問題を抱えてきことがわか
る．その政治的姿勢は，基地からの利益をいかに維持し，地域，生活をよくす
るかに重きが置かれていたといえる．

　彼は日米両政府にパイプをもつ西銘と通じる一方，金武町の基地被害に関
わる行動からは，必ずしも軍用地料の利益における「受益層」とは言い表せず，
独自の強大な権力も持ちあわせず，むしろ軍用地料と基地被害に巻き込まれた
人物であったといえよう[83]．

　だが，そうした地域問題は交渉・条件闘争だけでは解決せず，今後も日米両
政府と対峙せざるをえない場面に向き合うことになる．

註

1 ）金武町役場企画課『統計きん　平成 29 年度版第 8 号』金武町役場，2018 年，107-108 頁．

2 ）金武町役場総務課広報係編「広報金武 2016 年 6 月号　No.574」金武町総務課，2016 年，
　　10-11 頁．

3 ）金武町企画課編「第 5 次金武町総合計画［基本構想］平成 28 ～平成 37 年度」金武町
　　役場，2016 年，10-11 頁．

4 ）2011 年 7 月にギンバル訓練場の一部返還がされ，2017 年度は 2,109.2 ヘクタールで
　　55.6％となった．

5 ）金武町誌編纂委員会『金武町誌』金武町役場，1983 年，75 頁．

6 ）村議会議員となった GY は，並里区の軍用地料の収益配分率が金武区や伊芸区より
　　少額であることを是正しようと行動した（金武町議会史編纂委員会編『金武町議会史』
　　金武町議会，2004 年，372-373 頁）．結局，収益配分比率は 1960 年～ 67 年にかけて 5
　　回変更され，1968 年以降は 5 対 5 に改正された（金武町議会史編纂委員会編，前掲書，
　　210 頁）．ただしそれは予算計上されず，軍用地をもつ各区へ配分されたため後に裁判と
　　なった．1950 年代後半頃，村役場予算に占める軍用地料の割合は約 55％．

7 ）『伊芸誌』は，「戦前の部落会計係は，戸主会において毎年選挙し非常勤とし，……収
　　入金の少ない部落の財政は山林を売り，その代金が収入されるまでは部落の支出も自分
　　で立替え支出する」と記す（金武町伊芸区編『伊芸誌』伊芸区事務所，2013 年，108 頁）．

8 ）表 12 と 16 は，金武，並里，屋嘉，伊芸入会団体からの聞き取りから作成（於：各入
　　会団体事務所，2017 年 7 月 25 日・26 日，9 月 12 日，2018 年 1 月 16 日，7 月 9 日・11 日）．

9 ）琉球新報社編著『ひずみの構造——基地と沖縄経済』琉球新報社〈新報新書〉，2012 年，
　　130 頁．

10) 伊芸区は行政委員会と入会団体に対して予算審議と会計報告をおこなう．区事務所の事業に関連する「公民館だより」を2ヵ月に1回発行する．屋嘉区は区政委員会と入会団体で予算審議と会計報告をおこなう．会計報告は区内の掲示板に掲示する（各区長からの聞き取りは，金武町金武区・伊芸区・屋嘉区が2018年7月9日，中川区は2018年7月11日，並里区はfaxと電話による聞き取りで，2018年7月17日）．

11) 金武区事務所で実施する代表的な年中行事には，浜下り，腰ゆくい，観月祭がある（金武区事務所からの聞き取り，於：金武町，2013年2月5日）．

12) 琉球新報社編著，前掲書，131頁．

13) 金武町教育委員会学校教育課からの資料による（2018年8月13日）．

14) 川瀬光義『基地維持政策と財政』日本経済評論社，2013年，89頁．

15) 行政サービスの視点から復帰後の読谷村をみると，読谷村の字行政区はそれぞれ複数の字で構成されている．字行政区における軍用地料の使途や会員資格は字によって異なり，しかも会員資格要件は徐々に変化しつつある．読谷村では復帰を契機に，戦後転入してきた新区民が字組織に加入できない・あるいは加入しないことにより，行政サービスの公平性と整合性が保てない，字の結束が弱くなるなどの軍用地料にまつわる諸問題が明らかになった．そのため村役場は，字行政区における住民間の公平性を進めるために行政努力をおこなった．だがその不公平性は，行政主導で解決できなかったため，字行政区内のルールをつくるに留まった（読谷村住民からの聞き取り，於：読谷村，2012年8月21日）．読谷村字行政区の自治的活動については，橋本敏雄『沖縄　読谷村「自治」への挑戦』彩流社，2009年，252-256頁を参照．

16) 並里財産管理会・並里区『配分金等請求訴訟事件——杣山・区有地裁判記録集』並里財産管理会・並里区事務所，2012年，235頁．

17) 金武入会権者会からの聞き取り（於：金武町，2013年3月4日）．

18) 金武町役場企画課『統計きん 平成29年度版第8号』金武町役場，2018年，30頁．

19) 厚生労働書ホームページ（統計情報・白書［平成28年度］第1編　人口・世帯　第3章　世帯），http://www.mhlw.go.jp/toukei/youran/indexyk_1_3.html 最終閲覧日2019年5月15日．

20) 転入人口はどのような居住形態に吸収されているかを住宅の所有関係別普通世帯数からみると，公営借家における世帯数は1995年79，2005年168，2010年158で2005年をピークに倍増した．公営住宅は金武町営住宅である．民営借家は1995年873，2005年1,266，2010年1,489となっており，同じく2005年を境に1,000件をこえた．民営借家は基地軍人・軍属向けや観光業関連も含まれるが，両者ともに2005年が変化の年であった．持家は1995年2,162，2000年2,353，2005年2,502，2010年2,606と徐々に微増している．地域別では，屋嘉や伊芸，中川区だけでなく，並里区でも借家が建設されはじめているが，世帯を分けるためだろうと聞く．屋嘉区や伊芸区，中川区はわずかではあるが土地も不動産市場で流通している（金武町役場企画課『統計きん 平成29年度版第8号』金武町役場，2018年，32頁）．

第 4 章　基地の町と地域社会構造　　　169

21) 町長は町議会において，市町村合併問題の考えを問われ「名護市が過去におこなった久志村の合併等を踏まえ，その時に行われた財管等の問題等を含めながら」協議を進めたいと答弁した（金武町議会『金武町議会会議録——合併号——』第 3 回定例会　2003 年 3 月 13 日，203-250 頁）.

22) 伊芸財産保全会からの聞き取り（於：金武町，2017 年 9 月 12 日，2018 年 7 月 11 日）.

23)「女性差別　司法に届く」（『琉球新報』2003 年 11 月 20 日）.

24) 金武町誌編纂委員会『金武町誌』金武町役場，1983 年，724 頁.

25) 金武町議会史編纂委員会編，前掲書，215 頁.

26) 金武町誌編纂委員会，前掲書，734 頁.

27) 金武町軍用地等地主会編集員『金武町軍用地等地主会　四十周年記念誌』金武町軍用地等地主会，1993 年，221 頁.

28) 同上書.

29) 同上書.

30) 同上書.

31) 町議会広報紙『きんてん』（季刊）の初回発行は 1980 年，『広報金武』（毎月）は 1964 年である.

32) 並里財産管理会・並里区，前掲書，25 頁.

33) 同上書，26 頁

34) 同上.

35) 並里財産管理会・並里区，前掲書，27 頁.

36) 同上書，44 頁.

37) 金武町史編さん委員会編『金武町史 第 1 巻［3］移民・資料編』金武町教育委員会，1996 年，5-7 頁.

38) OM からの聞き取り（於：金武町，2015 年 9 月 16 日，2018 年 7 月 9 日）.

39) 金武町商工会からの聞き取り（於：金武町，2014 年 11 月 26 日，2018 年 7 月 23 日）.

40) 沖縄県商工会連合会編『商工会要覧 平成 26 年度』沖縄県商工会連合会，2014 年，33 頁.

41) 金武町議会編『金武村議会議事録　昭和 50 年第 39 回』金武町議会，1976 年，5 頁.

42) 金武町議会編『金武村議会議事録　昭和 46 年度』金武町議会，1971 年，111 頁.

43) 田芋はサトイモ科の一種で水田に栽培されることから水芋と言う. 植えてから約 1 年で収穫でき，芋茎や若い葉も食用となる. 水中で栽培され，保存できるためネズミやモグラに荒らされることがなく台風にも強い. 祝い事の料理として使用されてきた. 田芋のみの連作はできず，水稲と田芋の輪作で安定した収穫が可能（並里区事務所『並里区誌』1998 年，378-379 頁）.

44) 日本政府農林水産省，日本農林漁業振興会により 1985 年 11 月 26 日開催されたもの「広報金武」1985 年 11 月 30 日.

45) 足立啓二『専制国家史論——中国史から世界史へ』柏書房，1998 年，61-62 頁.

46) 金武町養豚業の業績を振りかえると，1983 年から豚の畜家飼養頭数が 10,000 をこえた.

その頭数は 1995 年頃まで続いたが，その後 8000 から 9000 台を推移している（金武町役場企画課『統計きん 平成 14 年版第 5 号』金武町役場，2002 年，59 頁）.

47）農業粗生産額と生産農業所得をみると，1985 年度の第 1 次産業の総額は 1,525 万円で，そのうち畜産の総額が 902 万円，そのうち養豚業の粗生産額は 551 万円にのぼっている．耕種の総額は 618 万円でサトウキビは 258 万円であり，養豚業が生産農業所得の上位に位置する（金武町役場企画課『統計きん 昭和 62 年版 第 2 号』金武町役場，1988 年，55-56 頁）.豚数は 1986 年に 10,298 となり，その後も増加を続け 1995 年まで豚数は約 12,000 台を維持し続けた（金武町役場企画課『統計きん 平成 14 年版第 5 号』金武町役場，2002 年，59 頁）.2012 年における金武町の個別農産物粗生産額順位は，1 位が豚，2 位が花卉，3 位鶏卵，4 位生乳，5 位田芋であった（金武町役場企画課「統計きん 平成 29 年度版第 8 号」金武町役場，2018 年，57 頁）.

48）「養豚団地の場所変更を／金武町並里区が要請決議／悪臭を心配」（『琉球新報』1988 年 3 月 9 日）.

49）『昭和 63 年版 金武町議会議事録 第 6 号』1988 年 3 月 26 日，113 頁.

50）「基地内に養豚団地／共存で米軍も OK」（『沖縄タイムス』1988 年 5 月 22 日）.

51）金武町役場総務課『広報金武 縮刷版（201 ～ 250 号）』金武町役場総務課，2005 年，224-225 頁.

52）金武町議会編「金武町議会会議録 昭和 62 年（1987 年）第 12 回」金武町（沖縄県）金武町議会，1987 年，9-11 頁.

53）金武町議会編「昭和 62 年 第 13 回金武町議会定例会 1987 年 12 月 14 日」金武町議会会議録 昭和 62 年第 12・13 回，1987 年，36 頁.

54）同上書，37 頁.

55）同上.

56）金武町議会編「金武町議会会議録 昭和 63 年第 4 回」金武町議会，1988 年，15 頁.

57）金武町役場総務課『広報金武 縮刷版（201 ～ 250 号）』金武町役場総務課，2005 年，224-225 頁.

58）金武町議会史編纂委員会編，前掲書，385-390 頁.

59）「[金武部落民会会長の談話] 一審に不服，控訴を議決／入会権と祖先伝来の財産を守る」（『沖縄タイムス』2003 年 12 月 18 日）.

60）NS ③からの聞き取り（於：金武町，2013 年 2 月 5 日）.

61）町会議員のうち職業欄が農業であるものは，1974 年と 78 年は 14 人，82 年と 86 人は 12 人，リコール選挙後の 1989 年は 9 人と 3 人減少し，92 年も同数で，1996 年と 2000 年は 8 人と横ばいであった．なお，復帰後の金武町の議員定数は 22 人である（金武町議会史編纂委員会編，前掲書，484-490 頁）.

62）金武町議会編「金武村議会議事録 昭和 43・44 年度」金武町議会，1969 年，134-135 頁.

63）金武町役場総務課『広報金武 縮刷版（201 ～ 250 号）』金武町役場総務課，2005 年，

第 4 章　基地の町と地域社会構造　　　　171

273-274 頁.

64) 1994 年 2 月 5 日金武町軍用地跡地利用フォーラム（金武町役場総務課『広報金武 縮刷版（251 〜 300 号）』金武町役場総務課, 2005 年, 414-415 頁). フォーラムの主旨は, 「いつ, どのようなかたちで米軍基地が返還されてもこまらないように」という（同書).

65) 同上.

66) 金武町役場総務課『広報金武 縮刷版（201 〜 250 号）』金武町役場総務課, 2005 年, 230-231 頁.

67) 敗戦直後, 彼は熊本で「味噌工場や豆腐工場でアルバイトをして」沖縄への送還を待っていた. 戦後すぐ戦災を被った沖縄県民に対して日本政府から見舞金が支給されることとなったが, GY は熊本に集まっていた金武村出身者の「世話や手続きを引受け, そのおかげで全員がその恩恵にあずかることができた」と『金武町史』は記す. 彼は当時 20 代前半でありながら, 既に相談や世話役をかってでていた（金武町史編さん委員会編集『金武町史 第 2 巻［1］戦争・本編』金武町教育委員会, 2002 年, 210-211 頁).

68) 金武町議会「金武町議会報」1983 年 2 月 7 日付. 彼は 1989 年, 全国町村議会議長会長並びに沖縄県庁村議会議長会長から表彰を受けた上, 1994 年国からも勲章を授与された. 町は町民祝賀会を開催した.

69) 金武町議会史編纂委員会編, 前掲書, 69 頁.

70) 同上書, 477 頁.

71) 鎌田隆「復帰後における沖縄軍関係労働者の生活・労働・諸権利状況」（『商経論集』第 1 巻第 1 号, 沖縄国際大学商経学部, 1973 年）102 頁. 数値は鎌田がコザ市役所資料『軍関係離職者対策資料（基礎資料)』1971 年 6 月より作成したもの. 第 1 種雇用員とは米国政府割当資金から支払を受ける直接被用者を指す.

72) GY ②からの聞き取り（於：金武町, 2017 年 9 月 11 日).

73)「外交機密 焼却のメモ／沖縄返還／密約ファイルに」（『毎日新聞』2010 年 12 月 22 日).

74) GY ②からの聞き取り（於：金武町, 2017 年 9 月 11 日).

75) 岡村顕は教員出身で, 村会議員（1948-1954), 助役（1960-1964), 村長（1964-1976）を歴任した. 妻の岡村トヨは同様に教員で教頭となり, 町婦人連合会会長, 沖婦連理事を務めた地域の著名人であった. GT ②（1920 生）の職業は農業, 1981 年には金武町議会の副議長を務め, 町会議員の当選回数は 5 回. 区議会の監査役や入会団体設立にも関わった.

76) 金武町議会史編纂委員会編, 前掲書, 385-388 頁.

77)「都市型」戦闘訓練施設とは対テロ対策訓練を実弾射撃により実施するための訓練場と施設.

78) IM からの聞き取り（於：金武町, 2018 年 1 月 16 日).

79) 林公則「米軍基地跡地利用の阻害要因」（宮本憲一・川瀬光義編『沖縄論』岩波書店, 2010 年）132 頁.

80) YM からの聞き取り（於：那覇市, 2018 年 6 月 14 日).

81）本土の米軍専用施設面積の比率を 1972 年と 2017 年で比較すると，41.3％から 29.4％.
それに比べ沖縄は，58.7％から 70.6％（沖縄県「沖縄から伝えたい．米軍基地の話.
Q&A BOOK」沖縄県知事公室基地対策課，2017 年，6 頁）.

82）若林千代『ジープと砂塵──米軍占領下沖縄の政治社会と東アジア冷戦 1945-1950』
有志舎，2015 年，12 頁.

83）新崎盛暉『戦後沖縄史』日本評論社，1976 年，150-151 頁.

第5章
軍用地料をめぐる女性運動

　本章と次章では，これまで述べてきた地域における基地維持のネットワークの中で，軍用地料をめぐる女性運動がどのような経緯で金武杣山訴訟へと展開し，地域社会に何を問うていたかを具体的に検証することとしたい．はじめに，中心となった女性たちが，人権の拡大に向けて行動を起こす経緯を検証し，金武杣山訴訟が地域内でどのように受け止められたかを考察する．次に，裁判の争点と軍用地料の値上がりが入会団体の運営に及ぼした影響を分析し，その中で男性協力者たちがどのような視点から運動に共感していたかを浮かび上がらせる．

　さらに，原告女性の移動と労働経験を辿り，ライフヒストリーから彼女らが提訴に至った行動の背景を探りたい．最後に，運動の到達点から軍用地料問題が地域における地料の利益構造に関わるものであったことを明らかにしたい．

1　立ち上がる女性たち

金武町と婦人会

　米軍政府下の金武村で村会が，復活したことは既に述べた．そして，金武区は部落会，並里区でも区会が機能した．両会はともに代議員である戸主が議決権を持ち，寡婦をはじめとする世帯主の女性は傍聴できたが，発言権・議決権はなかったという．他に女性代表として婦人会長が出席した．婦人会長が議決権をもっていたかどうかはあいまいである．復帰後，その役割は区事務所の行政委員会や区議会に移行した．

　金武村の地域婦人会は，1946年から生活の立て直しのため，自発的に順次

小学校区ごとに再建・設立され，村婦人会は1948年に設立された．

　県下では1947年から48年にかけて沖婦連，市町村婦人会の結成が盛んに行われたが，それらは戦前の大日本国防婦人会の流れをくみ旧来の部落や小学校区単位で組織され，戦前との断絶はほとんどなく役員の中心は元女性教員であった[1]．米軍占領下の沖縄では，本土とは異なる様相のなかで琉球大学家政科を介して，「合理性や科学性を全面に押し出した生活改善事業がアメリカ的生活様式の普及」を促進した[2]．戸邉秀明は，そこには戦前の生活改善運動に含まれていた共通語の使用など，日本への「同化や規律化の側面を依然として持っていた」が，「戦前来の日本式の運動の印象は薄れて，……『日米合作による沖縄の生活改善事業』とする」要素が取り込まれたと述べている[3]．

　金武町の元小学校教頭であった岡村トヨ（夫は元村長岡村顕）は，1952年から村婦人会長となった．彼女は沖婦連理事にも選出され，「組織作り，会員獲得運動に力を入れ会運営に努力した」人物である[4]．岡村は通算3回，3年村婦人会長を務め，その間新民法啓蒙運動にも取り組んだ．その運動は米国民政府の許容する枠内の活動であったが，1957年に沖縄にも日本の民法が適用された．

　復帰後における金武区と並里区では，婦人会の支援を背景に，時々に女性議員を輩出した．特に1990年代は意欲的に取り組まれた．それは町・区婦人会が，生活の問題をはじめとする女性の発言の場所であったこと，地域リーダーの養成の場であったこと，それゆえに婦人会を中心に生活問題を話し合う中で，町内の政治的参画を進めたといえる．米占領期から復帰後も地域婦人会は，脈々と生活の問題に取り組み続けてきたのである．

　金武区と並里区婦人会の活動は，基本的に共通である．両区とも，区外・町外出身女性が役員を引き受ける傾向をもつ．婦人会は区事務所・町役場を中心とする地域社会の一翼を担ってきたが，その会員数は徐々に減少してきた．1990年代以降における金武区と並里区婦人会の会員数と動向をみよう．

　金武区の会員数は1995年209人，2000年173人，2013年70人で，2000年から2013年の間に，約60％減少した[5]．会員数の減少は婦人会の運営を困難にし，役員は決まるものの，開催事業への参加率の減少を招いた．

　会員減少の理由は，地域の離農が益々進んだことによる就業構造の変化，新

開地をはじめとする女性自営業者の減少，高齢化が進んだこと，団体行動を疎
む傾向がいわれている．金武区婦人会長 UH は「5 ～ 8 人の模合は，みんな盛
んにやるのですが，数十人の団体行動・活動を好まなくなった．今は，運営を
立て直すために焦らず，少しずつ活動をしている」と語った[6]．加えて，婦人
会は地域の規範の中で活動することが課せられるため，その枠を息苦しさと感
じるためではないか．

　並里区の会員数は，1995 年 150 人，2000 年 117 人で，2013 年 69 人であった．
両区の会員減少は，徐々に進んできたが，特に 2000 年代以降顕著になってい
た．金武区と並里区の人口比からすると，並里区は，金武区の約 1/2 の人口や
世帯数である．会員は減少しているものの，人口に対する会員の比率は，金武
区のほぼ倍である．

　並里区婦人会は 1998 年に創立 50 周年を迎え，記念誌の発行・婦人会館の建
設（青年会と共同使用）をおこなった．そのことから 2000 年代前半は，活発
な活動をおこなう力をもっていた．ではなぜ，並里区婦人会が 1998 年に創立
記念式典を開催するまでの力があったのだろうか．NM ②は，新聞報道された
並里区婦人会 50 周年記念式典で，「並里区婦人会は，戦後の混乱の中で，地域
社会が民主的な村づくりを目指した」と述べていた[7]．この NM ②の挨拶が示
唆的である．前章でみたように並里区の区外出身者比率が低いことから，住民
の転出入が少なく，自治的機能が長らく緩やかに保たれてきたことや，区が女
性差別に敏感であったことも要因といえよう．そのことが婦人会活動にも影響
を与えてきたといえる．

中心になった女性たち

　金武町では，それまで口にしないとされてきた軍用地料における女性差別解
消運動の中で，"自分のことは自分で決める"というフレーズがたびたび使わ
れていた．たとえば，金武杣山訴訟の原告団結成に際し，入会をだれに相談し
たかを問うたところ，KS は「だれにも相談しなかった，自分で決めた．自分
のことは自分で決める」と述べたことや，KS と NM ②が「女性の権利は黙っ
ていては手に入らない」と，信念を述べたことからもいえる[8]．このフレーズ
は，女性が地域社会における生活問題を問い，行動する契機に発せられてきた

といえる.

金武町の男女共同参画社会に向けた啓発事業をみると，1990年に「ふれあい懇談会」が，［男女共同参加型社会の形成を目指して］をテーマに開催された[9]．新民法の運動で尽力した岡村トヨは，そこに県関係者2名とともに助言者として出席した．

このような活動を経て1990年代後半に，婦人会のリーダーであった女性たちが地域団体へ参画していった．金武区では1995年当時役員を担っていたUHが，1996年婦人会の支援を受け金武区行政委員に当選した．並里区では，1970年代に会長を務め当時文化部長であったNM②が，1996年2回目の並里区婦人会長に選出され，1980年代後半婦人会長であったGAが，農業委員に抜擢された．なお，NM②は金武町婦人会長，並里区会議員を歴任し2009年に公職から退いた．彼女らは30才代で婦人会会長を経験した人たちであった．この配置の中で，1990年代後半以降の基地被害抗議行動が取り組まれ，NM②も軍用地料の配分に対して請願をおこなったのである．

既に述べたように，字金武の軍用地料問題では，金武区と並里区で3人の中心となる女性が存在した．彼女らは日常的に情報が集まり，キーパーソンの役割をもっていた．3人は婦人会をはじめとする地域活動を担ってきた人々である．だが，軍用地料問題をたたかったグループは，従来の婦人会組織から派生したものでなく，個人の要求で集まったグループだ．ここで改めて10数年に及ぶ運動の中心となった女性を紹介しよう．彼女たちの日常的な地域活動は，婦人会活動や区事務所主催の年中行事への積極的な参加で，字金武として区を越えたつながりをもっており，互いの情報は同級生や女子孫の連絡網を介して多くを共有していた．

並里区のYY（1934年生）は高卒後基地キャンプ・ハンセンで就労し，復帰後賃金が減額されたことから退職し夫と農業・花卉栽培に従事している．出身地は並里区で女子孫である．話題は豊かで，各地の文化後援会などに積極的に参加する区婦人会長経験者である．YYは請願に取り組むまでの経緯を，次のように語っていた[10]．

──基地で仕事をしていた頃のことを教えてください．辞められたのはいつ

頃ですか？

　私は並里区に生まれ育ち，高校卒業後1972年（38歳）まで基地キャンプ・ハンセンで働いた．仕事は会計などであった．1960年代には全軍労に所属し，復帰運動にも参加した．本土並みでがんばったけど，出来なくて無念だった．結局，復帰後給料がドルから円に切り替わって，賃下げになったので退職した．退職の頃子どもを出産し，並里区事務所へ就職した．
　その頃，那覇市内で華道の有名な先生の講演会を聞いた．沖縄では亜熱帯気候の利点を生かした植物栽培が，仕事になる．本土で需要があるといわれた．その講演を聴き農業・花卉栽培をしようと思い立ち，区事務所を1年で止めた．年配の女性たちは，せっかく区事務所で働けるのに止めるなんてもったいないと，みんなが引き留めた．でも，農業・花卉栽培をすることにした．今は息子を含め家族でやっている．自分に向いている，後悔していない．

——婦人会役員の頃を教えてください．
　出産してばたばたしている1973年から並里区婦人会会長を4年務めた．特に説得もないまま，家の前に関連資料が置かれた．子どもも小さくて忙しく，とてもできないのでそのままにしていた．そしたら説得にきた．それでやむなく引き受けることになった．その後通算16年婦人会役員を歴任した．その間に，世帯主でない女子孫へ軍用地料の配分を求めて請願運動をした．

　NM②は金武区出身で婚姻により並里区に転居した．彼女は長年琉球病院に勤務し，町・区婦人会長経験者で後に区議会議員も務めた[11]．彼女は，婦人会役員を引き受けた頃を，次のように述べていた[12]．

——婦人会の役員はどのような経緯で引き受けられたのですか？
　結婚して金武区から並里区へ来た．35才から60才まで琉球病院で働いた．婦人会長を受けた時は，並里区民になって3年目だった．主人の後押しの言葉"引き受けなさいよ"があり引き受けた．婦人会活動は地域の活性化

になくてはならない組織と痛感している.

——当時のことで思い出に残っていることはありますか?
　金武町婦人連合会長の時, "女性のつどい" をやろうとした, 那覇市で
やっているうないフェスティバル, あれの金武町版をやろうとした. でも
紆余曲折があり断念した. 女性の権利は黙っていてはつかめないのよ, い
ろいろ考えたわ.

　上記から彼女が, 共通の要求や信念で互いの多様性を認め, 女性の連帯を強
めようとする意志をもっていたことがわかる [13]. それは生活の問題が政治問
題であることを認識し, 女性たちがそれに対しどのような行動をとるのかを問
うものであろう.
　金武区のNM①は, 68歳の時「ウナイの会」の結成に参加し, 会長に就き
金武杣山訴訟をたたかった. 彼女はフィリピンで長女として生まれ, 現地で徴
兵された父と兄は戦死, 母は戦争未亡人であった. どうしても高校へいきた
かった彼女は, 母の反対を押し切り進学した. 学費などは, 農業を手伝いなが
らアルバイトで稼ぎ, 力仕事など何でもこなした. 高卒後は琉球病院に就職し,
戦死した父と兄の代わりに家計を支えた. 彼女は婚姻後も働き続け, 幾度も転
勤したが自動車通勤で乗り切った. NM①は25歳の時, 金武町で初めて女性
名義で銀行融資(住宅資金)を受けた人で, 58歳まで公務員・事務職として
勤務した. 夫は並里区出身者で, 結婚後に金武区に転居し6年間町長を務めた.
NM①は元町長夫人としても知られ, 地元では女性の有力者である. 婦人会長
の経験はないが, 夫婦ともに保守を自認する人たちである. NM①は当時を振
り返って「どうしてこんなに女が差別されているのかが, 原動力になった」と
回想した [14].

運動の動向
最初に運動を進めた並里区のYYが, その経緯を振り返った [15].

——どのような契機で, 請願をすることになったのですか?

1980年代後半に並里区では，離婚した女子孫が世帯主という理由で軍用地料をもらっていた．それで，女性が世帯主になることに制限とか申請の難しさがあるかと役場に問い合わせた．役場では，世帯主の変更は何の制限もないから，すぐできますといわれた．それを聞いて，世帯主であるかどうかを理由に地料を受け取れないなんて，おかしいとみんなで話し合った．

——仲間の中で，世帯主変更をされた方はみえたのですか？

いいえー，だれもいなかった．むしろ，入会団体の会則を変えようということになった．それで，部落の長老であったGY，GT②に相談にいった．すると，「会則を準備している頃，世帯主の性別のことまでは考えが及ばなかった．運動をやったほうがよい」といわれて，どのようにするといいか指導を受け，請願の進め方を聞いた[16]．それは区議会議員や入会団体理事らの賛同署名を集めることだった．仲間は約20人位だったかしら，2人1組で，手分けして集めた．それを入会団体へ請願した．

——請願が可決されるのに時間がかかりましたか？

すぐという感じだった．1991年だった．

次に，並里区のNM②が，入会団体へ請願した経緯を語った[17]．

——どのような問題意識で，請願をすることになったのですか？

夫の死去後，すぐに軍用地料の配分が切られた．遺族として妻の権利がなぜ保障されないのか，おかしいと思った．それで女性の権利を主張しようと考えた．そのような仲間が周りにいるので相談し，他の入会団体会則や種々の資料を集めた．あの時は一所懸命学習したわ．請願書は男性も含めた7人の連名で，1996年に入会団体に提出した．

——請願はいつ頃実ったのですか？ 時間はかからなかったのですか？

なかなか可決してもらえなかった．何度も話しにいって，3回目の3年後

にやっと可決された，1999年よ．

　このように並里区では，1990年代に入会団体会則改正が，女性らの請願運動で2回行われた．GYはその問題で女性らの相談に乗り，指導し大きな役割を担ったが，その動きは表にでていない．ここでは1996年にNM②が並里入会団体会則改正を請願し，1999年に受け入れられた経過をGYの動きからみよう．当時並里区では，1991年に行われた入会団体会則改正により，軍用地料の配分をうけとることのできる会員は，会則に則り男子孫，女子孫である．

　請願運動の背景には，並里区出身者で軍用地料の配分をうけていた会員（男子孫，女子孫）が死去後に，遺族である配偶者への配分が，即座に打ち切られたことであった．そのため並里区外出身者であっても，遺族として配偶者の権利がなぜ保障されないのかと，権利を主張したのである．この場合配偶者には，もちろん他地域出身者の男性も含まれるため，その請願は何年もの間，門前払いをうけた．

　そこで，運動の中心となったNM②は，並里区の有力者であったGYらに相談を持ちかけた．それを受けたGYは，並里区出身で当時町会議員であったGSに連絡をとったのである．その時の様子をGSは証言する[18]．

　　GYさんから電話があって“夫を亡くした人たちが生活に困っている．力になってやってくれ”と頼まれた．彼から頼まれて断ることは難しいからね．

　そして，GSは議会質問をおこなった．「きんてん（金武町議会報）」によると，町議会におけるGSと町長のやり取りは以下のようである[19]．

　　GS：旧慣による金武町の公有財産の管理に関する条例で並里財産管理会が存在するが，その中で使用権喪失世帯主として，(1)並里区以外の区や他市町村から嫁入りし，主人が死亡した世帯主，(2)並里区以外の金武町内居住世帯主とある．並里区には町営住宅も貸家，貸し間もなくやむなく新開地等（ターキンチャ，浜田）に居住していて租税等は金武町に納めて

第 5 章　軍用地料をめぐる女性運動　　　　　　　　181

おり，条例制定の理念からして使用権資格の認定は当然である．町当局は
並里財産管理会に対して行政指導を持って善処されるよう求める．現在使
用権のない世帯主 20 数名は行政訴訟を準備しているとのことで穏便に済
ませたいが，町長の所見をうかがいたい．
吉田町長：並里財産管理会の会則に基づいて運営される場合について，そ
れは会員組織の自治体制で運営されるべきだと思う．したがって町役場が
物をいえる立場にない．

　町長の答弁は予想されたものだろう．ここで注目されるのは，GS が町議会
でこの問題を発言し，請願運動をおこなっていた NM ②らが，裁判も辞さな
い構えを述べたことである[20]．この経緯から 1998 年当時，女子孫が死亡した
後，遺族である区外出身男性が軍用地料を引き継ぐことは容易でなかったこと
がわかる．地区の問題や運動が，町議会という公の場で明らかになり，議事録
に残ることは通常嫌われる．それは入会団体も同様だろう．それゆえ議会で発
言されること，特に裁判さえ辞さないとする言説は重要である．
　GY らがとった行動は，何事かを成功させる場合，効果的な方法は何かをみ
せている．その方策は町の力関係，入会団体へのプッシュの方法などを知り尽
くしていたことを推測させる．それらを考え合わせると，GY の影響力は引退
後もいかんなく発揮されていたといえる．
　並里区の運動は，金武区だけでなく伊芸区にも影響を及ぼした．伊芸区では，
2001 年 3 月の入会団体総会で，軍用地料配分における女子孫差別に関わる事
項―「この会の子孫で，女子会員が会員以外の者と結婚し，入籍した場合は，
その者の一代限りとする」―の削除が動議され，同日可決された．そして翌月，
2001 年 4 月から実施された[21]．それは並里区の請願運動が達成され，後述す
るように金武区における署名運動の挫折後の動きで，伊芸区の特性に合わせ学
習や検討を重ね，総会当日の役割分担さえも丁寧に協議したと推察される．
　並里区で 1999 年に実現した請願は，地料配分を受けている会員が死去した
のち，遺族である配偶者に対し軍用地料の配分がされるものだが，性別を問わ
ない．金武町の並里区以外の入会団体では世帯主の女子孫が死去後，その配偶
者である区外出身男性は軍用地料の配分対象ではない．これは並里のみが実施

している.

最後に，金武区のNM①は1980年代前半に入会団体があり，軍用地料を配分していることを知り個人的に入会を申し入れたが断られた．NM①がその後の経緯を次のように語った[22].

――運動の経緯を教えてください？

私以外にも，個人的に入会団体事務所へいって直談判した人が何人もいた．1990年代になって並里区で請願が通ったことを聞いて，印鑑をもっていったさー．門前払いだったけど．他に，夫を亡くして世帯主であるにも拘わらず息子に支払われている人もいた．その後もぱらぱらと1人ずついって，掛け合った．みんな断られたので女子孫のグループで話し合って，7人で入会団体の事務所へいった．そうすると，「何人で来ても同じだ．会則は変えられない」の一点張りで「女の腹は借り物」とさえいわれた，ひどい話しだった．どうしてこんなことがいわれるのか，杣山の労働も知っていてずっと金武で生活してきたのに腹が立った，納得できなかった．

――それでどうされましたか？

困り果て，入会団体の理事で後に会長になったNS③に相談を持ちかけた．彼は"慣習原則の私的団体が会員以外の意見に左右されると組織は崩壊する．総会で会員の声を多くすることが資格獲得への道"という趣旨を述べた．それを聞いて，金武区でも署名運動をすることにした．1998年6月に入会団体宛ての「男子孫限定会則の撤廃署名」を会員に求めた．並里区は入会団体理事や区会議員の署名を集めたが，金武の入会団体の態度はわかっていたから私らは，会員の署名を集めることにした．その時は，並里区のYYやNM②に会則のことや署名，運動について協力と助言を求めた．署名用紙も見せてもらって，いろいろ実情を話し合った．

――署名運動は妨害に遭ったとお聞きしましたが？

そうよ，金武の会員，一軒も漏らしてはいけないと1998年6月に入会団体

第 5 章　軍用地料をめぐる女性運動　　　　183

の「男子孫限定会則の撤廃署名」を会員に求め，署名のお願い "趣意書"
も持参した．目標署名数は当時の会員数が約 600 であったため，350 筆と
し，順調に集まって 2 日間で 289 筆をがんばって集めた．
　だけど，3 日目の朝に "金武入会権者会からの文書" が会員宅のポストに
配布された，運動は失敗したね．それで，また署名をもらった家を 1 件 1
件まわり，"お礼" と趣旨説明をもう 1 回やった．署名はその人の目の前
で消したよ．悪いから．

　入会団体の女性会員は「約 80 名程度，また現行会則 48 条の規定に基づく入
会保障の支給を受けている女性は約 50 名程度である」[23]．彼女らの署名運動
は過半数超えを目指し，約 48% が集まったが失敗したのであった．
　インタビューの中で紹介された 3 点の文書は以下のようである[24]．はじめ
に署名のお願い "趣意書" である．

【署名のお願い趣意書】
趣旨（入会権者会会員のみなさまへ）
私たちは戦前から金武区で生まれ育ち，戦後今日に至るまで金武区民とし
　て郷里の伝統と文化を継承し，区の発展に協力し区民との融和を図りつつ
　誇りを持って生活しています．ところで，金武区では入会権者会が設置さ
　れ，会員の福祉向上のための事業が推進され，会員からも非常に喜ばれて
　いますが，私たち数十人は会員として認められず，その恩恵に浴すること
　なく現在に至っていますことは，まことに腑に落ちず残念でたまりません．
　私たちはこれからも金武区民として区の発展に寄与すべく努力をするつも
　りでいますのでその主旨をよくご理解いただき，一日も早く会員として承
　認されますよう署名にご協力賜りたくお願い致します．　　平成 10 年 6 月

　つぎは署名運動をはじめた 3 日目の朝，入会団体が女子孫たちの署名活動を
止めようと，会員のポストに投函された入会団体会長名の "文書" である．

【金武入会権者会からの文書】

会員各位

（略）最近，会員外の皆さんが入会補償金を求めるために会員のご家庭を訪問して署名を集めていますが，この署名活動は入会権者会の組織の実態，運営を知らないばかりか，地方の慣習を否定し，組織への不当介入であり，全く理解できません．役員会はこの事態を重視して，慎重に協議した結果，これら一連の行動は組織の存亡にかかわるもので容認できるも（ママ）ではないことを確認いたしました．入会権者会を守り継承する事は会員全体の責務であります．会員の皆さん，彼女たちの言動に惑わされることなく毅然とした態度で署名を拒否してください．又，署名した会員は勇気を持って署名を取り消して下さい．

平成十年六月二十二日

敬具

金武入会権者会会長　NH ③　金武入会権者会長之印

＊留意　（権利の停止）

第十一条　この会の会員である者が次のいずれかに該当する時は理事会の決議によって，その者の一代限り会員としての資格を停止することができる．ただし，権利の停止に該当する者は理事会及び総会において弁明することができる．

一　故意にこの会に損害を与えた場合．

二　会員にある者が，連帯して，この会に損害を与えたとき．

　最後に，女子孫たちは署名運動が失敗に終わり，旧区民間で動揺が生じたことから，ご協力を頂いた会員に対するお詫びと“お礼”にうかがった際の文書である．運動は止まったのだ．

【署名運動に対するお礼】

（略）

さて，私たち女性は（別紙名簿）（略）は，金武区で生まれ育ち，ずっと金武区で生活しながら，他区出身者の男性と結婚したとのことで，入会権者会の会員になっていませんが，何かと特段のお計らいをお願いしたいと

要請いたしました所会員も明らかにされず，詳しい説明もなく現在の会則では会員に該当する資格はないとのことで，断られました．

そこで，何とか会員のご理解とご協力を賜り会員の資格を得たいとのことで，署名運動を展開しましたが，その節は誠に有り難うございました．しかしながら，私たちが署名運動をしている最中に入会権者会から文章が発送され署名された皆様に少なからず，動揺を与えご迷惑をおかけしましたことは，本当に申し訳なく思っております．

実は，後から会員になった方々の事情を聞きますと，特例が設けられ，1，他区出身の男性と結婚したが，離婚された方は該当（イナグダチは該当する）．

2，他区出身の男性と結婚したが，不幸にも先立たれた未亡人となった方は該当しない，ただし，離婚手続をした方は該当する（イナグダチではないのか）．

3，戦前の金武区以外の出身者でありながら，会員になっている方もいらっしゃるとのこと．

4，他の区の似たような入会権者ではその区出身の女性も会員として認められているのに，何故金武区の会では認められないのか．

私たち関係者は以上のようなことを，口伝えに聞き，素朴な疑問を持ち，私たちも申請したら，会員になれるかもしれないと，微かな望みをもって行動しましたが，私たちは会則も教えてもらいませんでした．役員も分かりません．「慣例」という言葉も度々聞きますがよくわかりませんし，会には会としての色々な事情があるとは思いますが，いずれにしても納得いく説明を求めたいと思います．

又，会員でないからこそ，こういう行動をしたことをお含みください．同じ金武区で生活しながら，不必要な争いや，いがみ合いをしたくありません．署名に応じてくださった方々に深くお礼を申し上げるとともに，趣旨をご理解下さいます事を心から願っています．

◎折角，ご厚意あるご署名をいただきましたが，諸般の事情により入会権者会への提出はしないことにしました．

平成10年7月　要請者一同（別紙順不同）（略）

この3点をみると，当時，金武入会団体は，女性たちの活動にどのように対応するか短時間のうちに協議したことがみてとれる．入会団体側は，並里入会団体会則改正に対する請願の動きを把握し，度々女子孫の一部が入会団体事務所に申し入れを行っていたこと，理事の1人であったNS③に相談に行っていたことも把握し，署名活動を止めるだけでなく，会の混乱を避けるため強い姿勢で対応策を検討したといえる．

2 裁判へ

金武杣山訴訟（2002 ～ 2006 年）

署名運動に失敗した女性らは，2002年夏裁判を決意した．ウナイの会は軍用地料の女性差別解消を目的とし，金武町金武区に在住する女子孫約70人で結成された．そのうち，当時90歳から51歳の戦争未亡人を含む26人が原告となり，金武入会団体を相手取って2002年12月に金武杣山訴訟がはじまった．2006年3月の最高裁判決では，入会団体会則の男子孫要件を違法としたが，会則における慣習の正当性を認め世帯主要件を合法とし，ウナイの会は敗訴した．また，離婚した女性は，旧姓に服した場合のみ会員資格を得られるとする条項は違法とされた．

判決を受け2006年5月の総会では，後述するように，入会団体の会則改正が行われ男子孫を削除し子孫と変更した．会員資格の居住区域は1962年の会員確定時のものに戻し，申請により世帯主である女子孫も正会員となり，軍用地料の配分を受け取れることになった．それにより原告とその家族で全く地料の配分を受け取れなかったのは，26人中3人であった．会則改正後の会員数を見ると，2006年度末の会員は640名となっていたが，2007年度末の会員数は899名となり，そのうち新規加入数は，正会員209名，準会員は56名と増加した．そのうち女性会員は123名（うち92名が正会員）の加入増となった[25]．宜野座村など近隣の入会団体では，同様に会則から男子孫を削除し子孫に改正した．だが金武入会団体では，現在も世帯主でない女子孫の加入は認められず，軍用地料の配分もない．

第5章　軍用地料をめぐる女性運動　　　　　187

　先行してたたかわれ並里区では，2人の女性が中心となって署名・請願運動
を行い，1991年と1999年に入会団体の会則改正を達成した．その内容をみる
と，1991年の改正は2002年に金武杣山訴訟で争点となったことで，1999年の
並里区の会則改正は，金武区では入会団体設立当初から女性配偶者に対して実
施されていたことであった．但し，既に記したように，1999年の並里区改正
は配偶者の性別を問わないのである．

女性差別と軍用地料の権利

　軍用地料問題に関わり，財産相続から女性を排除する構図がどのようなもの
かは，次の3点が指摘できるだろう．
　1つは入会権とはどのような権利かである．入会権は，一定地域の住民が
杣山を共同利用する慣習上の権利で物権法である．それは1896年制定の民法，
第263条，294条で保障されている．地方自治法には，間接的に触れた規定
238条の6が定められている．
　中尾英俊によると，その性格は主に5点である．①入会権の内容は各地方の
慣習に従う　②入会権は一定の部落に住むものがもつ権利である　③入会権は
世帯がもつ権利である　④入会権は相続されない　⑤入会権は他人にゆずるこ
とができないとなっている[26]．
　沖縄は1972年に日本の施政権下に入ることが決定し，様々な実態調査が行
われた．入会権については，中尾により報告されている．中尾によるその要旨
は，沖縄の入会権は日本のそれと異なるものではない[27]．だが入会権の権利
意識として沖縄的特色がある．沖縄の入会権の特色は，入会集団すなわち村落
の構造にあるとする．沖縄の集落においては，村落－門中－世帯（家）－個人
といわれる系統の中で世帯よりもむしろ個人（家族員）の方が表面にでて，入
会権の主体が世帯であることが直ちに理解されがたい感がある（入会権者数を
部落住民個人全員と答えている所もある）．これは地割制度，人頭税など歴史
的事情によるものだろう．入会権の新たな取得は，大部分は村びと（部落の住
民）としての資格が得られれば権利の取得を認めるというものである．
　2つ目は，先述したように明治民法と土地整理事業の関わりである．まず，
沖縄県における明治民法の施行が1898年であること．3つ目は，旧金武村の

杣山は1906年に有償払下げが行われたが，そこは戦後の米軍占領によって軍用地として接収されたことである．

以上3点が，軍用地となった杣山を有する地域の慣習にどのような影響をもたらしたかである．福岡高裁の判決は，後述するように入会権が「地方の慣習に根ざした権利であるから，そのような慣習がその内容を徐々に変化させつつもなお存続している時は，これを最大限尊重すべき」と判断されていた[28]．

後者の2点をみると，沖縄は近世期地割制度をとっていたため「富裕な町百姓や地方役人層はともかく，ほとんどの百姓に私有財産はなかった」[29]．だが，「家父長制イデオロギーを規定した『明治民法』が成立した」ことから，家制度のひろがりは生活の諸分野が「男性の手中に納められ，男による女の支配がひどく巧妙な形」で進行した[30]．北部の金武町地域で財産相続から女性を排除した時期は，南部地域より遅れ1903年頃とされ，財産をもつ親は土地整理事業頃まで，女性にも財産相続を実施していた例が記憶されている．それをウナイの会会員からみよう．

比嘉道子は，「沖縄で私有財産が可能になったのは，1899年から1903年にかけて実施された土地整理事業をきっかけとする．1900年生まれまでは男女平等にジーワキ（土地分け）を受けたという．ウナイの会会員NTの母は，四人姉妹の四女で1899年の生まれであった．この姉妹は全員ジーワキを受けた．同じ場所にある水田を四等分して，長女，ここは次女というふうに順序よく分けられた．NM①の母は，1902年生まれだったのでジーワキはなかった．母の叔父は，兄弟中で一人だけジーワキの対象とならなかった彼女を不憫がり，自己所有の土地を分け与えようとした．そして，結婚する時女性は，自分の財産をもっていった．自分の財産以外にもワキムティーといって，女の子どもが結婚する時には，財産のある親は財産を分けてもたせてくれたという」[31]．

では，父系嫡男相続制はいつ頃から沖縄の農村に浸透したのであろうか．比嘉政夫は，「シジ（父系血筋）をたどった人々の結びつきが門中であるならば，いろいろな相続もシジを尊重しておこなうべきだというのが門中を支えるイデオロギーである……農村においても二，三世代遡っての聞き込みではシジと異なる相続は聞けなかった．……かたくななまでの父系血筋の遵守は，近年になって強化洗練されてきたものである」と論じている[32]．

こうしたことから地域の慣習を考えると，入会団体は，慣習として父系嫡男相続制と位牌継承を頑なに守ってきたと述べているが，それらは17世紀頃から徐々に広まり，私有財産制と明治民法に基づく家制度によって1903年以降から強められたといえよう．これに関連して，財産相続から女性を排除する傾向については，すでに序章で触れてきたがさらに見てみよう。『なは・女のあしあと』は，以下のように記している．

「誤解を恐れずにいうと問題がでてくるのは戦後，1950年代の軍用地料や援護法による『遺族年金』の支払が始まったことを土台に，女性の財産相続が認められる1957年の新民法施行以後だ」．その背景には沖縄戦で多数の戦死・戦災傷者が出たことから，家督継承者として働き手となる男性が極端に少なくなり男児出産が強く望まれたこと，それを後押ししたのは紆余曲折の末，日の目を見ずに廃止された優生保護法であった．さらに，生活の立て直しが思うように進まない中で，遺族年金や軍用地料の支払がはじまったことがある．そのような状況は，家督とトートーメーの財産的価値を高めることを招き，加えて財産を「『女性が相続すると祟りがおこる』とする言説が，より影響力をもつ」という家父長制の再編がなされてきたと考えられる[33]．

つまりは，父系血筋の遵守は米軍占領期という社会構造の変化や新民法の下でさえ，再編がなされてきたのである．すなわち，父系嫡男相続制や位牌継承の慣習は，地域差があるが明治民法の適用を受けた頃から広まり，厳しくいわれるようになったのは，新民法の施行後の1950年代後半と考えられる．

言い換えると，明治期以降女性は財産相続から排除されてきたが，そこには位牌継承など沖縄固有の慣習が組み込まれていた．そして，米軍占領下で新民法が施行された後にも，時代に逆行するような家父長制に基づく女性差別の強まりが行われてきたのである．それは山野で金銭を生み出すとは思われなかった地域に地代として軍用地料が支払われ，援護法により戦争未亡人など女性に遺族年金が支給されるようになった頃からといえる．軍用地料に関する女子孫差別は，この一例と考えられる．

地域内の協力と軋轢

軍用地料の配分をめぐる運動は，地域の女性全員の問題ではなかったが，今

まで口に出せず，はっきりいえなかった女性差別を表に出し男性協力者も現れた．一方，地域内では兄弟姉妹が原告・被告となったことをはじめ，男子孫と区外出身者男性による軋轢が生じた．様々な軋轢は，金武区と並里区で類似していた．また，金武町議会，金武区行政委員会では議題となり，県議会でも発言がされた．

　ウナイの会の協力者には男子孫の男性もいた．彼女らの問題は，入会団体が夫である区外出身者の男性に排他的で，しかも配偶者である女子孫を軍用地料の配分から締め出しているため，女子孫差別問題は男性問題でもある．IS①は町会議員を長年務め，早い時期から最後まで協力を惜しまなかった．彼は裁判について次のように述べていた[34]．

　——軍用地料が地域を分けているように見えます．応援をされたとうかがいましたが，裁判をどのように見ておられましたか？
　　ウナイの会の言い分は，当たり前だと思った．彼女たちは予想以上によくがんばったよ．NK も特に酒の席なんかでいろいろいわれただろうに，よく支えたよ．このあたりでは，ミズヒラサーという言葉があってね，楽して得た者はみんなのものという意味だが，軍用地料がもらえるようになったら，女性にはあげないと変わってしまった．那覇地裁で勝訴した後，控訴しないように自分たちがもっと入会団体へ働きかければ良かったよ，最高裁へ上告し，情けなかったよ．地域内で覆せなかったから仕方ないけどね．この話はもうしたくないね．

　彼の話から，金武区では町が軍用地料を得るようになってから区外出身者への排他性が強くなり，変化してきたことが裏付けられる．NM①の夫・NK は，署名運動の頃から裁判まで支えた．彼は裁判について，次のように語っていた[35]．

　——裁判の頃，いろいろあったと思いますが，振り返られてどうですか？
　　裁判中は裁判を中心に生活が動いていた．でも，あの運動そのものが正論だ，いろいろいわれても気にしなかった．入会団体の役員には女子孫には

やらないとする意志があったのだろう，既得権を失いたくない人たちだった．嫌がらせや邪魔する人がいたねえ．当事者に対する直接の応援は表にでてこなかったけど，裏では応援してくれていた．でも運動は大変だ，労力もお金もかかるからね．

――裁判後この時の苦労話などすることはありますか？

いいや，軍用地料の配分が平等でないので話はしないね．もらう人ともらわない人がいるので，話さない．

この運動は，NM①にとって，パートナーとともに行動した約8年間であったことがわかってきた．並里区のYYにも，請願運動をおこなっていた頃の様子を尋ねた．YYはその頃のことを以下のように振り返った[36]．

――請願をされた頃，地域でいろいろいわれませんでしたか？

あったわよ，嫌がらせや悪口もいろいろいわれたわよ．ほら，軍用地料を受け取る人数が増えると1人分の金額が減るでしょう，それでいろいろいわれたのよ．でもそんなこと気にしなかったわね．正しいことをやっているんだから．

YYの行動はNM①や近隣の入会団体へも影響を及ぼした．またウナイの会は，裁判の開始とともにマスコミを介して，他地域で同様な問題をもつ人々と運動の情報を共有し助言もおこなった．詳しくは次章で述べる．その頃地域の人々は，彼女らをどのように見ていただろうか．金武区のUFは次のように語った[37]．

――裁判をどのようにみられていましたか？

ウナイの会の活動の時には，口出しできなかったですよ．この地域で生まれ育っていないので見守ることしかできなかった．でもね，彼女たちは頑張ったんですよ，何年もかかってね．軍用地の予算は大きくて，現実の男女差別はそぐわないから，理解できたのよ．

——あの裁判中，入会団体の人と話したことはありますか？

　話したわ．1906年に払下げ金を払った人たちが会員というけど，それがそんなに重要なことなのかって，聞いたのよ．

——それで答えはどうでしたか？　裁判後地域内で変わったことはありますか？

　重要だ，値段が高かったからって．裁判後，トートーメーは，女の子も継げると最近変わってきているのよ．以前は，男の子が生まれないのは女性が悪いからだといわれたけど，この頃はそういわなくなっている．

　並里区の男性NMが，当時裁判をどのように受け止めたかを尋ねた．

——裁判で何か思うところはありましたか？

　びっくりしたよ，金武でまだ女子孫差別しているとは知らなかったよ，既に同等になっていると思っていたからね[38]．

　入会団体事務所の周辺で，裁判をどのように受け止めたかを尋ねたところ，以下のように語られた．

——基地被害が多い中での，裁判でした．裁判の問題は，どのようなことだったのでしょうか？

　基地はない方がいいに決まっている．しかし……，裁判はお金が欲しかったんだ，それだけだよ[39]．

　基地被害の多発はどの立場の人にも，地域の問題と思われていることがわかる．それと女性は財産権として軍用地料を要求してはいけないのかという問いが生まれる．ウナイの会の活動趣旨が十分伝わっていないのだろうか．姻戚関係のある女性にも聞いてみた．TAは次のように振り返った[40]．

——ご親戚の方が裁判の原告になられたそうですね，当時の様子をお聞かせ
ください？

　この問題で私の親戚が対立しました．「ウナイの会を応援すると，金武で
は商売していけないよ」といわれ，逆に本気で応援しようと思いました．
なぜなら，どんな活動であっても頭ごなしに上から押さえつけては行けな
いし，自由に自分の意見がいえる町であってほしいと願ったからです．意
外だったのは女の子だけしか授からなかった人たちが，積極的に応援しな
かったこと，応援できないような雰囲気があったことでした．お金が関わ
ることだから，欲を出したと思われたくなかったからのようでした．

　並里区 YY と金武区 NM ①は，区内の入会団体会員から様々な嫌がらせを
いわれたのは同じであった．何気ない言葉の端々から女性が今まで口に出せな
かったことをいえるようになって良かったとする人々の言葉が，段々理解でき
るようになってきた．
　ウナイの会は，もう一点目的をもっていた．入会団体の理事に選出される資
格は正会員であることだ．そのため，女性が正会員となり団体の運営に関与す
る，つまり政治的な参画を目指していたのである．このことは，多くの人が話
題にしていなかった．

入会団体の会員資格をめぐる争い

　字金武の女性らが，軍用地料の配分で女性差別があることに気付いたのは，
1982 年に制定された旧慣条例が施行された頃である．1980 年代は金武町の基
地被害が増加し，女性差別撤廃条約が批准された頃でもあった．
　ウナイの会は 1906 年杣山払下げ当時の旧金武部落民で，杣山等の使用収益
権（入会権・民 263）を有していた者の女子孫である．彼女らは旧金武区民以
外の男性と結婚した女性たちで構成されていた．先述したように，復帰前の部
落会は男性世帯主で運営されていたように，金武入会団体は 1956 年の設立当
時から世帯主の男子孫のみで運営されてきた．
　訴訟が始まった頃金武入会団体会則の正会員の主な資格要件は，① 1906 年
杣山払下げ当時の部落民の子孫で，かつ②世帯主である男子孫であった（図 5）.

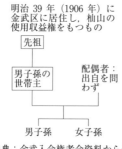

図5 〈正会員〉の例

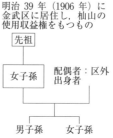

図6 〈ウナイの会〉会員の例

ウナイの会の女子孫は，①を満たしていたが，②の要件は該当せず，正会員になれなかった[41]（図6）．

一方，1982年に旧慣条例に則り設立された並里入会団体の会員資格要件は，①1946年4月1日以前に旧並里区に本籍を有した者の血族たる子孫で，②旧並里区に本籍を有し，かつ，並里区に居住している世帯主である[42]．既に述べたように，この団体は女性らの請願運動を受けて2回会則改正を行い，女子孫差別を解消した．

金武入会団体会則は，1956年入会団体設立と同時に作成された．当時沖縄の民法は明治民法であり，その状況で入会団体の会則がつくられた．

裁判の主な争点は上記の会員資格要件で，①男子孫要件，②世帯主要件の改正であった．加えてウナイの会は，③女性の政治参画の視点から，女性が入会団体の運営に参加することを求めた．

これらは，憲法14条（法の下の平等），同29条（財産権），民法90条，民法263条・294条，女性差別撤廃条約に関連するものであり，その権利は男女の別なくあるとするウナイの会と，入会権で扱う財産権は慣習として世帯主である男子孫に限られるとする入会団体の争いとなった．被告である金武部落民会と軍用地となった杣山は，裁判所によって以下のように規定されていた．

福岡高裁は，「入会団体の構成員としての資格を画する上で重要な意味を持つ入会権者の負担が事実上消滅」している現在の状態，すなわち，軍用地となり「入会団体が第三者との間で入会地について賃貸借契約等を締結したその対

価を徴収したとしても，その収入は入会権者の総有に帰属するので，入会権の内容や入会団体としての性質が変容するものでもない」とした[43]．

最高裁は入会団体について，「金武部落民会は，明治39年（1906年）土地払下げ当時の住民等の子孫で，現に金武区域内に居住している者により構成され『権利能力なき社団』である，旧慣による使用権（入会権）の設定されている公有財産及び個人名義で登記されている部落有地である土地の管理・処分等を活動の目的とするものである」とした[44]．

①会員資格が男子孫限定であること

那覇地裁は男子孫限定を違法とし，ウナイの会の主張を支持した．その際，ウナイの会（原告）と入会団体（被告）は以下のように主張した．

ウナイの会は，「部落有地や町有地から生じる収入について，男だけが会員になり金銭の配分を受け，男だけが部落の財産について発言権があるというのはおかしい」「それが慣習である．女に権利はない」，「果たして本当にそうなのか，女には女であるが故に権利を持てないということがあっていいのか，そんなはずはない」「おんなである，ただそれゆえに不平等に扱われていいはずがない」[45]．「金武町と宜野座村に8カ所の入会団体があるが，そのうち個人に支払をしているのは5カ所であり，その中で金武以外は『現時点ですべて会員資格は払下げ当時の住民の子孫』であればよく，会則に男子孫と記載されていても運用上補償金の支払に男女の差をもうけていない」と主張した[46]．

これに対し入会団体は，「旧慣は社会的批判の中で是正されるべきもので，法が強制的に介入すべきでない」と述べた．その理由として，旧慣は「社会的実態，慣習として現在でも金武区域を含む国頭郡区だけでなく中頭郡区においてもなお広く色濃く残存するもの」であり，「家制度や戦前の男性中心の意識の払拭は，たゆまない国民的努力により形成されるべきものであり，法が強制的に介入すべき問題ではない」と反論した[47]．

さらに，入会団体は「男子孫中心の入会団体の例として，中部地区の財団法人嘉手納町野里共進会，伊金堂朋友会，兼久郷友会，千原郷友会があり，ウナイの会側から出された，国頭郡周辺で既に，女子孫差別を解消している入会団体は，それが行われたのはまだ近年である．特に金武町伊芸区は，2003年こ

の裁判の一審がでた後に改正をした」と主張した[48].

　だが，最高裁は以下のように判断し，那覇地裁と同様男子孫要件を無効とした．

　　男子孫要件は，専ら女子であることのみを理由として女子を男子と差別し
　たものというべきであり，遅くとも本件で補償金の請求がされている平成
　4年（1992年）以降においては，性別のみによる不合理な差別として民法
　90条の規定により無効であると解するのが相当である．その理由は，男
　子孫要件は世帯主要件とは異なり，入会団体の団体としての統制の維持と
　いう点からも，入会権の行使における各世帯間の平等という点からも，な
　んら合理性を有しない．
　このことは，旧部落民会の会則においては，会員資格は男子孫に限定され
　ていなかったことや，被上告人と同様に柚山について入会権を有する他の
　入会団体では会員資格を男子孫に限定していないものもあることから明ら
　かである．
　被上告人においては……女子の入会権者の資格について一定の配慮をして
　いるが，これによって男子孫要件による女子孫に対する差別が合理性を有
　するものになったとはできない．そして，男女の本質的平等を定める日本
　国憲法の基本的理念に照らし，入会権を別意に取り扱うべき合理性を見い
　だすことはできないから，……男子孫要件による女子孫に対する差別を正
　当化することはできない[49].

　最高裁のこの判決は，ウナイの会の主張を受け入れ，多くの人々が納得でき
るものであった．次にウナイの会は，入会団体会則の「金武部落民以外の男性
と婚姻した女子孫は，旧姓に服しない限り，配偶者が死亡するなどして金武区
内で独立の世帯を構えるに至ったとしても，入会権者の資格を取得することは
できない」について，原告の中で世帯主であるにもかかわらず，旧姓に服して
いない理由で入会団体の会員と認められなかった2名の事例をあげ，以下のよ
うに差別の解消を訴えた[50].

女子孫の場合，世帯主となっても特別な措置として，入会補償金の支給がなされる場合があるのみで正会員になる途はない．……男子孫は分家した場合でも会員となることができるが，女子孫にはそのような途はない．女子孫は，自己の地位に基づいて，入会権者となり正会員の地位を承継することも，分家して入会権者となることも認められないのである．「YU とGS ②は，いずれも，金武部落区民以外の男性と婚姻したが，その後夫が死亡したことにより，現在は戸籍筆頭者として記載される」[51]．

　最高裁は世帯主であるにもかかわらず，会員と認められなかった原告 2 名の「会員の地位を否定することは信義上許されない」として，原審福岡高裁判決を破棄し差し戻した[52]．この判決は，ウナイの会の主張を受け入れたもので，新たな判断であった．論旨は以下のようである．

男子孫要件を有する本件慣習が存在し，被上告人がその有効性を主張している状況の下では，女子孫が入会の手続きを執ってもそれが認められることは期待できないから，被上告人が，上告人 GS ②らについて，入会の手続きを取っていないことを理由にその会員の地位を否定することは審議上許されないというべきである．したがって，男子孫要件を有効と解して上告人 GS ②らが被上告人の会員であることを否定した原審の判断には，判決に影響を及ぼすことが明らかな法定違反がある[53]．

②世帯主要件について
　入会団体は世帯主要件が「金武部落民会を含み沖縄の柚山に対する確立した慣行」とし，審査では必要に応じて生活実態調査等も行うことを述べ，合法性を強く主張した．論旨は次のようであった．

資格要件や手続要件はあくまで会則及びその背景にある入会慣行に即して判断されるべきものである……「相続」とは世帯主の地位の承継であり，「分家」とは新たに世帯を構えて世帯主になることであって，世帯主要件は明確に規定されている．世帯主であることを会員資格即ち入会団体の

構成員の資格とすることは，控訴人団体を含み沖縄の杣山に対する確立した慣行である[54].

「旧慣は……色濃く残存するものであり，家制度及び戦前の男性中心の住民意識の払拭は，たゆまない国民的努力により形成されるべきものであり，未だ法が強制的に介入すべき問題ではない」．……本件は，決して「団体内部の抗争」ではない．被控訴人らは，控訴人の構成員ではなく，控訴人にこれから加入しようとするもの[55].

最後に，福岡高裁判決は，入会権における慣習の尊重と世帯の代表者に入会権者の地位を認めることの判断について，以下のように述べた．

入会権者の資格要件を一家の代表者としての世帯主に限定する部分は，過去の長年月にわたって形成された地方の慣習に根ざした権利であるから，そのような慣習がその内容を徐々に変化させつつもなお存続している時は，これを最大限尊重すべきであって，その慣習に必要性ないし合理性が見当たらないということから直ちに公序良俗に反して無効ということはできない[56].

入会権は家の代表ないし世帯主としての部落民に帰属する権利であって，入会権者からその後継者に承継されてきた，という歴史的沿革などから，世帯の構成員の人数にかかわらず，世帯の代表者にのみ入会権者の地位を認めてきた慣習は，団体としての統制の維持や世帯の平等という点からも，不合理とはいえない[57].

加えて，最高裁判決では2名の裁判官による補足意見が述べられた．その趣旨は，会員資格における男・女子孫間の不平等に関わる指摘で，具体的には，世帯主要件と男子孫の新規加入条件である．論旨は以下のようであった[58].

入会権者は地域を退出したとき，その資格を失うが，その家ないし世帯が

残っている限り，その中で代表者を自由に選ぶことができるのであって，世帯の代表者に女性を選んでも，そのことのみを理由として構成員としての資格を失うものではなく，そのような内容の慣習があるとすればそれは良俗に反し，その効力を持ち得ないものである．しかしながら，……慣習は，性によって差別するなど今日の普遍的な平等原理に反する者でない限り，その合理性を失うものではない．

入会地の利用形態の変化と家制度の消滅という状況の変化の中で，本件入会地において男子孫の間で行われてきた入会団体構成員としての新規加入がどのような条件の下で認められているのかをまず明らかにされ，その上で本件入会地における女子孫についても同じ条件での加入が認められるべきものである．

補足意見は，判決後の会則改正において，男・女子孫の別なく世帯主を会員とすることを導いたと考えられる．それは，先に中尾が述べた「入会権は世帯が持つ権利」を念頭に置いているのではないか．

③女性の政治参画

ウナイの会は会則が金武部落内の一部の男性によってつくられてきたもので，その会則を根拠に慣習の存在を認定し，法的拘束力を有するとは容認できないと強く主張した．論旨は以下のようであった．

金武部落の住民の先祖が獲得した杣山が，軍用地として賃借され，このことによって控訴人に賃借収入が入るようになったが，沿革的には先祖伝来の財産による果実を，男性だけで会を結成し，男性だけで会則を決め，そして男性だけでこの果実による利益を享受することが果たして公序として許されるのかという問題である[59]．

私たちは過去の補償金支払のみでなく，今後の被告団体の貯金の使途を含め，被告団体の協議の場に参加させてもらいたいと思っている[60]．

また離婚した女性は，旧姓に服した場合のみ会員資格を得られるという条項は違法とされた．これは他の裁判にも影響を及ぼすことが予想され，女性の法的権利が一歩前進したものである．しかし，ウナイの会は世帯主要件を覆せず敗訴した．

ここで，訴訟におけるウナイの会の裁判対策に触れたい．それは，世帯主が並里区出身者である7人のウナイの会会員を原告としたことである．その対策が功を奏し，最高裁判決後，7人は正会員と認められた．居住範囲は，裁判後1962年の基準に戻ったのである．

上記の判決を受けて，金武区入会団体は2006年5月に会則改正を実施した．その会員要件は，「世帯主の男子孫」から「世帯主の子孫」に変更された．さらに，裁判では世帯主について具体的に示されなかったため付則として，世帯主は，満20才以上であること，独立した生活世帯の代表者であること，年齢に関係なく婚姻していれば成人と見なす条項も加えられた．これにより，満20才以上で世帯主であれば男・女子孫を問わず会員となった．

しかし，現在の日本では，婚姻世帯の世帯主はほとんどが男性である．そのため，金武杣山訴訟は女性の権利回復運動であったが，世帯主要件を会員資格とすることで，男性優位は払拭されていない．司法権の行使は，人権や社会を公平に導く手立てとはなり得なかったのである．また，日本が女性差別撤廃条約を批准しているにも拘わらず，女子孫が入会団体の運営に参画できないことは，最高裁によって言及されなかった．

3 再編・強化された女性差別

金武入会団体の会則改正

会則の最大の特徴は，地縁・血縁関係を重視していることである．図7のように，1982年から2000年11月の間は2団体存していた．金武入会団体では名称変更や会則改正が何度も行われ，その経過は複雑だ[61]．2013年現在，軍用地料を扱う入会団体は，金武入会権者会である．

最初の団体は1956年に設立された金武共有権者会だが，1986年に金武入会

権者会と改称した．二番目の団体は 1982 年に設立され，団体名は金武部落民会と称した．2 団体は，2000 年 11 月に合併し，1982 年の名称を選択し金武部落民会と名乗った．合併の理由として，NS ③は「体質が全く同じ」であったためと記している[62]．ウナイの会によると，「合併することによる事務経費削減などのメリットで，一人あたりの軍用地料の増額を見込めるためだろう」と語られていた[63]．

会則改正で注目されるのは，以下の 4 点である．第 1 は，会員資格要件が一貫して男子孫の世帯主であり，男性だけが総会議決権を持っていたこと．戦争未亡人や離婚した女子孫は姓を服しないと正会員と認められなかったのである．第 2 は，徐々に厳しくした居住開始時期と居住範囲の変遷である．第 3 は，1952 年に僅かばかりの軍用地料が支給された後，大幅な値上げが何度かあったことの影響である（表 14）．第 4 は，女子孫に関する諸規定である．

並里入会団体では，既述したように請願運動によって 2 回会則改正が実施され，男子孫と女子孫の間では，世帯主であるかどうかは問われず会員資格を有する．

以上を踏まえ，ここでは，金武入会団体における会則改正の変容を主に居住範囲と開始時期，会員資格を中心に図 7 を参照し，4 期——1956 年から 2000 年，1982 年，2000 年から 2006 年，2006 年以降——からみることにしよう（表 17）．なお，以下の既述における下線は筆者による．

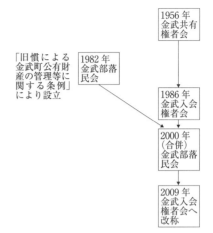

出典：金武入会権者会資料から作成（2013 年 2 月 5-7 日，8 月 9 日・29 日）

図 7　金武入会団体の経過

① 1956 年から 2000 年——金武入会団体の変遷

会員資格要件のうち居住開始時期をみると，発足時は「本来の土着民」（1956 年）で，次の改正時には「明治以前からの金武部落民」（1986 年）と曖昧であっ

たが，2000 年まで続く．金武共有権者会沿革誌をみると，金武共有権者会は
杣山の権利と世帯主の男子孫が権利を継承することについて以下のように記述
している[64]．

【金武共有権者会沿革誌】（抜粋）[65]
これ等は昔から金武区の土族民「先祖」が集落の発祥にあたってその居住
要件を満たすため要所々々に造成された遺産である．これ等の財産は琉
球王庁時代から集落共有の使用財産として公認されており，また廃藩置
県〔琉球処分を指す：引用者註〕に伴う所有権の登記行為も「外何名」で
今日に至っている．……この土地は明治三十九年政府から三十カ年の年賦
償還によって買った財産である．……金武区に寄留してくる者には入会制
度を設けて共存の便宜を与える意味で字内規に次の条項が設けられていた．
……木草賃として一金 50 銭を毎年 3 月までに区事務所に納付しなけれ
ば木草を採集することができない．他地区からこの部落に寄留し区民の資格
を得るには，一金貳拾円（アザマジワイジン）を金武区事務所に納付しな
ければ金武の部落民としての資格を有しないものとする．……本会所有財
産管理は，金武の集落発祥以来，昭和三十一年（1956 年）まで村頭（区長）
がその掌にあたっていたが，米軍がキャンプ・ハンセン基地に沖縄最大の
兵舎建築計画のあることがそれより一年以前に有志の間で察知していたた
めに，有志会や区政員会及び戸主会等を開いて財産の保全対策について審
議を重ね……財産の保全団体を組織し区長管理から組織（本会）に一済の
権限を移すこと，……多くの寄留民（現会員またはその子孫）が逆に本会
の一員として又入会権の持続者として入会補償金が部落民と共に支給され
ているが，これは将来財産の所有権が明確にされるまではやむを得ないも
のと解する．

これらを基に，1956 年に設立された金武共有権者会の会則（抜粋）は以下
のようである．

【金武共有権者会　会則】（抜粋）（1956 年 9 月 16 日制定）[66]

第一章総則

第一条（目的）この会は祖先から受け継いできた共有の財産（土地，地上物件及び現金以下「財産」をいう）をこの会則の定めるところにより管理運営し会員同志の生活向上を図ることを目的とする.

第二章　会員

（会員）

第六条　この会の会員とは金武の行政区域に住所を有しかつ<u>会員名簿に登載されているもの</u>をもって会員とする.

2　前項の会員の男子が相続し又はその者の<u>男子孫</u>が分家しかつ前項に規定する区域内に住所を有するものはその<u>世帯主</u>である者の届出によって入会することができる.

（入会資格権）

第七条　この会の会員である者の男子孫が第六条に規定する区域内で分家し独立生計にある者または会員であった者が絶家となったとき，その者の後継者として<u>養子入りした男子</u>の者はこれ等の申し出によって入会することができる.

2　<u>元来本区の土着民である男子孫</u>の者が本区外に住所を有していたため現に会員でない者またはそれ等の妻が帰郷し本区に定住したときは本人の申出によって理事会の議を経て入会することができる.

　金武共有権者会は，会員資格を「本区の土着民である男子孫」の世帯主とするが，居住開始時期は明記せず曖昧であった．長男以外の男子孫と養子は，世帯主であれば正会員の権利があり，軍用地料の配分も行われていた.

　後継会員は，会員である男子孫の死亡により資格を喪失した時に同居する配偶者を，本人の申出により理事会の議を経て得るもので，一代限りのものである．ただし，正会員ではなく総会議決権もなかった．この事項は，1956年以降会則に記載されていない時期もあったが，慣習としておこなわれてきた．女性配偶者の出身地域を問わない．長男が成人したら権利を移すのである.

　そして，金武町金武区内における商業の拡大と人口増加に対応して，1962

年から1963年の間に会員確認作業を実施した．これは基地建設により，区外出身者の定住が増加したためだろう．金武共有権者会議事録によると，会員は「戦前金武区に家を構えていた人を基準に置」き，配分を戸数割とし確認年を1962年とした．他の確認基準は「戦争立退前に正規の寄留手続を得て世帯を構成して居った者」，「村外居住者は戦前の戸主とし，村外での分家者は復帰で認める」，「並里区居住者も認める」であった[67]．

この確認事項は，居住範囲を金武区に限っていないことを示し，金武区と隣接し境界が曖昧な並里区も含まれていた．戦前の戸主が金武区に復帰し，その子孫が転入した際会員とすることも認めたものである．だが，ウナイの会会員によると，1980年代以降には金武区以外の世帯主は並里区であっても資格対象とはならなかったと言う．そのことから，原告は，配偶者の出身が並里区の人を多く選出した．この確認作業とともに，金武入会権者会は度々会則改正を行ったのでみよう．

【金武入会権者会会則】（抜粋）（1986年3月19日改正）[68]
第一章総則
（目的）
　　第一条　この会則は，この会の有する共有の性質を有する<u>入会権が父祖伝来の権利</u>たることを確認し総会員の責任においてこの入会地を保全するため旧慣を明文化し入会地の利用及び入会地から生ずる収益をこの会総体のために適正に管理運営することを目的とする．
第二章会員
（会員）
　　第六条　この会の会員たる資格は<u>明治以前から金武の部落民</u>として入会地を求めた者及びその者の<u>男子孫</u>．
　　2　<u>昭和20年3月1日以前</u>から金武区民として世帯を構え，かつ毎年区の行政費として<u>木草賃を納付</u>していた者及びその者の男子孫．
　　3　前各項に該当する会員は金武区の行政区域に居住し，かつ会員名簿に搭載された者とする．
（特例）

第六条の二　第六条に規定する女子孫で五十才を越え金武区の行政区域
　　　　　内で世帯を構え独立生計にある者本人の申出により理事会の議を
　　　　　経てその者の<u>一代限りの特例</u>として会員同等の入会補償金を支給
　　　　　することができる

（入会資格権）
　第七条　第六条各項の会員の男子孫及びその者の養子入りした男子が相
　　　　　続し，又は男子孫が分家し，かつ独立生計にある者が金武区内に
　　　　　居住する者でその世帯主の届出により理事会の議を経て加入させ
　　　　　ることができる．
　　2　第六条に規定する会員が区域外に居住していて現に会員でない者
　　　　及びその男子孫又はそれらの妻が帰郷し本区に定住したときは本
　　　　人の申し出によって理事会の議を経て加入することができる．

（後継会員の取得権）
　第八条　この会の会員である者が死亡したとき，または会員である者が
　　　　　第六条に規定する住居の家族と別れて別居した場合はその者の妻
　　　　　かまたはそれらの男子孫たる者のいずれかが後継会員となる．た
　　　　　だし，後継会員となる者はその旨この会に申し出なければならない．
　　2　前項後段の申出を受けて理事会で決定したことに対し名義変更を
　　　　理由に意義することが出来ない．

（代行権の資格及び制限）
　第九条　この会の会員が死亡しその者に男子孫の後継者がない場合その
　　　　　者と生前から同居していた<u>女子孫</u>が引き続き残存し後継的状態に
　　　　　ある場合は理事会の議によって会員としての<u>代行権</u>を付与するこ
　　　　　とができる．しかし，その権利は会員であった者の死亡した日か
　　　　　ら起算し，<u>満三十三年間に限る</u>．ただし，右期間ないであっても
　　　　　……<u>若しくは会員であった者の位牌が別に移動し代行権者の手を</u>
　　　　　<u>離れた時</u>はその日をもって代行権を失うものとする．

　金武入会権者会会則は，1956年に作成された金武共有権者会会則改正の積
み重ねによって作成されたものである．会員資格に変化はないが，居住開始時

期は「明治以前から金武の部落民」とされた．1978年から，戦前寄留民と呼ばれた人々に対して「昭和20年3月1日以前から金武の世帯主で，毎年区の行政費として木草賃を納付していたもの及びその男子孫」と明記され，処遇されることになった．

女子孫に対する事項では，1978年から特例，1981年から代行権の資格が加わった．特例は，「女子孫で50才を越え金武区域内で世帯を構え独立生計にある者，本人の申出により理事会の議を経て一代に限り，会員同等の入会補償金を支給する」ものと記載された．子どもの有無は問わない．これは女子孫が再婚して他家の位牌継承をすることがなく，子どもを産む可能性がない年齢を想定しているだろうといわれてきた．

代行権は，会員の死亡時に同居していた女子孫が一代に限り，満33年間代行権をもつとされ，それには位牌継承が必要であった．位牌を他に移した場合，代行権は消滅した．女子孫に対するこの規定は，軍用地料の受領資格であり，総会の議決権はない．

離婚した女子孫で世帯主であるものは，金武区に居住し旧姓に服した場合のみ，軍用地料の配分を受ける資格を得られていた．

② 1982年——金武部落民会設立

金武部落民会は，先述したように1982年の旧慣条例に基づいて設立された．会則は，居住開始時期を<u>1906年杣山払下げ当時の部落民</u>で，<u>杣山等の使用収益権（入会権・263条）</u>を有していた者の子孫の世帯主とし，居住範囲は<u>金武区</u>とされた．それは並里区を除いたもので，会則の効力は先の金武入会団体にも及ぶ．

だが，旧慣条例には，居住開始時期が記載されておらず，各入会団体で決定されたものだ．この条例における会員資格要件「世帯主の子孫」は，金武入会団体では採用されず，"世帯主の男子孫"を継続した．居住開始時期と居住範囲は同時に変更され，両者の要件を明確にしたのである．その理由は曖昧だ．

また，養子の事項は削除された．彼らに配分が行われていたのは，1956年から1982年までとなっている．養子が会則から削除された理由について，入会団体では，旧慣条例に記載がなかったためと述べていた．これは，どの慣習を採用するかを検討したことを示している．門中制を支える父系嫡男相続制と位牌

継承はそのまま残し，区外出身者となる養子のみ削除したのであった．ただし旧慣条例には養子だけでなく，父系嫡男相続制と位牌継承も記載されていない．

安和は，沖縄の門中が「中国，朝鮮の宗族と違って」「社会的，作為的な性格の強い集団」と論じているが，金武入会団体と金武部落民会の会則の変化をみると，入会団体は，様々な要素を議論し，検討されてきたものといえる[69]．つまるところ，正会員は男子孫優位を変えることなく，位牌継承要件は引き続き維持され，居住範囲は会員確認作業時の取り決めを変え，より地縁を重視したのである．この間の軍用地料の配分は，表14でみるように復帰時5万円であったが，1982年に7万円，1986年に15万円となり，その後も値上げが続き合併したことのメリットも含め，2000年には倍になっていく．ここで，1982年の金武部落民会会則を確認しよう．なお，金武部落民会は行政補助についても会則で定め，以下のように記載している．

【金武部落民会会則】（抜粋）（1982年7月12日から施行）[70]

第一章総則

（目的）

　　第1条　金武部落民会は(以下「この会」という)は旧慣による金武町公有財産の管理等に関する条例（昭和57年1月6日公布以下「条例」という）．第1条の趣旨に基づき同条例第2条に規定する者及びその子孫をもって組織し，条例第4条及び第5条に規定する管理及び処分並びに会員相互の発展に寄与することを目的とするとともに親睦を図ることを目的とする．

第二章会員

（会員）

　　第5条　この会の会員は正会員及び準会員とする．

　　　2　この会の正会員は条例第1条及び第2条の規定に基づき明治39年杣山払下げ当事当該部落の住民として，杣山の使用収益権を有していた者の子孫で現に金武区の行政区域内に居住し，かつこの会の会員名簿に登載された世帯主をもって正会員とする．

（行政補助）

第31条　この会は，区の行政の円滑なる運営に資するため補助金を交付する．

2　前項の補助金は，区の当該年度の歳入が当該年度の経常的経費に不足する額とする．

3　前項以外の経費で，役員会が適当を認めた場合は予算の定めるところにより補助することができる．

第33条　この会の運営上必要な事項は，別に規則で定める．

　上記のように，繰り返すが金武部落民会の会員資格は，子孫の世帯主となっており，居住開始時期は1906年とされた．町役場からの分収金は，金武区事務所を経由せず，金武部落民会が直接管理する団体として設立され，区事務所に対する補助金額は，毎年協議する．寄留民と言われてきた人々は，準会員として処遇されることとなったが，総会の議決権を持つのみで入会団体の理事など役員には就けない．これらの変化をみると，1982年から2000年までは，金武入会団体と金武部落民会の会則が，混在して運営されていたといえる．

　そして，両団体は既述したように2000年11月に合併し，金武部落民会の名称を選択した．以下は，合併後の金武部落民会会則の抜粋である．

【金武部落民会会則】（抜粋）（2000年5月19日から施行）[71]

第一章総則

（目的）

第1条　この会は旧慣による金武町公有財産の管理等に関する条例（昭和57年1月6日公布以下「条例」という）第1条の趣旨に基づき条例第2条に規定する部落民及びその男子孫の世帯主又はその家の代表者を持って組織し，条例第3条・第4条に規定する財産及び個人名義で登記されている部落有地の管理・処分並びに会員相互の発展に寄与することを目的とする．

第二章会員

（会員）

第5条　この会の会員は正会員及び準会員とする．

 2　この会の正会員は条例第1条及び第2条の規定に基づき明治39年杣山払下げ当時の金武部落民で杣山等の使用収益権（入会権・民263）を有していた者の男子孫で現に金武区域内に住所を有し居住しているものとする．

 3　この会の準会員は明治40年から昭和20年3月まで杣山等を利用していた（入会権・民294）者又はその男子孫で現に金武区域内に住所を有し居住しているものとする．

（代行会員）

第6条　この会の会員が死亡しその者に男子孫の後継者がない場合その者と生前から同居していた女子孫が引き続き居住し，後継的状態にある場合は本人の申し出により役員会の議を経て会員としての代行権を付与することができる．

 2　前項の代行権の期限は会員であった者の死亡した日から起算して33年とする．但しその期限内であってもそれに代わる後継男子ができた時又は代行権を有する者がその家を出た時，もしくは会員であった者の位牌が別に移動し代行権者の手を離れた時はその日をもって代行権を失うものとする．

 3　会員が2世帯以上同居している場合は一会員と見なす．

（特例会員）

第7条　第5条に規定する女子孫で満50才を越え金武区の行政区域内で世帯を構え独立生計にある者は本人の申し出により役員会の議を経てその者の一代限り特例会員として会員同等の権利を附与することができる．

　ここで，時期は前後するが金武部落民会会則に記載されている金武町の旧慣条例のうち，第1から第4条までを少し長いが確認しよう．

【旧慣による金武町公有財産の管理等に関する条例】（昭和57年1月6日）

の抜粋[72)]

（趣旨）

第1条　この条例は，<u>明治39年</u>，金武町内の各部落において政府より払い下げた杣山を，金武村公有財産に統合の際，将来における杣山の使用権について，「当該部落民会と第4条に規定する旧慣について」協定のあったことを確認し，その財産の管理，処分に関し必要な事項を定めるものとする．

（用語の意義）

第2条　この条例において「部落民会」とは，<u>杣山払下げ当時当該部落の住民として生活のため杣山を利用していた者及び当該部落民会の協議によって会員と定めた者の団体</u>をいい，「金武町公有財産」とは第3条に規定されている財産をいう（以下本条例において同じ）．

　　2．この条例において「旧慣使用権」とは，町村制施行以前から続いていた杣山を使用する慣行（旧慣）をいい，<u>その権利は当該部落の住民又は当該部落民会の協議によって認められた者</u>及び当該慣行のある公有財産につき，金武町議会の議決を経て新たに使用権を得た者の有する使用権をいう．

（旧慣による使用権の設定されている公有財産）

第3条　（公有財産の番地が列記されているため省略）

（管理及び処分等）

第4条　旧慣による使用権の設定されている公共財産の管理及び処分は，旧慣により次の各号に定めるところによるものとする（本文に関係すると思われる部分のみを記載する）．

　（1）　植林（樹種の選択を含む）伐採等についての施業計画は，当該部落民会の意見をきき町長が行う．

　（2）　山林の造成，保護取締，用途目的に対する障害の防止及び除去，使用の規制は当該部落民会で行なう．

　（3）　当該公有財産の用法にしたがって収取される生産物，又は使用の対価として収受する金銭その他の物（以下収益という）．若しく

は処分によって収受する収益は，金武町と当該部落民会の両者において各々 100 分の 50 宛分収するものとする．

(4) 旧慣による使用権を有する部落民が，その属する当該公有林から販売の目的で採取した生産物は，その販売価格の 100 分の 5 を原木代として徴収し，これを分収の対象とする．

(5) 旧慣による使用権の設定されている公有林からその属する部落民の権利を有する者が自らの用に供する生産物は，分収の対象としない．

(6) 旧慣による使用権の設定されている公有財産の竹林を第 1 号の施業計画に基づいて売却するときは，当該部落民会と協議しなければならない．

(7) 旧慣による使用権の設定されている公有財産は，当該公有財産を所有する者及び使用する権利を有する当該部落民又は議会の議決を経てその許可を得た当該部落の住民以外の者には当該部落民会の定める用法以外の使用権を設立することはできない．

(8) 旧慣による使用権の設定されている公有財産を処分又は貸付若しくは所有者が自ら使用しようとする場合は当該部落民会の同意を必要とする．

2．前項の規定を廃止又は改正しようとするときは関係部落民会と協議しなければならない．

（使用の許可）

第 5 条　地方自治法第 238 条の 6 第 2 項の規定により当該公有財産を新たに使用しようとする者を許可するため，町長が議会の議決を求めるときは，当該部落民会の推薦がある者でなければならない．

　旧慣条例は，1906 年に杣山を買い取る際，有償支払いに参加した町役場と世帯主の部落民が会員と記載している．そのような住民を構成員とする各入会団体の運営は，公有財産に対する軍用地料のうち 2 分の 1 の分収金を原資としているがわかる．そして，金武入会団体は，2000 年の合併に際し，この居住開始時期と曖昧になっていた居住範囲を会則に明記した．

③ 2000 年から 2006 年

　この間の会則改正は，長男特別補償として 50 才以上になった世帯主の長男に，軍用地料を配分する資格が 2002 年に設けられた．それ以前は，戸主である父親が地料配分されているため，二重取りになると判断され，長男には配分されていなかった．だが，寿命が延びたことなど会員からの不満を受けて，50 才以上で世帯主であれば軍用地料の配分を受けることができることとした．ただし，正会員ではないため，総会議決権はない．二男・三男は入会団体設立当初から，分家した後世帯主の男子孫となり会員であった．

　代行権に記載されていた "満三十三年間に限る" が削除された．理由は死亡した世帯主の 33 回忌が終了したら，同居していた親族の女子孫が部落や入会団体から締め出されることと同義であり，寿命が伸びていることもあるので，それはあり得ないということになったのである．

　また，2002 年には軍用地料配分額の変更が行われ，正会員は 2000 年時の 30 万円から 60 万円，準会員，代行会員，特例会員が 50 万円に減額された．新たにつくられた長男特別補償は 50 万円となっていた．

④ 2006 年以降（裁判後）

　既述したように，最高裁結審後の 2006 年 5 月には会則改正が行われ，会則から沖縄固有の慣習の要素を払拭し，民法に則したものに改正した（女子孫の特例，位牌継承要件を削除）．会員資格は世帯主の子孫に変更された．これは 1982 年金武部落民会会則と同様であった．区外出身の男性と婚姻した女子孫は，現在も軍用地料の配分はないが，その子どもで 20 才以上の世帯主であれば，届出により男女を問わず会員となる．

　ウナイの会では，自分はもらえなったが，子どもがもらえるようになったからよしとするという声も聞く．離婚した世帯主の女子孫は，旧姓に服さないと会員資格を得られなかったが，最高裁の判決を受け旧姓に服さずとも会員資格を得られることとされた．1962 年の会員確認委員会の記録に則り並里区出身者は正会員となり，戦前移民した人の子孫が金武区に転入し会員となった例もある．2002 年の改正では，軍用地料の配分額に差をつけたが，全員同額とされた．こうしたことから，被告入会団体は，金武区に区外出身者が増加したこ

表17　金武入会団体と会則改正・会員数などの変遷

入会団体名	会の目的	会員と認める居住開始時期	世帯主	男子孫	子孫	会員数
金武共有権者会 (1956)	祖先から受け継いできた共有の財産を管理運営し，会員同志の生活向上を図ること.	元来本区の土着民である	○	○	×	456 (1963)
金武部落民会 (1982)	金武町「旧慣条例」の第1条の趣旨に基づき，第2条に規定する部落民及びその子孫の世帯主.	明治39年杣山払い下げ当時の金武部落民	○	×	○	480
金武入会権者会 (1986)	この会の有する共有の性質を有する入会権が，父祖伝来の権利たることを確認し……運営する.	明治以前からの金武の部落民	○	○	×	525 (1990)
金武部落民会 (2000)	旧慣による金武町公有財産の管理等に関する条例（昭和57年1月6日公布以下「条例」という.）第1条の主旨に基づき第2条に規定する部落民及びその男子孫の世帯主.	明治39年(1906年)杣山払い下げ当時の部落民	○	○	×	587 (2000)
			○	長男特例	×	608 (2002)
	2006年5月から会員は「杣山払い下げ当時の金武部落民で杣山等の使用収益権（入会権・民法263条）を有し，……民法上の成人で世帯主」.		○	×	○	899 (2007)

出典：①金武町入会権者会資料（2013年2月5，6日に入手したもの）.②1956年の会員数は，表14の注①と同様で1963年の数.

注：①○要件あり，×要件なし.②男子孫は，先祖が明治39年（1906年）杣山払い下げ当時に部落民であった男性の子孫.③子孫は，先祖が明治39年杣山払い下げ当時の部落民であるもの.④長男特例は長男特別補償として50才以上の長男で世帯主であるものに配分した.⑤1986年会員数は1990年を参考値とした.

とと軍用地料が高額になるにつれ，居住開始時期を限定し，居住範囲を狭めてきたと考えられる．入会団体は会則改正を繰り返してきたが，運営上の曖昧な部分を明文化させたのは，裁判後といえよう．なお，団体の会則は従来通り現在も非公開である．以下は改正された会則の抜粋である．

【金武部落民会会則】（抜粋）（2006年5月26日から施行）[73]

第一章総則

（目的）

　　第1条　この会は旧慣による金武町公有財産の管理等に関する条例（昭和57年1月6日公布以下「条例」という）第1条の趣旨に基づき条例第2条に規定する部落民及びその<u>子孫の世帯主</u>をもって組

織し，条例第3条・第4条に規定する財産及び個人名義で登記されている部落有地の管理・処分並びに会員相互の発展に寄与することを目的とする．

第二章会員

（会員）

第5条　この会の会員は正会員及び準会員とする．

2　この会の正会員は条例第1条及び第2条の規定に基づき明治39年杣山払下げ当時の金武部落民で杣山等の使用収益権（入会権・民263）を有していた者の子孫で，現に金武区域内に住所を定めて居住している者で，かつ，金武入会権者会活動をおこなう世帯主とする．

3　この会の準会員は，明治40年から昭和20年3月まで杣山等を利用していた（入会権・民294）者又はその子孫で，現に金武区域内に住所を定めて居住している者で，かつ，金武入会権者会活動をおこなう世帯主とする．

4　2項，3項に該当する会員が死亡により資格を喪失した時には，2項，3項に該当しない同居する配偶者を本人の申出により理事会の議を経てその者を一代限り，会員とすることができる．

並里入会団体の会則改正

並里区は，1982年に並里財産管理会を設立し会則を作成した．会の目的は，金武町からの分収金及びこれから生ずる財源の管理運営をすることとなっている．会則は金武町の旧慣条例を踏襲した．

会則の改正をみると，1991年の改正は下記（3）「会員資格を有しない世帯主の配偶者」が列記され，1999年には（4）「会員である者が死亡した時，その配偶者は，その血族たる子孫が，その世帯主になるまで会員になることが出来ること」が加わったことから会員の死去後，その配偶者は性別を問わず，軍用地料配分を受けられることとなっている．この事項を取り入れているのは，金武町4入会団体のうち唯一である．

表15で見るように，並里入会団体は2回の会則改正を経ても会員数の増加

は緩やかであった．会員数は，1990年665，1995年657，2000年の715と一時的にむしろ減少したが，10年間で50人の増加となっている．このことは，並里における会則改正は，結果的に入会団体の財政に及ぼす影響が少なかったことをあらわしている．

このように金武と並里入会団体会則は，金武杣山訴訟を経ても，居住開始時期や会員死亡時における配偶者の扱いについて差異が認められ，それぞれ事情が異なっているといえる．下記は並里入会団体の会則である．

【並里財産管理会 会則】（抜粋）（1982年5月26日から施行）[74]

第1章　総則

　第1条　この会は，町よりの分収金及び本会の所有する財産より生ずる
　　　　　収益，（以下「分収金等」という）を，この会則の定めるところ
　　　　　により，管理運営し，会員相互の福祉の向上と地域社会の発展に
　　　　　寄与することを目的とする．

第2章　会員

　第6条　この会の会員とは，次の各号の一に該当する者で，かつ会員名
　　　　　簿に登載された者とする．

　(1)　昭和21年4月1日以前に並里区に本籍を有した者で，現に，並
　　　　里区（昭和21年4月1日以前に並里区の区域に含まれていた区
　　　　域を含む．以下これを「旧並里区」といい，単に「並里区」とい
　　　　う時は，昭和21年4月1日以降の並里区をいうものとする）に
　　　　居住している世帯主．

　(2)　昭和21年4月1日以前に旧並里区に本籍を有した者の血族たる
　　　　子孫で，旧並里区に本籍を有し，かつ，並里区に居住している世
　　　　帯主．

　(3)　会員資格を有しない世帯主の配偶者で，前1号又は号の条件を充
　　　　たす者．

　(4)　この会の会員である者が死亡した時，その配偶者は，その血族た
　　　　る子孫がその世帯主になるまで会員になることができる．

4 運動主体の職業と移動

　原告グループの就労経験は，提訴までの経緯や裁判を継続することにどの
ような影響をもっていたのかを考える上で重要だろう．彼女らのライフヒスト
リーの概略をみよう．

　まず，金武入会団体の2000年時会員数から同区の出身地別世帯数を見ると，
①旧金武区民の出自をもつ男性を世帯主とする世帯数は587人（33%）で，②
旧金武区民出自の女性の世帯（世帯主が金武区外出身者）は約110人（6%），
これに対して，③区外出身者同士の世帯は1074人（61%）となっていた[75]．
このうち②は原告の母体であった．

　原告グループはすべて学業終了後から働き続け，同時に複数の仕事に就いて
いた人が約5割となっていた．全員沖縄県人と婚姻し，それによって親元から
離れ，調査当時，区外出身者の夫と別世帯をもっていた[76]．学業や就労など

表18　原告グループの移動経過

在住先 ＼ 移動年		1950年代	1960年代	1970年代	1980年代
金武町	在住	GT. YS①. NN②. TY①. TY②. IH. TY③	NH①	OT①. KS	NM①. GJ. NT①
	転出	NH①	KS. OT①. NT①. GJ. NM①		
沖縄市			NT①		
うるま市				NM①	
宜野湾市		NH①		NT①	
名護市				NM①	NT①
那覇市			NT① KS GJ		
宮古島市			NT①		
奄美市			OT①		
関西				NT①	
関東				NT①	

出典：原告の聞き取りから作成（於：金武町，2013年2月3, 5月14日・5月17日・5月18日，8
　　月8日・8月9日・8月10日・8月19日・8月20日，2015年1月11日・1月12日・1月13日・
　　1月14日・1月16日・1月17日・1月18日）．
注：破線は学業・実線は就業・2点破線は病気療養の移動を示す．

で県内外への転出経験をもつものは GJ, GT, NM ①, OT ①, KS, NT ①の6人であったが，いったん町外に転出した人々も1980年代前半に金武町に戻ってきた.

　移動の契機の第1は，戦前の移民・出稼ぎである．戦前フィリピンで出生したのは，NM ①, IS ②である．GT は戦前大阪市西成区に出稼ぎに行き，敗戦で18歳の時送還された．後に結婚し戦争未亡人であった姑と4人の子どもを育て生計を立ててきた．夫は行商・アルバイトで早世したため，「働きずめで生活は苦しかった」．彼女がどのような経緯で大阪にいったかの問いには，以下のように述べられた [77].

　　——当時大阪へ行くことは勇気がいったでしょうね，仕事はつらくなかったですか？
　　　楽しかったさー，同じ年代の女性が集まっていて．出稼ぎにいったのは，とにかく親や兄弟・姉妹から離れたかった．親が現金を必要としていたので大阪へいったが，敗戦でやむなく戻った．空襲で預金通帳も服もみんな燃え，手ぶらで沖縄へ戻ったので親や姉妹から毎日ひどく怒られた．それがとてもつらかった．送還されて1年もたたない19歳の時結婚し家を離れた.

　長女である彼女は，沖縄の血縁と地縁という2種類の束縛から解放されたい背景を持ち，出稼ぎに向かったことが推測される．そして彼女の語りは，親や親族による DV（言葉によるものも含む）があったことを覗わせる．これは前述した「貧困や貧困感が多くの人を不機嫌にし，その不機嫌さを他者に対する攻撃性として表出しやすい」ことに関係するだろう [78]．彼女は3年間紡績工場の女性労働者として，労務管理されていた．GT は労働組合に加入していない．彼女からは従順さではなく，冷静な状況判断力を備えた女性労働者であったことが推測される.

　第2は働く意欲や職業上の昇進である．NM ①は長女で父と兄は戦死し，高卒後に事務職として金武町内で就業し家族を支えてきたことは既に記した．結婚後，子育てを実母に頼み，昇進に合わせ県内を3回転勤した．彼女は運動の

はじまりである署名運動時期から行動し,「女性差別を争う裁判で負けるはず
はない」とウナイの会結成メンバーとなり,会長も引き受けた. トートーメー
裁判を意識しこれからも「この地域に住み続けていく,そのためにも地域をよ
くしたい,女性差別をなくしたい」と語ったのである[79].

　彼女は,二審の敗訴後に地元新聞のインタビューで実名を公表し,沖縄県
内の大学や全国の女性史研究会,沖縄県女性総合センターで報告をおこなった.
原告弁護人の宮國英男は「彼女たちは最初から元気だったが,裁判が進む中で
益々生き生きしてきた」と振り返った[80].

　NT①は沖縄市で進学し医療系専門職となった[81]. 那覇市を経て金武町へ戻
り,病院に就職した. だが,沖縄県における医療・看護体制の中で飽き足らず,
復帰後本土へ経験を積みに転出した. 婚姻したのち,沖縄県に戻った. 結局彼
女は,県内外の移動を7回繰り返し昇進していった. 80年代には家族ととも
に金武町に戻り,55歳まで勤務した. 現在も他の職場で勤務している. 夫は
宮古島出身で,体調が悪く特に定職に就かなかった. 裁判について「職場の親
しい人に誘われ会に入った. 夫が亡くなり軍用地料をもらっている. いまも続
く女性差別をどうしていくかが課題だ」と振り返った.

　GJは那覇の大学へ進学し,復帰運動に参加した[82]. その頃はエイサーのグ
ループにも入り活発だったという. 卒業後には教員として就労した. 結婚後は
夫と金武町へ戻った.

　第3は就労先を町外に求めた2人である. KSは高卒後地元以外の就職先を
求め,中部地域の米軍基地で就労した[83]. その後,彼女は那覇市で結婚し外
資系民間会社で勤務後,子育てを実母に頼むため,金武町の基地に再就職した.
55歳で退職後に自営業となった.

　彼女は,区婦人会会長や役員を歴任し,90年代の地域における女性運動の
中心にいた人物である. 原告になることをだれに相談したのだろうか,「だれ
にも相談せず自分で決めた,人にとやかくいわれても気にしなかった,女性の
権利は黙っていてはつかめない」とし,NM①とともに裁判に関連する新聞イ
ンタビューを実名で受け,女性差別に抗する正当性を主張した.

　第4は財産相続である. 原告グループの中で,財産を相続したのは,NH①,
IS②,NT①,NM①,OT①の5人である. 彼女らは親から財産を相続し旧

金武区内に居住する.

　金武町は,町役場を中心に円周上に番地が振られ形成された町で,旧金武区民の世帯は一定地域に集住している.原告グループで相続を受けた人は,旧金武区民の地域に居住していることが多い.旧区民らは,区外出身者などに土地を売ることはほとんどなかったため,区外出身者世帯はその地域に入ることはなく,復帰後の人口増加に伴い開発されたその周辺に集住してきた.これは地域内の出自別棲み分けともいえるだろう.OT①が裁判の原告となった経緯を振り返った[84].

　——生まれは金武町ですか? 金武町外へでられたことはありますか?
　　ここで生まれた.父は11歳の時亡くなった.軍作業員でハウスクリーニングに就いた.最初の結婚は親が決めたが,自分で離婚を決めた.30歳で再婚し,夫の出身地である奄美で9年間生活した.夫は次男だった.39歳の時,金武町の両親が亡くなった.兄たちは3人とも移民して沖縄には親族がだれもいなかったので,相談の結果,沖縄にだれもいないのも困るからと私が兄の相続分をもらうことになった.それで奄美から戻ってきた.夫は建設業(サッシ工)で,私は農業で農業日雇もやった.

　——位牌のお世話もされていますか? 戦争のことを覚えていますか?
　　位牌は兄がハワイへもっていったからこちらには何も残っていない,他の人より10年遅れたので,生活が大変だった.ガマでの空襲体験は忘れられない.爆撃や青い目の大きな男性が恐ろしかった.戦後もしばらく夜夢を見てうなされた.それがなくなったのは復帰後だった.小学校卒だが今は新聞を読むことが励みであり,楽しみ.戦争はいけない,平和でなくちゃ.

　——ウナイの会はどのようなきっかけで入会されましたか?
　　呼びかけの配付ビラから入会した.私は地料をもらえないが,息子がもらえるようになったので良とした.

彼女の話から，この地域では移民が特別でなく普通に行われていることや，家の跡取りがいなくなった中で，女性が財産を相続することも特別ではないことがわかる．ただし，位牌は沖縄社会の特徴として男性が相続している．このように女性の相続が行われても，彼女の生活は苦しく，財産相続は生活を好転させるようなものでなかった．だが，彼女にとって財産相続や裁判に参加したことが生活の転機となり自信につながったことも推測された．

GT，OT①，NM①，KS，NT①，GJ の 6 人に共通することは，彼女らの社会性が就学終了頃に自覚されたこと，その後の就業や転勤などで経済的自立，社会性の成熟，複雑な社会組織への適応力も磨かれ，復帰運動・労働組合・婦人会活動など政治への関心や参加傾向が読み取れる．

原告グループのうち移動しなかった女性は 8 人である．町を出なかった理由は，雇用があったためとされている．職業は軍作業員経験者が 4 人となっていた．その職種は学歴・経験を問わず就業できたため，金武町では 1950 年代後半から復帰頃まで男女ともに多数を占め，現金収入が得られる身近な雇用先であった．基地労働者は，男女の賃金差別はないが，暴力事件と隣り合わせでもあった[85]．YS①はガソリン給油，NH①はハウスキーパーやクリーニング，TY①はウエイトレスなどに従事してきた[86]．事務職は IS②，IH の 2 人で地元の公務員となった[87]．公務員は移動経験者の NM①，NT①を合わせると 4 人になる．アルバイト経験者は 3 人で，農家・農業日雇は 5 人であった．

IH は 1998 年の署名運動当時からのメンバーである．軍用地料について「裁判の形であったが，公然といえなかったこと，女性差別があることを公表できたのでやって良かった．原告になることは家族に相談したが，目立つことをすると，人の見る目が明らかに変わることが改めてわかった」と述べた．町内に留まった理由は「1 人娘であったため親が手元に置きたがって，就職先も見つけてきた．自身も親の近くで暮らしたかった」と回想した．

TT は高卒後洋裁の技術を習得した．宮古島出身の夫と結婚後，夫と同職種の免許を取得し，現在新開地周辺の自営業である．彼女は「裁判までやったのに負けた．子供が女子で，金武町に居住していないので，軍用地料の恩恵はない．その後の運動がないことが残念だ」と語った[88]．

軍用地料問題に関わった女性たちのうち，琉球病院の勤務経験をもつものは，

NM ①，IH，NT ①，NM ②の 4 人であった．琉球病院は，基地の軍作業員と
ともに地域の貴重な就業先であった．

　当時原告グループの夫らの職業は，運輸関係 2 人，建設関係 1 人，公務員
3 人，卸売業 2 人，自営業 3 人，行商 1 人，アルバイト 1 人，無職 1 人である．
原告グループの 5 割，夫の約 7 割が本業とアルバイトに従事した．

　原告グループの夫たちと男性協力者は，情報収集に協力し裁判を応援した．
夫らは 15 人のうち，すでに 12 人が亡くなり，1 人は病気療養中である（2017
年現在）．TT の夫は免許職種で「自営業のため表だって裁判の応援はできな
かった」．NK は那覇市の大学を卒業後教員となった．彼らの語りは，女性差
別が男性の問題であることも示している．そのうち金武町外から転入した夫は
10 人で，彼らの移動時期は 1950 年から 60 年代である．

　原告グループは，戦中・占領期を経験し子どもの頃から杣山の労働を身近に
見て，男性と変わらず働き続けてきた人々であった．彼女らの力は，地域を守
るというより移動経験や働き続けた経験が深く関わり，それが女性差別を許さ
ないという運動につながったと推測される．また，彼女らの多くは，共働きを
続けてもなお経済的なゆとりが得られにくかった人びとといえるだろう．

5　軍用地料問題への視線と地域

裁判と周縁の人々

　ここでは，ウナイの会に入会しなかった女性たちと裁判に強い関心をもつ戦
後転入した他地域出身者，なかでも新開地周辺の人々に目を向けたい．彼らは
旧金武区民間の対立を肌身に感じつつ，軍用地料問題をどのように見ていたの
か．

　並里区で先に請願を達成したNM ②は，運動の経過について次のように述べ
ていた[89]．

　　——ウナイの会にはどのようなことを助言されたのですか？
　　　ううん，向こうは弁護士さんがついて裁判中だったので，余分なことを
　　　いってはいけないと思って，特にアドバイスはしなかった．でも，私の時

はどのようにことを運んだかや何度も話しにいって，3年掛かってやっと実現したことを話した．いろいろな入会団体の会則を集めて学習したこととか．

NM②は、NM①の協力者であったが，新聞報道後の町内の様相を考え裁判中は「余分なことを言ってはいけない」と見守りつつ、足掛け3年に及んだ並里区の体験、地域有力者に相談したことなども語っただろう．

旧金武区民出自の女子孫で世帯主が金武区外出身者は、既に見たように当時約110人（6%）となっており，そのうちウナイの会は約70名であった．入会しなかった女子孫は40名ほどである．女子孫であるが、ウナイの会に入会しなかった理由は何だったのか。彼女らとのインタビューはかなわなかったが、幾人かの人々からヒントを聞くことが出来たので紹介しよう．既述したように、「意外なことに女の子だけしか授からなかった人たちが，積極的に応援しなかった，応援できないような雰囲気があった」．そこには、1998年の署名運動の挫折が思い起こされるだけでなく、新聞報道から県内の注目が集まり，地域の混乱と中傷が窺われる．

さらに、入会しなかったのは、会の女性たちと同じに見られたくないと思ったのだろうとも言われた．つまりは「お金が関わることだから，欲を出したと思われたくなかった」ことや、女性がグループであっても、地区運営に抗うことを避けようとする、あるいは、表に出て，男性と渡り合うことに冷ややかな視線を向ける人たちである．ウナイの会会長が老人会役員を降りたことをみても、女子孫は地区内で"一枚岩"でなかったのである．

このようなことから、並里区では、請願の実現に向けて地域有力者の協力を得る方法も選択できたが、金武区は裁判という方法を選ばざるを得なかったと考えられる．それ以外に女性が地域運営に発言するシステムが見つからなかったといえよう．

金武区外出身者の集住する新開地では，裁判の成り行きに強い関心をもっていたと聞く．このことは，GSによって以下のように述べられていた[90]．

──新開地周辺で，金武杣山訴訟のことを聞くと皆さん注視していたといわ

れます．裁判をどのように受け止めていましたか？

　　裁判は，様々な場面で話題になった．金武区に住む自分たちにも権利があ
　るのではないか，と考える人々の空気が生まれ，その資格と権利について
　改めて調べた．みんなで入会権や杣山のことを．明治期に県から買い取り
　した時の領収書も探した，あったよ．みんなに見せてね．

　戦後の転入者である新開地区の住民は，なぜ軍用地料の受領の資格がないの
か．これについて，入会権や軍用地の成り立ちに対する歴史を溯っての“学習
会”を行ったのだ．だが，前述したように彼らは，学習をしてもなお，入会団
体の軍用地料の使途に対して割り切れなさが残ったと言う．裁判は、軍用地や
軍用地料の歴史的な由来などを町民に想起させることとなったため，裁判後の
入会団体では，年１回の総会資料に杣山と入会権、占領期に土地接収された歴
史の概略を記載するようになっている．

　既に述べたように，ウナイの会は弁護士事務所，区内の男性協力者，並里区
の YY，NM ②らの協力を得て提訴に踏み切った．彼女らは一審で勝訴したが，
思いがけず二審で逆転敗訴した[91]．女性たちは徐々に課題と裁判の重さを知
ることになった．裁判について NM ①が振り返った[92]．

　――裁判は最高裁まで行きました，そのように予想していましたか？

　　いやー，すぐ終わると思った，女性差別で負けるはずがないと思っていた
　からね，特に那覇地裁で勝訴した時には．裁判所は恐ろしいところだ，着
　席すると足が震えた．おまけに，裁判中の言葉遣いは独特だから，話の意
　味がさっぱりわからなくて，みんなで顔を見合わせたよ．

　裁判は那覇地裁と最高裁を全員で，福岡高裁は NM ①と他１名の２人が出
席した．後述する「人権を考えるウナイの会」を支援する会（略称：ウナイを
支援する会）は，福岡高裁へ比嘉道子，NH ②の２名が足を運び，最高裁は比
嘉道子が傍聴した[93]．裁判後の地域の変化は、TA によって以下のように語ら
れた[94]．

——裁判終了後になにか変化はありましたか？

現在，20歳以上で世帯主になると女性ももらえるので女の子しかいない人たちから喜ばれている．この地域で立ち上がったことはすごいことで，今は応援してきてよかったなと思う．私も権利はあるが，いつ申請するか決めていない．

裁判後にＮＭ①は「お礼のため金武を回ったわね．そしてね，ウナイの会会員ではなかったが，裁判後の会則改正で，世帯主の女子孫が正会員となったことから、ありがとうと謝礼をもってきた人もいた」[95]．もちろん、入会しなかった女子孫の子供も恩恵を受けたのだ．このことから、ウナイの会に入っていなかった女性たちも裁判に関わる新聞報道とその後の入会団体の動向など，金武区内を注視していた様子が推測される．入会団体への配慮とともに、じつは「裏で応援してくれていた」ことが実感できる．

その後、金武入会権者会の会員動向は変化したのであろうか．団体によると，「金武区の1世帯当たりの人数が減って，今では2.5人になっている．2006年から会則が変わって20歳以上になると世帯を分ける人が多い．会員が毎年約40人増えている．並里区の人で金武区へ転入しようとする人がいてね，賃料配分率が高い方へと移動するんだ」子どもが成人すると世帯を分けることは、並里区でも同様である．

字金武の女性運動は沖縄固有の家父長制の問題をもつが、軍用地料に関連する地域の利益構造とその強固さゆえに、長年地料配分に異議申し立てができなかったという構図が見出せる．だが、1990年代後半には、女性たちの中に"権利は黙っていてはつかめない"という自己の利益を主張する力が蓄えられていったといえる．その背景には地域経済の悪化や当時、原告らの多くが高齢期にさしかかり、共働きを続けてもなお経済的なゆとりが得られにくかったことと密接に関係しているだろう．

男性たちのまなざし

軍用地料問題は県内だけでなく金武町内でも、地域を変えようとする問題と受け取られず、旧区民男女間の争い、「養豚団地建設問題と似ている」といわ

れた[96]．ウナイの会は地域で絶大な力をもつ入会団体や区事務所の規範から
はみ出る運動であるため，軍用地料の使途などを変更し，地域を変えようとす
ることが度外視され，個人の利害が注目され地料獲得のみが表面化したと考え
られる．そのため彼女らは村八分的な状況に陥った．

　それにも拘わらず，字金武の女性運動では重要な3人の男性が存在していた．
その1人は，先述した並里区出身のGYである．彼は敗戦直後，熊本で「味噌
工場や豆腐工場でアルバイトをして」沖縄への送還を待っていた．『金武町史』
には，戦後すぐ戦災を被った沖縄県民に対して日本政府から見舞金が支給され
ることとなったが，GYは熊本に集まっていた旧金武村出身者の「世話や手続
を引受け，そのおかげで全員がその恩恵にあずかることができた」と記されて
いる[97]．彼は当時20代前半でありながら，相談や世話役をかってでていたと
いう．

　彼は，既に述べたように金武村議会初当選時から一貫して保守系無所属議員
で，金武村・町会議員を7期25年間，金武町議会議長の職にあった．そして，
彼は並里区の女性たちによる1990年代の並里入会団体会則改正の請願運動で
区の「長老」として力添えをした．

　第2は，金武区のNK（1933-2015）である．NKは，ウナイの会会長NM
①の夫であることは既に述べた．彼は大卒後教員となったが，1980年から金
武町助役を2期務め，1988年から1994年まで金武町長を務めた．2期目には
リゾート開発問題に関わり辞任した．彼は妻NM①とともに，懇意にしてい
たGYの家族の仲人を務めた．NKは金武杣山訴訟で表にでることはなかっ
たが，署名運動頃から裁判まで事務的な部面をはじめとしてNM①を支えた．
彼は軍用地について，以下のように証言した[98]．

　　　軍用地は経済格差を生む，原発と同じだ．原発被害はみんなが受けるが，
　　　一部の人が利益を受けるからね．基地被害もみんなが受けるが道路隔てて
　　　お金が入る人ともらえない人がいて経済格差があるよ．

　NKの語りには軍用地からの地料収入の不公正性と地域の軋轢が示され，く
り返しになるが，女子孫への差別的な対応が配偶者である男性にも関係するの

である.

第3は，NS③（1939年生）である．彼は入会団体の役職者として尽力した．NS③は大卒後金武町で教員となった．NKとは大学の同窓生で懇意である．彼は少し早めに退職し，1990年代後半から金武入会団体の理事，2003年から2009年まで会長を務めた．金武区で取り組まれた1998年の署名運動では，女性たちに助言をしたばかりでなく．金武杣山訴訟では被告団体の会長として，裁判に関する新聞投稿やインタビューにも答えてきた[99]．結審後の新聞インタビューでは，個人的意見とした上で「女性の地位や結婚の形態は変化していて，時代の流れは肌で感じていかなければならないと思う．会則の変更に抵抗のある年配会員もいるが，最高裁の判決は厳粛に受け止める．会則のあり方を考えるきっかけになる」と述べ，その後会則改正の準備に奔走したことは既に述べた[100]．NS③は理事会を取り仕切り，被告弁護団とともに会則から沖縄固有の慣習の要素を払拭し，民法に則したものに改正したのである．その会則は金武町内外の入会団体にも影響を及ぼした.

さらに彼は入会団体の情報公開を進め，持ち越されていた課題解決を進めた．NS③は裁判を振り返り，「裁判は入会権に存する問題が，変化していく途中経過に位置するものと考えている」と語った[101]．

NS③の裁判の見解は入会権と軍用地の関係が，地域の中で今後も変化していくことを推測させるものだ．3者に共通していることは，地域で様々な役職に就き，生活相談や世話役活動を務め，緻密な判断力を有した地域有力者だったことである．そのことから彼らは，人の話を聞く懐の深さをもつ一方，公的場面で意見の違いがあった時も自身の信念は貫く，という強さをもちあわせていた．また彼らは，町の公職者や教員としてのつながりを持ち，母や妻は，占領期・復帰後も働き続けてきた人々であった.

6　運動の成果と到達点

裁判はなぜこの時期だったのか

2006年の最高裁判決は事実上敗訴であった．しかし，裁判は，金武入会団体が軍用地料を区外出身者男性に渡らぬよう入会団体の会則改正に沖縄固有の

第5章　軍用地料をめぐる女性運動　　　227

家父長制を維持するばかりでなく，むしろ再編・強化しその配偶者である旧金
武区民・女子孫を軍用地料の受け取りから締め出してきたことを明らかにした．
基地の借地料は女性差別を温存すると言わざるを得ない．この訴訟に関連して，
地域に配分される軍用地料の使途が白日の下にさらされ，労働に基づかない地
料の金額決定が，市場要因ではなく政治的要因を含むという問題を改めて確認
させた．

　筆者は研究者らから軍用地料をめぐる女性差別は以前からあったのに，なぜ
この時期に提訴されたのかと疑問を聞いている．調査の中で金武区と並里区の
運動経過から，裁判が突然起こったものでなく，10数年に及ぶ字金武の運動
の後段で提訴されたことがわかった．

　提訴した直接の契機は2000年代に入って団体の会則改正が2回行われ，表
14のように地料配分が18万円（1992年）から30万円（2000年の改正），さ
らに60万円（2002年の改正）と男性会員（男子孫）の受取額が一気に3倍へ
増額されたことにあった．原告らはこの2回の会則改正を男子孫優位に固執す
る入会団体の象徴的な姿勢と判断し，1998年の署名運動の挫折以来，潜在し
ていた不満が一気に高まり，裁判を決意するに至った．並里区では既に10数
年前に同様な請願が受け入れられていたことから，金武入会団体の対応の差が
際立ったことも大きな要因といえる．

　また，背景として地域経済の悪化が考えられる．運動の時期は，好景気が
続いた後にバブルが崩壊した不況の最中であった．金武町も例外ではなかった．
前述したように，1996年における金武町の一人当たりの町民所得は，沖縄県
の平均，金武町周辺地域，たとえば恩納村，宜野座村よりもかなり落ち込んで
いた．この傾向はその後も続いていく．原告らの多くは高齢期にさしかかり配
偶者の死亡や共働きを続けてもなお経済的なゆとりが得られにくかった人々で
あり，女性たちの運動はそれと密接に関係しているだろう．

　そして，運動をたたかった女性たちは，これまでのライフサイクル上で重
ねてきた体験が，異議申し立てをする際の貴重な糧となったといえる．彼女た
ちは戦中・占領期を金武町で暮らし，子どもの頃から杣山の労働を身近に見て，
男性と変わらず働き続けてきた経験をもつ．その体験に加え，青壮年期におけ
る各種の移動経験や労働現場の豊富な経験が複雑に絡み合い，「女性の権利は

黙っていてはつかめない」と女性差別に抗する運動や，同時並行的に展開した基地被害抗議運動につながったと考えられる．運動は突然起こされるものではない．これらの背景からすれば，彼女らの運動は，住民運動に見られる「地域を守る」という受動的で保守的な契機によるものではないことがわかる．

運動の到達点

約4年間に及ぶ裁判は地域内の軋轢を生んだにもかかわらず，結果は敗訴であった．とはいえ裁判後の入会団体会則改正では，一定の前進がみられた．判決の翌年に金武入会団体の会員資格要件は，男子孫から世帯主へ改正され，宜野座村など近隣の入会団体でも同様な改正が行われた．その会則改正後の女性会員の増加は前記した．けれども，世帯主の多くは男性で占められるため，女性差別は根本的には解消されていない．

この訴訟の経過を振り返ると，裁判に関連した情報がマスコミで報道され，県議会でも取り上げられ，一部の女性たちの支援もあった[102]．当該地区では区外出身者住民の大きな注目を集めた．女性たちの運動は，軍用地料問題が日米の安保政策と基地の権益に密接な関わりをもつこと，軍用地料から派生する不公平感と経済的格差，旧区民と区外出身者間における排他性，慣習に収まらない複雑な問題をはらみ言葉にされてこなかった地域社会の様々な問題を浮き彫りにした．

また軍用地料をめぐる裁判は，専ら旧区民・男女間の争いと解釈された．基地維持の利益構造に異議を申立て，女性の人権の拡大や，日常生活における反基地，軍事主義への抵抗の意志を示す運動という要素をもっていたにも拘わらず，この運動は，家父長制や入会権の問題に限定するかたちで理解されたのではないかと考えられる．県内の女性運動を牽引する女性運動家が，「今回の女性たちの提訴で懸念されることは，この問題を一般の県民が軍用地の是非や軍用地料の多寡にすり替えないかということである」と投書で警鐘を鳴らしたのは，このような危険性を察知しての発言であろう[103]．

またこの運動は，米軍基地の集中という日本と沖縄の複雑な関係が錯綜するもとで，基地維持の利益構造から締め出されている女性が，その構造が維持されていることによる弊害（女性差別，軍用地料配分の不公平性等）を変質させ

ようとしたものと位置づけられる.

　だが,女性たちが基地からの利益を得ようとする運動とそれを壊そうとする基地被害抗議運動を平行してたたかったことは,沖縄社会でも矛盾とみなされ,支持を得にくい事態となったのかもしれない.そのため問題が,県内の全女性の問題とならないばかりでなく,町内の全女性の問題とさえならず,原告の孤立を招いたと考えられる.

　このような限界性が生じた背景には,軍用地が「銃剣とブルドーザー」によって強制的に接収された歴史があり,「軍用地」地権者の既得権を認めるという沖縄県内の了解があるためといえよう.それは,基地維持がはらむ利益構造の問題点から目をそらすことになり,全県的な関心を呼び起こしにくくさせる.女性の権利獲得が,いかに困難であるかが改めてわかる.

　けれども,軍用地料問題の複雑さから目をそらさざるをえない情況を生み出したのは,他でもない基地の集中を押しつけている日米両政府の安保政策であり,それに異議を申し立てる全県的な世論や運動の欠如といえる.事態は重大である[104].

　宇金武の女性運動は,女性たちが1990年代に「女性の権利は黙っていてはつかめない」という確信をもち,基地を受け入れる中での軍用地料獲得運動という反基地運動に通じるが,一見共存しないような立場の運動をたたかった.この運動は,家父長制,長年続く基地,軍隊の駐留に関連する性暴力被害や軍用地料をめぐる女性差別,経済的格差や貧困が重層的に絡まる生活全般に関わる運動といえる.さらに,そこには反基地運動や女性の地位向上・政治参画を目指した発言がみられる.

　このことから,金武杣山訴訟は基地を抱える地域社会で行われた,基地と軍事主義に抗する日常生活に根ざした抵抗運動のひとつと位置づけられる.だが,女性たちの連帯は一部に留まっており,依然,過渡期にあるといえよう.また,裁判後の彼女らは基地返還後の跡地利用計画にも強い関心を抱き,町議会の傍聴などに積極的に参加している.新たに入会団体の正会員となった女性らは,団体の総会で積極的に発言もする.彼女らの政治参加の意欲は衰えていないが,次に続く運動はまだ始まっていない.

註

1）那覇市総務部女性室編『なは・女のあしあと　那覇女性史（戦後編）』琉球新報社事業局出版部，2001年，201頁.

2）戸邉秀明「生活改善・新生活運動の展開」（沖縄県教育庁文化財課史料編集班編『沖縄県史　各論編8女性史』沖縄県教育委員会，2016年）461頁.

3）同上書.

4）創立50周年記念誌編集委員会『金武町婦人連合会　創立50周年記念誌』創立50周年記念事業期成会，1998年，209頁.

5）金武町役場社会教育課から入手した金武町婦人連合会総会資料をもとに作成（於：金武町，2013年9月18・19日）.

6）UHからの聞き取り（於：金武町，2013年3月6日）.

7）記念誌編集委員会『並里区婦人会創立五十周年記念誌』金武町並里区婦人会，2000年，12頁.

8）KSからの聞き取り（於：金武町，2014年8月9日）. 彼女は福岡高裁の敗訴に関する新聞インタビューに，実名で答えた婦人会会長経験者であった. NM②からの聞き取り（於：金武町，2013年8月10日）.

9）金武町役場総務課『広報金武 縮刷版（201号～250号）』金武町役場総務課，2005年，386頁.

10）YYからの聞き取り（於：金武町，2013年8月29日）.

11）本書で度々出てくる琉球病院は，1949年に沖縄民政府立沖縄精神病院として金武町に開設された. 復帰後厚生省に移管され，組織改編し，現在は一般精神科医療部門や重症心身障害部門などを併設した独立行政法人国立病院機構琉球病院として運営されている（同病院ホームページ，https://ryukyu.hosp.go.jp/ 最終閲覧日2019年5月15日）.

12）NM②からの聞き取り（於：金武町，2013年8月10日）.

13）さらに、女性の連帯については、フックス，ベル（堀田碧訳）『フェミニズムはみんなのもの——情熱の政治学』新水社，2003年.（原書 bell hooks（2000），FEMINISM IS FOR EVERYBODY:Passionate Politics, South End Press.）を参照.

14）NM①からの聞き取り（於：金武町，2013年2月3日）.

15）YYからの聞き取り（於：金武町，2013年8月29日）.

16）GYとGT②は第4章でみたように，当時並里区の有力者である.

17）NM②からの聞き取り（於：金武町，2013年8月10日）.

18）GSからの聞き取り（於：金武町，2015年1月13日）.

19）町議会広報委員会「きんてん（金武町議会報）1998年2月9日（3）」金武町議会.

20）フェミニズムと法の矛盾については、浅尾むつ子・戒能民江・若尾典子『フェミニズム法学』明石書店，2004年を参照.

21）伊芸財産保全会からの聞き取り（於：金武町，2018年7月11日）.

22）NM①からの聞き取り（於：金武町 2013年11月25日）.

第5章　軍用地料をめぐる女性運動　　　231

23）那覇地裁判決（2002年第1195号），2003年11月19日，9頁．

24）比嘉道子「金武町金武区における軍用地料配分の慣行と入会権をめぐるジェンダー」（『沖縄における近代法の形成と現代における法的諸問題』沖縄大学研究成果報告書，2005年）291-292頁．

25）金武入会権者会総会資料，2013年8月9日に入手．

26）中尾英俊『入会林野の法律問題』勁草書房，1984年，60-73頁．

27）中尾英俊編『沖縄県の入会林野』沖縄県，1973年．さらに，入会権訴訟では、戒能通孝『小繁事件——三代にわたる入会権紛争』岩波書店〈岩波新書〉，1964年を参照．

28）福岡高裁判決，2004年9月7日，29頁．

29）那覇市総務部女性室編，前掲書，572頁．

30）宮城晴美「『家』制度の導入と『良妻賢母』教育」沖縄県教育庁文化財課史料編集班，前掲書，105頁．

31）比嘉道子，前掲書，283-310頁．

32）比嘉政夫『沖縄の門中と村落祭祀』三一書房，1983年，58-59頁．

33）以上については，那覇市総務部女性室編，前掲書，574-577頁．澤田佳世「『家族計画』と女たち」沖縄県教育庁文化財課史料編集班，前掲書，506頁．澤田は，米国民政府が優生保護法を廃止した理由を，「占領統治を成功裏にすすめるために，沖縄の人口抑制政策への公式関与を積極的に回避」したと述べている（澤田佳世「『家族計画』と女たち」沖縄県教育庁文化財課史料編集班，前掲書，497頁）．

34）IS①からの聞き取り（於：金武町，2013年5月19日）．

35）NKからの聞き取り（於：金武町，2013年2月3日）．NKはNM①の夫である．ウナイの会の運動では，一切表に出ることはなかったが妻を支え続けた．支援者からは，夫婦ともに長期間の裁判をよく頑張ったと言われている．

36）YYからの聞き取り（於：金武町，2013年8月29日）．

37）UHからの聞き取り（於：金武町，2013年2月27日）．

38）NM④からの聞き取り（於：金武町，2013年8月31日）．

39）金武入会団体事務所周辺住民から聞き取り（於：金武町，2013年2月7日）．

40）TAからの聞き取り（於：金武町，2013年2月6日）．

41）「金武入会権者会会則」1972年・1977年・2006年，「金武部落民会会則」2000年（金武入会権者会から2013年2月5-7日，8月9日・29日に入手）．

42）並里財産管理会から入手（2013年5月19日）．

43）福岡高裁判決，16-17頁．

44）最高裁判決，2006年3月17日，8頁．

45）陳述書，2003年9月3日．

46）福岡高裁判決，3頁．

47）福岡高裁　那覇支部宛，第3準備書面，2004年5月13日，3頁．

48）福岡高裁判決，11-12頁．先述したように伊芸区の女子孫にかかわる会則改正は，2001

年4月から実施されている．だが裁判記録には2003年と記載されているので，そのままを記した．

49) 最高裁判決，10頁．

50) 同上判決，4頁．

51) 以上については，上告受理申立理由書2004年11月8日，25頁．最高裁判決，5頁．

52) 同上判決，11頁．

53) 同上判決，11頁．

54) 第3準備書面（被告弁護人）から福岡高裁に提出（2004年5月13日，13頁）．

55) 同上書面，3頁．

56) 福岡高裁判決，29頁．

57) 最高裁判決，6-7頁．

58) 同上判決，12-13頁．

59) 被控訴人第2準備書面，2004年4月12日，4頁．

60) 陳述書，2003年9月3日，6頁．

61) 金武入会権者会総会資料，2012年4月1日に入手．

62) 「一審に不服，控訴を議決／入会権と祖先伝来の財産を守る」（『沖縄タイムス』2003年12月18日）．

63) NM①からの聞き取り（於：金武町，2013年2月3日）．

64) 「金武共有権者会沿革誌」金武入会権者会議事録（自1961年7月17日－至1983年12月24日），1-9頁．

65) 「金武入会権者会議事録」前掲誌，1-9頁．

66) NM①から提供された資料，2013年2月3日に入手．

67) 「金武入会権者会議事録」前掲誌，11頁（1962年9月29日確認委員会記録から）．

68) 金武入会団体から提供された資料，2013年2月3日・5-6日に入手．

69) 北原淳・安和守茂『沖縄の家・門中・村落』第一書房，2001年，215-238頁．

70) 金武入会団体から提供された資料，2013年2月5-6日に入手

71) 同上資料．

72) 並里財産管理会・並里区，前掲書，212-215頁．

73) 金武入会団体から提供された資料，2013年2月3日・5-6日に入手．

74) 並里財産管理会・並里区『配分金等請求訴訟事件——杣山・区有地裁判記録集』並里財産管理会・並里区事務所，2012年，230-234頁．

75) 金武入会権者会の聞き取り・総会資料と表5から作成（於：金武町，2013年2月6日・7日，3月1日・4日・6日）．

76) 谷は子どもが結婚後に同一区内に居住することについて「沖縄の家族の伝統的な居住形態が村（シマ）における近接居住を特徴とする」と記す（谷富夫「沖縄的なるものを検証する」谷富夫・安藤由美・野入直美編『持続と変容の沖縄社会——沖縄的なるものの現在』ミネルヴァ書房，2014年，6-13頁）．

第5章　軍用地料をめぐる女性運動　　233

77) GT からの聞き取り（於：金武町，2013年8月08日，2015年1月13日）.

78) 竹下小夜子「第7章 女性に対する暴力の背景——貧困問題と社会的支援」（喜納育江・矢野恵美編『沖縄ジェンダー学2　法・社会・身体の制度』大月書店，2015年，201-202頁.

79) NM①からの聞き取り（於：金武町，2015年11月25日）.

80) 宮國英男原告弁護士からの聞き取り（於：那覇市，2013年2月8日）.

81) NT①からの聞き取り（於：金武町，2013年8月10日，2015年1月17日）.

82) GJ からの聞き取り（於：金武町，2013年8月10日）.

83) KS からの聞き取り（於：金武町，2014年8月9日）.

84) OT①からの聞き取り（於：金武町，2013年8月9日，2015年1月13日）.

85) さらに，軍作業員については，沖縄タイムス中部支社編集部『基地で働く——軍作業員の戦後』沖縄タイムス社，2013年を参照.

86) YS からの聞き取り（於：金武町，2013年8月10日）. NH①からの聞き取り（於：金武町，2013年8月9日）. TY①からの聞き取り（於：金武町，2013年5月17日）.

87) IH からの聞き取り（於：金武町，2013年5月17日，2015年1月16日）.

88) TT からの聞き取り（於：金武町，2013年5月17日，2015年1月11日）.

89) NM②からの聞き取り（於：金武町，2013年8月10日）.

90) GS からの聞き取り（於：金武町，2015年9月16日）.

91)「女性側が逆転敗訴／金武町・軍用地料分配訴訟控訴審／公序良俗に反せず／福岡高裁那覇支部／正会員地位は認定」（『琉球新報』2004年9月7日夕刊）.

92) NM①からの聞き取り（於：金武町，2012年11月25日）.

93) ウナイの会を支援する会の会員は，比嘉道子と事務局長 NH②の2名であった. NH②は，金武町金武区在住者，夫は男子孫で他地域出身女性.

94) TA からの聞き取り（於：金武町，2013年2月7日）.

95) NM①からの聞き取り（於：金武町，2013年5月18日）.

96) 金武町役場周辺住民からの聞き取り（於：金武町，2013年8月8日）.

97) 金武町史編さん委員会編集『金武町史 第2巻［1］戦争・本編』金武町教育委員会，2002年，210-211頁.

98) NK からの聞き取り（於：金武町，2013年2月3日）.

99)「一審に不服，控訴を議決／入会権と祖先伝来の財産を守る」，前掲新聞.

100)「［ニュース近景遠景］／杣山訴訟　最高裁判決／性差別……次の壁は慣習／原告女性ら新たな試練／部落民会『会則見直す契機』」（『沖縄タイムス』2006年3月19日）.

101) NS③からの聞き取り（於：金武町，2017年9月4日）.

102)「県議会一般質問／杣山判決『当然の権利』／知事，女性三役早い時期に」（『沖縄タイムス』2003年12月4日）.

103) 宮城晴美「女性にも入会権を／あから様な女性差別」（『沖縄タイムス』2003年11月19日）.

104）さらに，小森陽一『沖縄とヤマト』かもがわ出版，2012年，島袋純・阿部浩己編『シリーズ日本の安全保障 4　沖縄が問う日本の安全保障』岩波書店，2015年，知念ウシ『シランフーナー－知らんぷり－の暴力──知念ウシ政治発言集』未来社，2013年を参照.

第6章

ウナイの会と女性運動の可能性

　第5章に続き，本章は，軍用地料問題をたたかったウナイの会を戦後沖縄史の中で検証し，会が地域に何を問い，女性の人権拡大とどのような関係性にあったかをとらえたい．はじめに，基地の町における軍隊と基地被害の関係を分析し，たたかわざるを得ない女性たちの意義を問う．次に，ウナイの会の特徴と運動の拡がりを支えた支援者の関係を考察することから，女性たちの政治的参画と地域社会の関係を分析する．また，ウナイの会が持った限界と女性運動の意義を明らかにしたい．こうしたことから，女性たちが地域をつくり変えようする運動に取り組んでいたことが，浮かび上がるに違いない．

1　女性と基地被害抗議

基地・軍隊の存在と女性

　1995年の「沖縄米兵少女暴行事件」に抗議する県民大会は世界に発信された．米兵による「女性への性犯罪は"基地問題"として正面からとらえられ」[1]，「日米同盟を揺り動かすほどの運動」となった[2]．ところが，「基地・軍隊によって侵害される女性の人権の確立を訴える女性たちの発言は，米軍基地反対運動の中で，基地問題，安全保障問題の矮小化だと男性から批判されたという」[3]．上記から3つの問題が浮かび上がる．

　第1は，日米地位協定の「排他的使用権」を根拠に，米軍基地軍人・軍属による性暴力事件・事故などに対し日本の国内法を適用できないことである．そのような事件は地域の安全を脅かす．そのため，日米安保体制が動かしがたいものであることへの疑義を問い，日米地位協定における不平等性の改定を求めたのである．その後の日米両政府の動きは，現在も沖縄へ従属的な関係を押し

つけようとしていることを，確認させるものであった．

　第2は，それまで米兵から被る性犯罪は「個人的な問題」といわれ続け，反基地闘争の問題として捉えられてこなかった．だが，米兵による性犯罪は人権侵害であり，特に女性の生活上の安全問題と主張したことだ．前述したように，そこには女性たちの怒り「戦後50年たってまだ苦しまなければならないのか」や，女性の権利は黙っていてはつかめないと異議申し立てする立場がある[4]．県民大会の映像は，韓国・ドイツなど米軍基地が多数存する地域で注目された．そして忘れてならないのは，問題を告発する力量が女性側に備わっていたことだ．大会の模様は，司会を務めたIMによって，次のように語られた[5]．

　　―― 1995年の県民大会で司会をされたとのことですが，印象に残っていることはありますか？

　　あの集会は開催中物音，咳払い一つ聞こえなかった．"しーん"という言葉がト書きのように会場を覆っていた．私は参加者の鋭い視線に，怒りの強さをみてふるえる思いだった．この様子は日米両政府，米駐留軍にとって恐ろしかったと思う．

　沈黙が覆う抗議集会は，「今までずっと沖縄で起こったことがもう一つ起こった，そしてそのことを知っている私たちは，このことに本気で取り組むのだ，……一歩前に出る」決意であった[6]．それは，戦後米軍基地周辺で起きた性暴力事件を隠し続けてきたが，そうさせてきたことへの抗議も含まれ，もはやそのような沈黙をしないという現れであったろう．県民大会の映像は，筆者にとってこれまで多くが黙されていることをうすうす知っていながら，触れないできたことを想起させ，声さえ出せないものであった．

　1990年代は全国で女性の政治参画が重要な課題となっていた．とりわけ沖縄で政治参画が大きく取り上げられたのは，安保条約と女性の関係が日々の生活に直結していることを付きつけられ，女性は黙ってはいられない，前面に出ざるを得ないという確信になったのではないか．ここに米軍基地が集中する沖縄と本土の女性との異なる位置がみえる．

　第3は，基地問題を問う側の意識である．安保の問題を女の問題として矮小

化するなという主張の背後には，基地問題，安保の問題という政治問題に比べ，女の問題は二次的なものという前提が透けてみえることである．それは女性に関係する性暴力，DV 問題が政治問題の下位に位置づけられるばかりでなく，人権問題とさえ認識されていないことをうかがわせる．秋林はこの問題に関する城間貴子の批判を紹介している[7]．

　　城間貴子は，日米安全保障は沖縄では，特に女性にとっては，日々生きるか死ぬかの問いであることを強調する．その上で日本「本土」の研究者，運動家による安全保障の言説，また女性学の取り組みが不十分であったと批判している．
　　「女性が，安保，法，国家，国際法等にいなかった，というのが，安保条約と女性という視点をもてなかったということになるのかもしれない．……1995 年以降，安保そのものが，女性に関係している，ということ，私たちには生死を分けるほどのこと，より深く，女性を，子どもを傷つけるものなのだ，ということを沖縄の中では，付きつけられた．沖縄の中では，95 年以降，変わらざるをえなかった，大転換だった」．

　軍隊に性暴力はつきものとし，基地の町ではその暴力を拡散しないためと，歓楽街を形成しドル稼ぎをもくろんできた．そこには，暴力の犠牲となる女性たちを作り出すという女性間の差別が隠され続けてきたのである．
　だが，性暴力・暴力犯罪は歓楽街ばかりでなく基地周辺の生活圏で多数引き起こされてきた．性犯罪を黙することは，被害者の人権を無視し被害を個人的なことにすり替える側面だけでなく，語らないとする暗黙の圧力が，地域の中に存することがみえてくる．暗黙の圧力は性暴力被害が犯罪であることを隠すばかりでなく，助長することにつながったのではないか．また，本当に軍隊に性暴力はつきものなのか，軍隊・兵士の暴力性はじつは訓練でつくられるものではないかという問いが浮かび上がる．
　1995 年 9 月 4 日の「沖縄米兵少女暴行事件」は 9 月 6 日に新聞報道され，金武町議会は，9 月 22 日に「米兵による少女暴行事件に対する抗議」決議を採択した[8]．那覇市在住の YM によると，県民大会までは「事件が新聞報道さ

れた後，被害者が告発を決めたのだから，あの子を守らなくてはいけないとみんなが冷静に行動したと聞く．そしてマスコミも一緒になって被害者の個人情報等を漏らさぬよう動いたらしい．でも何かあると，いつもこの事件が引き合いに出され，あの子にまた辛いことを突きつけていると思うと悲しくなる」と語った[9]．

字金武の女性運動参加者は，1995年の事件に関係する質問に一言も返答しない．ただし，1996年以後，金武町では女性の区行政委員，農業委員，区議会議員が主に婦人会の支援を受けて誕生していった．女性が地域の役職者に参画していったことは，「女性の権利は黙っていてはつかめない」という確信をもつ女性たちが，1995年を境に増加し，行動にでたといえる[10]．そのような状況の中で高里鈴代らは「基地・軍隊を許さない行動する女たちの会」を結成した[11]．県民大会後，女性たちの要求で沖縄県が発行する『沖縄の米軍基地』に「米軍人等の公務外の事件・事故」の節が追加された[12]．

このようなことは，基地・軍隊が周辺住民，特に女性や子どもに対する暴力を産み出し続ける可能性を有する存在といえることだ．女性たちは基地の町で，軍隊や兵士に対し日々身構えざるをえないのである．そのため，安全な地域で住み続けるためには他人任せではなく，女性たち自身が，行動せねばならないことに帰着したといえる．

そして，90年代には男性中心の色合いがぬぐいきれない反基地運動が問われる一方，戦後の米軍占領，復帰後も変わらぬ米軍基地の集中と日米との関係，そして女性への暴力を黙してきた地域社会の関係が明るみになった[13]．

新たな基地機能強化に抗する

1995年以降金武町では，基地返還交渉の一方で米軍基地の再編と機能強化が次々に提起された．この時期は軍用地料をめぐる字金武の女性運動がすでに始まっていた（表19）．

町の基地問題をみると，第1は，電波傍受施設「象のオリ」に関わる基地の機能強化であった．そこには単に代替・移設するのではなく，施設・設備を高度に強化することが含まれるため，町民はこれ以上の基地機能を受け入れられないと反対した．その時のことは，NM②によって次のように語られた[14]．

——当初，金武町役場の立場はあいまいでしたが，結局受け入れたのですね．
婦人会ではどのような動きをされたのですか？

　　あれは，金武町が反対表明をしなかったので，婦人会として抗議集会はで
　　きなかった．でも，自主参加にしていくつかのグループで抗議集会をやっ
　　た．結局，金武町は受け入れを決めてしまった．

　それは政府が基地返還・跡地利用計画と引き替えに，新たな軍事施設を受け
入れることを持ち出したため，抗議行動をおこなったものだ．金武町の婦人会
はそれをよしとする町役場の方針に疑義をもち，自由参加としてグループで反
対運動に参加した．現職の婦人会役員が町役場に反する行動を起こすことは，
やむにやまれぬものであったと思われる一方，金武町における婦人会の立場が
うかがわれる．

　第2は，2003年から05年に金武町伊芸区の対テロ訓練とその施設建設に反
対した運動である．これは米軍の対テロ用「都市型」戦闘訓練施設が，基地
キャンプ・ハンセン内に新設されることに対する反対・抗議運動であった[15]．

　この訓練施設は，都市の対テロを想定した小規模の戦場区域を建設し，実弾
などを使用する陸軍の施設である．米軍は1989年にキャンプ・ハンセンの恩
納村側・レンジ21に建設したが，地元住民の粘り強い反対運動とそれに対す
る県民の支援により，1992年にこれを全面撤去させた経緯があった．その施
設が再度金武町伊芸区内，しかも住宅地域から沖縄自動車道を挟んで至近距離
にあるレンジ4に計画されたものである．

　抗議運動は，2003年11月の伊芸区行政委員会による建設反対表明から始ま
り，基地キャンプ・ハンセン第1ゲート前の早朝集会など足掛け3年に及ぶ運
動となった．計画は2001年12月に米陸軍が報道し，2003年11月19日には，
政府が伊芸区に近いキャンプ・ハンセン内「レンジ4」の建設計画を公表した．

　当初，この計画に対する沖縄県側の動きは鈍く，計画内容の説明はあいまい
で反対運動は盛り上がらなかった．それは計画に反対しない県知事の支持基盤
と反対する住民という「沖縄側の内部矛盾」のためといわれた[16]．だが，伊
芸区では「いくつもの射撃区域（レンジ）に囲まれ，沖縄の実弾被害はこの小

さな区に集中してきた。人身や家屋の被弾・流弾事故は，判明しているだけで戦後 15 回を数える」と抗議を続けた[17]。

金武町では 2004 年 2 月に伊芸区民総決起大会，5 月に反対抗議集会，9 月から伊芸区住民・婦人会などを中心に伊芸区 100 日集会，12 月には 200 日集会へ突入した。2005 年 5 月 26 日の施設建設に抗議する 365 日集会（伊芸区実行委員会主催）では，「命どぅ宝」「暫定使用撤回・即時撤去」などのプラカードが林立した[18]。

さらに同年 7 月には，陸軍複合射撃訓練強行実施緊急抗議県民集会が実現し，1 万人規模の参加者を集め成功した。この集会に参加した伊芸区女性（60）は，基地前の早朝行動に連日参加していたが，「1 年以上も頑張って，やっとここまでこぎつけた」と語った[19]。この語りからも当初県内には，伊芸区の施設建設反対に賛同する人々が，多数を占めていなかったことが推測された。

だが，繰り返し抗議集会がたたかわれたにも拘わらず，2005 年 7 月 12 ～ 13 日には基地キャンプ・ハンセン「レンジ 4」で，米陸軍特殊部隊（グリーンベレー）の小隊（規模 30-40 人）が，人型を標的に実弾射撃をおこなったのである。

これまで沖縄では，たびたび基地に関わる大規模な県民抗議大会が繰り返されている[20]。県内の与党の一部からは，金武町における抗議集会の意義を「この集会が一施設に限定されたもので，むしろ反基地的世論の盛り上がりを防ぐガス抜き的意図をもつもの」とさえ語られた[21]。足掛け 3 年に及ぶ住民の反対集会は，「ガス抜き」の役割をもち，むしろ抗議を沈静化させていくといわれたことになる。当時の県議会与党は，県民集会をそのように位置づけ，表面的な対応を続けてきたと推察される。該当住民がたたかいを継続できた要因は，何であったか。県民集会の参加者の声をみよう[22]。

YM③（伊芸区）は，「ここはまだ戦場だ。ゲリラ訓練が始まると危険はこんなものではない。軍雇用員として射撃訓練もしたので，銃口が少し動いても先では何メートルもずれることは実感している。県民の力を結集して実弾訓練を止めたい」と語り，施設周辺が戦場と化すことをうかがわせた。

NU（45）（金武区）は，「求めているのは安心できる暮らし，基地がある故の被害は伊芸だけの問題じゃない」と，この問題が生活の安全を求めるものと

語られた.

YY②(65)(伊芸区)は,「小さい集落の訴えが多くの人を動かした. 運動の盛り上がりを感じ, とても頼もしい. 訓練が始まった時はもうおしまいだと思った. でも, 本当のたたかいはこれから始まる. 訓練を中止に追い込むまで, 気を引き締めて運動を続けたい, 運動は継続していくことが力になる」と述べられた.

YK(60)(金武町)は,「金武町は基地がなければ生活できず, 表だって反対の気持ちを伝えるのは難しかったが, 子や孫の生活, 命には替えられない. 金武町だけの問題ではないことを認識してもらえるように大きな声を張り上げたい」と軍事基地の問題が一地域の問題でないこと, 子や孫の世代に危険を及ぼしたくないという生活の安全を求める思いが伝ってきた.

YY③(22)(金武町)は,「地元の切実な訴えに耳を貸さない政府に怒りを感じる. 町民の一人として町を良くするために何ができるかと思い参加した」と, ここでは基地の町をよくしたいと意思表示された.

NY②(48)(金武町)は,「若い頃, 米軍にジープで追いかけられたことがあり, その恐怖は今でも忘れられない. 子どもたちが部活で夜遅くなった時はとても不安になる. 危険のない普通の生活を子どもたちに送らせたい」と, 町の生活の中には常に緊張感があり, 安全で安心できる町の暮らしを望む切実さが語られた.

IK(伊芸区)は,「『基地の中にある沖縄』の異常さを訴える. 400日以上続く抗議集会は体力の限界だが, 静かな集落を取り戻すため力は衰えない」と, 基地周辺の生活が不安であり, 安心で安全な生活を取り戻したいと強調された.

このような談話は, 基地の町の生活が, 日常的に生命を脅かす暴力的な外圧にさらされていることを物語る. 被害と恐怖は伊芸区だけの問題ではなく, 基地周辺の住民すべてが受けるものだ. 戦後, 記録に残る伊芸区の基地被害は, 1956年の流弾が落下した事故からはじまった. 復帰後も, 住宅や山に実弾演習の照明弾や砲弾が落下・炎上し, 2010年までに42件が記されている[23]. 抗議・反対運動は, 危険のない安心してくらせる生活を求めることといえる.

足掛け3年に及ぶ抗議運動の特長は, 伊芸区事務所を主体とする住民運動としてあったことだ. 政治団体とは関わらず, 町外からの支援は自発的な個人参

加の位置づけであった．当時のことは，運動の中心となった区長IM②によって，以下のように証言されている[24]．

——早朝集会はどのようにおこなわれたのですか，女性も多かったとうかがいましたが？

　　毎日キャンプ・ハンセン門前の第1ゲート前で，婦人会お手製ののぼりをもって早朝集会をおこなった．約1時間の集会だったが，最初と最後に私が挨拶した以外は，無言で立ち続けるものだった．とにかく仲間のケガや事故，逮捕者がでないようにとそれが一番気になったことだ．高齢の男性や女性も多く参加していたから．

——ずっと無言集会だったのですか！　沖縄県や日本政府，米軍基地側も無視できなくなったのではないでしょうか？

　　そうだったと思う．最初から"無抵抗の抵抗"を目指した，ガンジーの取り組みのように．

——政治団体や他の運動関係者から，支援の申込みはなかったのですか？

　　いろいろ話がきた．伊芸公民館に右翼から新左翼の方まで，何か手伝いますかと，でも足りていますと断った．しばらくして，県内でよく知られた活動家の人が早朝集会にやってくるようになった，少し離れたところに立って何もいわなかった．それで，こちらも何もいわなかったよ．

——地域では，老人会や婦人会から多く参加されたと聞きますが，どのように参加者を増やしたのですか？

　　早朝集会終了後にはゆしどうふを食べながら，"強制ではない，無理をしなくてよい"と話していた．土曜日や日曜日は参加者が多かった，区在住の軍雇用員の人もきていたね．

——基地被害抗議は，基地返還・撤去とは違うのですか？

　　演習場をなくしてほしいのだ，基地の即時返還ではない．基地の返還は

徐々にしていくことだ.

——約3年に及ぶ運動を,今はどのように思われますか,たとえると地獄をみたような経験とも思われますが？

たくさんの経験をして,那覇にもいって……,沖縄県・県議会や業者をはじめ様々な方面の人々と交渉をした. 486日間は忘れられない. もうあれ以上の出来事はこの先ないだろうと思う. 本当に地獄をみたよ. でも,今まで泣き寝入りしてきたが,行動に移して本当によかった. 黙っていたら,日常的に戦場だったろう. 後で聞いた話だが,警察の採用試験に"あの運動"のことがのったと言う. それほどの住民運動だったのだ.

この行動は,区事務所を主体とする住民運動の特徴が明確にでたものである. 新聞報道の抗議集会記事では,常に女性参加者の画像が中心的な位置に掲載されていた. 女性たちのインタビューでは実弾演習や基地兵士への恐れ,生活の安全を求める言葉が続く. 多くの女性たちが行動に参加したことは,安全で安心な生活を望むならば,声をあげ行動せざるを得ないと考えられたためだろう. そして,多数の女性たちの声を地区運営に反映させるには,さらにどのようなシステムづくりが必要なのだろうか.

軍用地料と基地被害抗議の関係

次に,軍用地料を得ているならば基地被害抗議を自重するべきといわれることに関連して,集会参加者の声をみよう[25].

YK (61) (並里区) は,「町内には基地がらみの収入がある人も多いし,大きな声で基地反対とはいいにくい. それでも都市型の訓練も始まり危機感は高まる. おばあの体験を繰り返してはいけない. 自分たちの身を守るために立ち上がらないと」と,軍用地料をもらっているからといって,基地被害を受け入れることにはならないとする決意が,述べられた.

UM (24) は,「抗議行動を『軍用地料をあげるためか』という人もいるが,間近に施設がある現場をみれば,そんなことはいえないはずだ」と,反基地運動の高まりの中で,軍用地料が値上げされてきたことを突きつけられるが,基

地周辺の生活の危険に黙ってはいられないことを強調していた.

その後 2009 年 3 月 1 日にも,米軍による被弾事件に抗議した伊芸区民総決起集会が実施された.「2008 年 12 月,民家に駐車していた車のナンバープレートに弾丸が撃ち込まれているのが見つかった.県警は弾丸を米軍のものと特定したが,米側は訓練との関係を否定.伊芸財産保全会は 2009 年 3 月,抗議の意を込めて,米軍キャンプ・ハンセン内に所有する軍用地の 2010 年度以降の契約を拒否することに決めた.……真相は解明されないまま捜査は終結した」[26].

だが,伊芸入会団体では「次第に会員の中から『いつまで拒否するのか』の声が上がりはじめた.それを受けて 2010 年 12 月には,伊芸財産保全会の契約拒否の解除が決められた.とはいえ,事件への怒りが収まったわけではない.伊芸財産保全会会長(当時)は『不起訴になったことは今でも納得できない』」と語っていたのである[27].

さらに,先述した金武町並里区事務所が,多額の軍用地料を受領するが,2012 年に再契約を拒否した理由をみてみよう.並里区長は土地接収以来,「昼夜を問わない訓練による騒音被害だけでなく,過去には同訓練場で 70 代女性が戦車にひかれて死亡した事件や,米軍車両が畑に侵入し,農作物を踏み荒らしたこともあった.……オスプレイの離着陸も従来のヘリより頻度を増している」と長年の基地被害を述べ,軍用地使用を拒否しても強制使用されている実情を訴えたのだ[28].伊芸入会団体や並里区事務所の契約拒否をみると,軍用地料をもらっているから基地を容認していると判断できないことだ.

このようなことから,基地被害抗議集会は「ガス抜き」であり,一定期間抗議運動をおこなうと被害への不満が発散されると思われていることや,軍用地料をもらっているならば,基地被害をやむを得ないことと考えられるべき一面を想起させる.地料の値上げには,基地被害を我慢する分を上乗せしていると思わせる.政府の様々な施策が功を奏し,地域内からも抗議行動は軍用地料をあげるためか,いつまでやっているのかとさえいわれるのである.地域には基地被害の拡大が想定されるため,このままではいけないと行動する一方,基地維持を支える中の葛藤がみてとれる.

いつ頃から軍用地料をもらっているなら,基地被害への抗議は口にするべき

第 6 章　ウナイの会と女性運動の可能性　　　　245

表 19　金武町の軍用地料問題と基地被害抗議の経過

年	入会団体会則改正の運動経過と沖縄県・金武町
1988 年	米軍演習を糾弾する町民総決起大会
1990 年	①並里区で世帯主でない女子孫の YY が中心となったグループは，部落の有力者と協議・指導を受け署名活動を行い，入会団体へ請願．②沖縄県・金武町主催：「ふれあい懇談会－男女共同参加型社会の形成を目指して」開催
1991 年	並里区で世帯主でない女子孫へ軍用地料の配分を決定．YY が中心となったグループは，部落の有力者と協議・指導を受け署名活動を行い入会団体へ請願，その後総会で決定．
1993 年	米軍人による町民殺害事件に抗議する町民総決起大会 北部女性集会：「語やびら出会いを求めて」（金武町）．
1994 年	金武町主催：跡地利用フォーラム．
1995 年	①「沖縄米兵少女暴行事件」に抗議する県民大会 ②SACO（沖縄に関する特別行動委員会）開始
1996 年	①4 月：県道 104 号線越え実弾砲撃演習防止，ギンバル訓練場における米軍ヘリ騒音防止を要求する町民大会　②7 月：普天間飛行場返還に伴うヘリポート移設に反対する町民大会 ③金武区の NM②を中心にしたグループは，軍用地料の配分を受けていた男・女子孫が死亡した後，その配偶者が権利を引き継ぐことを請願した．
1997 年	県道 104 号線越え実弾砲撃演習防止に関するアンケートの結果公表
1998 年	①金武区のNM①を中心としたグループは，女子孫の軍用地料の配分を求める賛同署名を入会団体会員へ実施．その際 YY と相談した．しかし，数日で入会団体の妨害に遭い挫折　②「象のオリ」移設反対町民抗議集会
1999 年	並里区の NM②らのグループの請願が入会団体で決定された．3 回目の申し入れで達成された．
2002 年	12 月：金武区のNM①を会長にウナイの会は金武杣山訴訟を開始．その際，NM②と相談した．
2003 年	①11 月：那覇地裁で「ウナイの会」勝訴　②中川区一部住民による配分金等請求訴訟開始 ③11 月：伊芸区行政委員会・金武町議会は米軍の対テロ用「都市型」戦闘訓練施設の新設に対する反対の方針と決議
2004 年	2 月：伊芸区が「都市型」戦闘訓練施設反対に対する総決起集会 5 月：金武町主催「都市型」戦闘訓練施設建設反対町民大会 8 月：伊芸区を中心とする住民らが那覇市で建設反対集会（約 1000 人） 9 月：福岡高裁でウナイの会逆転敗訴 12 月：伊芸区の 200 日集会
2005 年	5 月：伊芸区が 365 日集会 7 月：金武町で緊急抗議県民集会（1 万人），米陸軍特殊部隊の小隊規模の人型による実弾射撃開始
2006 年	金武杣山訴訟敗訴，一部和解（2 名）
2008 年	配分金等請求訴訟，中川区住民側敗訴

出典：(1) NM①の聞き取り（2012 年 11 月 25 日，2013 年 2 月 3 日・5 月 18 日）・YY の聞き取り（2013年 8 月 29 日）・NM②の聞き取り（2013 年 8 月 10 日）から作成．(2) 伊芸誌編纂委員会『伊芸区と米軍基地』担当編，『記録集　伊芸区と米軍基地（伊芸誌別冊）』伊芸区事務所，2013 年，167-180 頁．

でないといわれるようになったのだろうか．それは復帰時期の土地連の変化から始まるといわれている[29]．軍用地料の受け取りには，賃貸料だからもらえ

ばよいというだけでは終わらないことが、あるのではないか．むしろ地料を受け取りながら、基地を容認できない中に痛みともいえる心持ちを、抱え込む側面がみてとれる．この割り切れなさは基地維持がもたらした矛盾の一つではないか．

この矛盾は基地の町に住む人々が、止むにやまれず抗議行動し、対政府への交渉力をつけていく過程で徐々に積み重なってきたと思われる．たとえば、「島ぐるみ闘争」、「講和発効前補償」獲得運動、復帰前後、1995年の県民大会とその後である．その意味からすると、地料を受け取り基地を容認できないことは、日米関係と沖縄間の基地維持を支える政治・経済的な状況が、醸成したものといえる．

しかも住民は、軍用地料問題同様、性暴力被害などは口にしないとする地域からの抑圧を受けている．それゆえ、地域社会の運営を男性任せにできないと女性たちが自覚したこと、それは1995年の県民大会以後、女性たちが受け継いだものといえる．

基地の町に住み続けるには、生活の諸問題を一つ一つ黙っていないで告発する姿勢を持ち続けねばならないのである．それは軍用地料をもらっているからといって、我慢する性格のことではないだろう．だが、伊芸区の軍用地の契約拒否は、約22ヵ月で解除された．そこには地域内のせめぎ合いがみてとれる．

2　ウナイの会という運動体

結束の力

ウナイの会は、2002年8月に弁護団同席のもとで設立された．総会では会長をはじめ事務局が選出され、裁判対策が検討されはじめていった．月1回の定例会では、弁護団からの経過報告をはじめ、金武入会団体の会則だけでなく他団体の会則も入手し学習会が開催された．裁判が長引くにつれ、弁護士事務所からの通知、裁判所判決・陳述書記録、後に研究者からの報告なども共有されていた．NM①は会の結成から二審判決頃の活動を、以下のように述べていた[30]．

——会員が多いですが、会合の場所はどちらでしたか．中央公民館でしょうか？

公民館ではない，地区の外れで目立たない場所でやった．会員の家だけど，その後いつも使わせてもらった．

——提訴する前の準備は忙しかったでしょうね，入会団体の会則は部外者にみせてくれませんが，つてがありましたか？

そうよ，金武入会団体の会則は団体からみせてもらえなかったので，知人の男性会員からみせてもらった．その人から他地域の入会団体会則もみないといけないだろうから，紹介しようといってもらい，情報収集した．本当にその方にはお世話になった．女性差別をなくしたい，地域をよくしたいという気持ちを理解してもらった．

——ウナイの会は一審で勝訴しました．入会団体が控訴した時は，複雑な思いでしたね．

地域でも控訴するのは止めたらどうかという話もあったので，どうするかと思っていたが控訴したのよ．

——福岡高裁で逆転敗訴になった時は，驚かれたでしょうね．

本当に驚いた．あの判決には支援してくれた方々も驚いたと思う．

——署名運動から始まって提訴となり，その後地域内で様々なことがいわれたのではないですか？

いろいろ，いわれたさー．無言電話や"夜道に気をつけろ"と脅迫めいた電話がかかって，それだけ言うとガチャンと切れて．気味悪かったよ．それで電話を工夫した．

——ご兄弟との関係はどうでしたか？

父と兄が戦死した．私は長女よ．軍用地料は父が戦死したので，母が資格をもった．でも母が高齢になって，弟が引き継いで軍用地料をもらっている．妹は金武区男性と結婚し，夫が亡くなった後資格を引き継いだ．結局区外出身者と結婚した私だけがもらっていない．そういう中で裁判を起こ

したので，当時道で会っても挨拶もしなかった．裁判後もそれが続いた．でもこの頃は元に戻っている．

——他の会員の方々にインタビューをお願いしたいのですが，受けてもらえるでしょうか？
　他の人たちは話さないと思う．紹介はできない．

　NM①会長は，両親の出稼ぎ先であったフィリピンで出生したことはすでに述べた．10歳の時（1943年）母が里帰りで金武町へ戻ることになり，一緒に戻ってきた．はじめはすぐフィリピンに戻る予定だったが，戦況が悪化し戻れなくなってしまった．その翌年金武町は，米軍による爆撃が開始された．幸いなことに実家は焼けなかったので，宜野座や屋嘉の収容所へは入らずにすんだ．副会長も同様にフィリピンで生まれた．彼女は戦後福岡に引揚げ，沖縄に送還された．母はスペイン語で会話もできた人であった．NM①は副会長との関係を次のように語った．

——お二人はフィリピン時代からの知り合いですか？
　いいや，軍用地料問題を相談する中で初めてお互いが，フィリピン生まれということを知った．
——偶然というか，それほどフィリピンで働く人は多かったのですね．

　インタビューは3回受けていただいたが，その中で他会員の方々のエピソードを聞くことはできなかった．ただ，比嘉道子とともにウナイの会を支援する会を運営し，事務局長を務めたNH②を紹介された（本章で登場する比嘉はすべて比嘉道子であるため，以下は比嘉とする）．その後原告のインタビューは町内在住者全員に拡大した．この経過を振り返ると，会は会長と事務局が対外的な窓口となり，他の原告とマスコミ・研究者・調査者との接触をなるべくさける方針であったと考えられる．
　インタビュー依頼などは常に複数で受け，慎重におこなわれた．その理由は複雑だろう．様々な話が区外に漏れること，それによって原告が中傷されるこ

とを懸念したためではないか．会長は提訴当時老人会役員であり，会員の中に
は婦人会長経験者も存した．

　いうまでもないが，会は軍用地料問題で結束した個人を主体とする集団であ
り，老人会や婦人会など金武町の既存団体とは異なっていた．そうした地域秩
序に収まらない活動をおこなっていたことから，むしろ町や区内の混乱や軋轢
の強さがうかがわれた．

　活動資金は，定例会で定額を徴収したが，必要に応じて会議で金額を決め徴
収することもあった．そして，政党や各種団体とも距離を置き，当初はカンパ
活動もせずすべて自前で賄った．昼食をとりながらおこなわれる場合もあった
ため，活動は常に会計を念頭に置かねばならなかった．

　金武杣山訴訟の新聞報道は，提訴翌日の2002年12月3日の『沖縄タイムス』，
8日の『琉球新報』で取り上げられた．県内の行政組織などへ出向き趣旨説明
をおこなったのは，翌年6月からであった．概要をみると，那覇法務局沖縄人
権擁護委員会，県男女共同参画センター「てぃるる」，なは女性センター，沖
縄タイムス社へと続き，女性史研究者の比嘉のインタビューも受けた．

　比嘉は，「これは女性の人権問題だ」と確信を持ち，沖縄県内の大学（沖縄
国際大学，琉球大学，名桜大学）で金武杣山訴訟を紹介し，NM①会長は講義
で裁判に存する課題の趣旨説明をおこなった[31]．その後，原告の主旨説明は沖
縄県の男女共同参画センター，那覇市文化部歴史資料室へと展開された．そう
した中で会長は，2003年11月の「第8回 JAC 全国シンポジウム——時代を切
り開く女性のエンパワーメント」（於：てぃるる）の分科会で報告者となった[32]．

　会は県内だけでなく，他府県からのインタビューも加わり，徐々に賛同者を
増やしていった．ウナイの会の定例会には，たとえば，マスコミ，民法，ジェ
ンダー学の研究者や研究者のゼミ生など様々な人々が，入れ替わり立ち替わり
出入りするようになった．なかでも研究者である比嘉は，金武杣山訴訟を多く
の人々に知らせることに尽力した．

　運動を継続する課題は，賛同者・支援者をどのように増やすかと活動資金で
あるが，逆に支援者が増えたことは，苦しい会計に影響をもたらすことにもつ
ながり，結局，カンパと署名集めが会の運営上の問題から決められた．もっと
も，賛同署名やカンパを募ることは，前記した金武町の住民運動や労働組合運

動では，長らく行われているスタイルである．

　また，活動をさかのぼると，会長は提訴前に女性史研究者である US を訪ね会の趣旨，地域の状況と裁判を考えていることを相談していた．US はウナイの会の活動をどのように受け止めたかを次のように語った[33]．

　——金武町で軍用地料の裁判を考えていることを聞き，どのように返答されたのですか？
　　それは進めた方がよい，弁護士さんを紹介しましょうかと答えた．でも，
　　弁護士事務所はすでに決めているといわれた．

　——その後コンタクトはとられたのですか？
　　それきりで，1 度だけだったわ．

　——彼女らは支援団体をもたなかったですが，そのことについてどう思いますか？
　　提訴後をみると，それは賢明な判断だったと思う，金武町金武区の軍用地
　　料問題だったから．

　NM ①会長が US を訪ね，提訴前に金武区の軍用地料問題を問うたことに注目する．というのは，軍用地料問題の提訴が在野の研究者からどのように受け取られるかを知りたかったためと思えるからだ．金武杣山訴訟はことの重要さにもかかわらず，じつは意外と知られていない．軍用地料をめぐる女子孫差別問題は金武町以外にもあり，基地建設以来の問題だ．そのことは多くの人がわかっていたが語られず，反基地運動の中でも問題とされてこなかったためである．

　これまで県内で軍用地料を論ずる場合，土地連と反戦地主，基地と地域経済の関係から軍用地の是非や地料の多寡が論じられることが多く，女性の生活問題あるいは地域と女性の政治的参画という視点から問われてこなかった．軍用地料と女性，地域社会における複雑さは，この裁判で初めて明らかになったのである．また US とウナイの会の関係は，沖縄の女性ネットワークといえるも

のだ．だがその面談では支援を依頼せず，1回きりの相談に終わっていた．

　ウナイの会は運動をどのようにとらえていたかを類似した軍用地料問題をもつ他地域からの相談から聞いてみよう．NM ①は次のように述べていた[34]．

　——軍用地料の配分で女性が差別されていることは他地域にもあると聞きます．裁判に踏み切ったことで何か反響はありましたか？　他地域からの相談にはどのように答えられたのですか？

　　電話と直接の訪問で5ヵ所位から相談があった．小禄からは電話相談を受けた．でもあそこは大変難しい．2人で家に来た人もいた，突然家にやってきてびっくりしたね．

　——思い詰めた感じがありますね，他にもみえたのですか？

　　豊見城市はだめだった．許田からも相談を受けた．伊芸区からは裁判をしたいと思うので，弁護士さんを紹介してほしいといわれた．

　——どのように答えられたのですか？

　　いやー，裁判はいろいろわからないことが多いし，お金もかかるからもう一押し二押しした方がいいよ，並里区では3回目だったのだから，それでだめだったら電話してくださいといった．みんなどのようにして裁判に持ち込むのか教えてほしい，相談にのってほしいと．それで金武の経緯を話してから，この問題は地域の中で同じ考えをもつ仲間を募り，まず地元で運動をはじめることが先決で，外からあれこれ指導することではないと思うこと，そしてその後に困難なことは話し合おうといった．

　——その後，グループをつくったという話は聞きましたか？

　　いやー，どこも1回きりの話だった．短期間でグループをつくるのは難しいよ．ここも1998年頃から話していた．提訴を決めるまでに4年かかったのだから．でもね，裁判が終わって，偶然石川［うるま市—引用者註］のスーパーで家に来た人とばったり会ったの．そしたら地区で話をしてうまくいった，本当にありがとうとお礼をいわれた．それを聞いて私もうれ

しかったさー.

　これまでみたように，ウナイの会は個人を主体とする女性で構成され，金武区という地域に限定した運動体であった．外部から接触し応援した人々は限られていた．状況は地域ごとに異なるが，生活・地域問題にかかわる運動は，NM①会長が述べたように，政党や支援団体が外から運動体をつくろうとしてできるものではない．それゆえグループや団体，たとえば「基地・軍隊を許さない行動する女性たちの会」，女性史のグループ，女団協会員らは運動を注視しつつ，時に応じて個人として応援したと聞く．これは1970年代頃までの幅広い団体と共闘するというものでない.

　またこの問題ではウナイの会のみが裁判をたたかった．けれども他の地域でもすでに始まっていたのではないか．相談に来たことがそれをあらわしている．それにNM①の話は一部で助言を受け，行動に移した人々がいたこともわかる．他地域から問い合わせがあったことは，ウナイの会にとって励みになっただろう．たとえそれが，目立つものでなかったとしても．また，NTは最高裁判決後の運動について以下のように述べていた[35].

　　——この後の軍用地料問題の運動はできそうでしょうか？
　　本当はできるとよいのだが，先の裁判ではお金がかかり大変だった．今の所そのような動きはない，運動の活動資金を工面する方法を考えないとできないと思う．ウナイの会全員が原告になると財政的にはよかったと思う．最も人数が多いと別の問題で大変だったかも…….

　この証言からウナイの会は最高裁で敗訴となったため，苦しい会計は最後まで解消されなかったことがわかる．会長をはじめとする原告のインタビューでは，裁判をたたかう際の主要な問題の一つは活動資金であったとし，ウナイの会全員が原告になるとよかったと振り返った.

つまずきをこえて
　ウナイの会が福岡高裁で逆転敗訴したことは，県内に大きな衝撃を与えた.

彼女らは，最高裁への上告を決定し，裁判対策が重要課題となった時期をどのように乗り切ったのか．

　被告である入会団体は，豊富な資金力を背景に，入会権に詳しい並里区出身の弁護人を1名増員した．対するウナイの会は，予想外の事態に最高裁で勝訴するために補強すべきことは何か，被告と同様に事案に精通した弁護人の増員が必要か，財政面はどうするかなど集中的な議論がされた．そこでは，入会権ばかりでなく，女性の政治参画問題に精通した弁護人の増員が必要ではないか，勝てるなら弁護士事務所を変えることも検討すべきではないかという強い意見が出され，議論が沸騰した．つまずきとも思えるこのような状況からは，二審で敗訴した原告らの複雑な心情が読み取れる．

　そこで，会の支援者が，上記の議論にどのように協力あるいは助言をしたのかを2点から見ていこう．

　第1は，女性の人権や政治的参画の分野である．協力したほとんどが女性たちであった．内訳を見ると，地元メディアや行政機関，女性研究者が協力し，2003年11月から2004年10月頃までの間に「てぃるる」主催の講座，うないフェスティバルでパネル展示と意見交換会などをおこなった[36]．これは沖縄県男女共同参画センターやなは女性センター，那覇市民文化部歴史資料館室，財団法人アジア女性交流・研究フォーラムなどの支援によるものであるが，それらの機関運営が女性らによっておこなわれていた特徴を持つ[37]．企画では会の主旨，軍用地料の配分とともに入会団体の運営に関わり「政治的意思決定への参加，女性参加の地域コミュニティの形成」につながる施策と実践を訴えた[38]．特に女性史研究者で当時行政機関に属していた宮城晴美は，すでに述べたようにウナイの会の調査から新聞投稿をおこない，軍用地料問題のもつ根深い課題を指摘した．

　そのような状況でも，会は諸団体と距離を置いていた．女団協は基地被害抗議運動に連帯していたが，同一地域でおこなわれていた女性たちの運動に対し，支援はしなかったのだろうか．このことについて，会員KTは当時を次のように語った[39]．

　――金武杣山訴訟をご存じですか？　那覇市や南部地域で聞くと以外と知ら

れていませんが，どのようにして知ったのですか？
　もちろん知っている．新聞で知ったのよ．

——応援や支援はされましたか？
　金武杣山訴訟では，女団協から何人かで二審を傍聴し応援にいったわ．

——どなたから判決日を聞かれましたか？
　金武町の「都市型」訓練施設の反対集会にいった時，仲間から聞いたと思う．

　このKTや後述するIYの証言から1990年代から2000年代の金武町では，表19のように基地被害抗議運動や軍用地料問題で様々な人々が行き交い，互いの情報が口伝いされていた．そして，多様な課題が拡散していったと思われる．じつは二審判決日には，女団協会員だけでなく沖縄県会議員が裁判の傍聴に出席した．ウナイの会会長はその時のことを複雑に話した[40]．

——支援団体はもたなかったと聞きましたが，申し入れはあったようですね．
　申し入れらしきことはあった．でもはっきり頼まなかったの，そうしない
　方がよいと思ったから．でも福岡高裁の判決の時，女団協の人たちや県会
　議員が事前に相談もなく突然やってきたのよ．

　この話によると，女団協は支援団体とはいえないようだ．当時の女団協会長は，当時を次のように振り返った[41]．

——女団協はウナイの会を支援されたのですか？　会員の方から裁判の傍聴
にいかれたと聞きましたが．
　女団協として支援するという決議はあげなかった．だからこの裁判につい
　て会員の中で知らない人も多い．それでも一部の人は応援にいったのね
　……．判決日はどのようなつてで知ったのかわからない．

女団協は個人参加であった．原告女性の支持政党はじつに多様であるため，政党や諸団体とは距離を置き明確にしてこなかったのではないか．こうしたことは，既述した伊芸区の基地被害抗議運動の対応と類似し，軍用地料問題でも，政党や特定団体の支援は受けないことを貫いたのだ．比嘉はこのことについて次のように述べていた[42]．

——団体から支援の申出はなかったのですか？
　　ウナイの会は，全国から注視されていて申出らしいことはあった．いろんな分野の人たちが何人も現れて，NM①たちもストレスになったと思う．ずっと距離を置いて結局支援団体はもたなかった．それも，納得できたのよ，彼女らは地域の問題は自分たちでやっていくという強い気持ちをもっていたから．

　第2は，研究者の立場である．金武杣山訴訟はマスコミ，県内外のジェンダー学・法学系研究者，沖縄県選出国会議員などからも注目されていた．

　ウナイの会活動記録を見ると，逆転敗訴となった2004年9月から上告理由書を準備していた12月末までの期間に，調査に訪れた研究者は，沖縄県内ばかりでなく関東・中国・九州地域に及んだ．担当弁護士事務所を通じて判決文・資料などの閲読を依頼する研究者も存した．時には，彼らが支援者として会長の自宅を訪問することもおこなわれた．

　そのような時期，会は様々な立場の研究者に対応をしつつ，会長・事務局を中心に同時並行して上告理由書を検討していた．会は，つながりをたどって，九州在住の入会権研究の第一人者で当時弁護士であった中尾英俊と関東在住で女性の人権問題に精通するHN②らの協力が得られ，度々意見交換を進めていたのだ[43]．

　両者は会が担当弁護団とともに最も信頼を寄せていた人々で，幾度も打ち合わせをおこない中尾の具体的なアドバイス，入会団体加入における男子孫への恣意的なあり方への危惧により，上告理由書に補足文を追加することになった[44]．

　最高裁へ提出された上告理由書は，担当弁護団と中尾らの力添えにより作成されたのである．そして，それは前述したように判決の補足意見に反映された

と考えられる.

　ウナイの会は短期間のうちに，担当弁護団とともに方針を綿密に検討し，結局裁判の特質に関わる部分を補強するため弁護人1名を増員した．すなわち，会はこれまでの弁護団との信頼関係をこわすことなく，新たな裁判対策もクリアーできたといえる.

　この一連の経過からウナイの会は，逆転敗訴というつまずきを担当弁護団だけでなく，研究者からの助言を受けて乗り越えることができたのだろう．そして，彼女らは混乱の中でも常に運動の中心に位置し，会員間は強い会則なしでゆるやかな関係を維持していた．そのような関係であったからこそ，裁判が長引いても活発な意見がかわされたといえる.

　会の特徴が段々見えはじめた．それは会員が納得できる裁判費用で課題の達成度を最大限に引き出す際に最も重要なこと，つまりは，会がどのような規範で結束し，運動を継続できたのかである．苦しい会計が議題とされ，たびたび混乱が起きるならば，それを防ぐ強い事務局体制や会則をつくろうとするのではないか.

　だが，彼女らはそうはしなかった．それは毎日顔を合わせ知り尽くした人々によるグループであることや，これまで彼女らが地域で自由な発言を抑えられてきたためではないだろうか．それゆえに会員の中に強い序列をつくらないばかりか，会則をつくる選択もしなかったと考えられる．けれどもここに女性たちの運動の鍵があるのではないか.

　ところで，ウナイの会は2003年秋頃から活動が活発になり，度々のインタビューや資料提供の申し入れだけでなく，定例会には研究者と共に学生が参加するまでになっていた.

　時には彼らが，支援者として会長の自宅を訪問することもおこなわれた．しかも，彼らの一部は会長や事務局を通さずに，直接会員個人と接触していた.

　ここで，会がそれらにどのように対応をしたかを確認しておこう．学生は会の活動を学習の場と捉え，研究者は協力を提案していた．比嘉はその経過を次のように振り返った[45].

　――研究者の方が，裁判への協力を申し出たと聞きますが，どのようなこと

第 6 章　ウナイの会と女性運動の可能性　　　257

でしたか？

　　研究者の中には，この裁判には勝算があると直接会長・事務局に説明した
　　人がいたようだ．でも，それまで定例会でも聞いていなかったことなので，
　　寝耳に水で驚いた．私が定例会でこの話を聞いたのは，意見調整に手間
　　取っていた頃だった．

　ここで，ウナイの会，担当弁護団，研究者の間で弁護方針をめぐって様々意
見調整が行われた．IH は当時を次のように語った．

　——上告審に向けて弁護士の増員を考えてはという声があったと聞きました
が，どのようなことだったのですか？

　　会議でいろいろ発言があった．私も勝てる見込みがあるなら弁護人の増員
　　をと強く発言した．けれど会長・事務局は，増員は資金難で増やせない．
　　弁護士事務所も今までの経過があるので，変更は困難ということに終始し
　　た[46]．

　結局，こうした協力の話は進まなかった．その上，会から何らかの利益を得
ようとする支援者もあらわれた．裁判が長期化したことから事務局を手伝おう
と名乗りを上げた男性があらわれたのだ．彼は町外に居住する人で，たびたび
定例会に参加し，会員と顔見知りになった．2004 年 2 月の「てぃるる」講座
にも同席した．彼とウナイの会が，どのような関係だったかは，会長によって
以下のように語られた[47]．

　——事務局をやろうという申し入れがあったと聞きますが，どのような人で
したか？

　　あの人は職を求めにやってきたのよ．事務所をつくって，事務的なことを
　　やってあげるといってきた．会員と懇意になり，それを切り出したのは
　　しばらくしてからだった．でも，電話・FAX など通信費だけでも多額に
　　なっていたのに，事務所費や給料までとても支払えないと断った．

この件では，会員から以下のような話も聞かれた．

> ウナイの会の事務局体制だけでは大変だから，頼めばよいと思った．でも断ったのよ．もし頼んでいれば，弁護士を増やすかどうか決める時にも，その人が第三者的立場の役割を担ったかもしれなかったのに残念だった[48]．

つまりは，会の財政状況では人を雇う余裕がないとの判断であった．念のため，同時期にたたかわれたウナイの会と伊芸区の対テロ用「都市型」戦闘訓練施設に抗議する運動の差違を4点から記そう．

第1は，会の運営と女性たちの役割である．伊芸区では区行政委員，財産保全会，婦人会など21人で構成された実行委員会を結成した．実行委員会後には，多くの場合懇親会を伴っていた．委員以外の住民も参加することがあったと聞く．伊芸区の場合女性たちは，早朝集会で使用するのぼりやハチマキなどを作成した．実行委員会には，役割の中に区長をトップとするいわゆる序列があったと推察される．

一方，ウナイの会は同じ要求をもつ女子孫で構成されていた．前記したように役割はあったが序列はなかったといえる．子育てを終えた女性たちで構成されていたが，会議はほとんどが日中であった．担当弁護士からの経過報告や課題の学習会もおこなわれ，そこには支援する個人の学生も参加していた．

第2は支援団体の関係である．先述したようにウナイの会と伊芸区は，運営に関係し支援団体をもたなかった．ただし，個人の支援者は受け入れたが，彼らは運動体の内情すべてをわかっていたわけではない．これは運動が地元住民によってたたかわれていたことを示し，彼らが自分たちの問題であることを貫いたといえる．

なお，伊芸区の基地被害抗議運動は，既述したように，後に県議会へ訴え県内に呼びかける展開を見せた．その点からすると，ウナイの会は個人に関わる経済的な利益と女性の人権拡大を求める裁判闘争と言う差異を持つ．

第3は，闘争資金である．ウナイの会は自分たちで賄った．会は裁判の途中からカンパを募ったが，それは運動資金に繰り入れる金額にまでならなかったようだ．

伊芸区は多くを区事務所の費用から賄い，カンパも受け取っていた．カンパは，恩納村で同様の施設建設の阻止行動を4年間展開し，撤去に追い込んだ恩納村実行委員会の「闘争資金の残高の寄付」を受けたものだ[49]．それは全額支出した．

第4は，基地被害への抗議である．ウナイの会会員や伊芸区の運動参加者は共に，これ以上の基地負担を拒否するとした町や区を足場とした抗議行動に参加していた．この行動は，地域の住民運動といえるものである．伊芸区の運動では，「都市型」戦闘訓練施設を住宅地域から離れたレンジ区域に建設することで決着したが，2009年にも基地被害抗議が再びたたかわれ，多数の女性たちがたたかいに参加した．女性たちによると，長年続く基地被害に存する根本的な問題が，解消されず留まっていることへの不満があると聞く．

上記の比較から，ウナイの会は女性を抑圧する地域秩序とは異なり，会員1人1人の利害からの発言や行動が保障されるゆるやかな関係，互いの差異を認める関係といえる．その関係が維持されたことによって，裁判の判決が，真逆に変わるという事態や外部からの支援の申し出に距離を置き，会員内で議論し続け，原告団の結束ができたと考えられる．

金武杣山訴訟は，軍用地料と言う複雑な利益構造に挑んだ政治的な要素をもつとともに，経済的利益を獲得する問題である．ウナイの会は女性の人権と地域内の経済的不公平性に関わる生活問題であることを前面に押し出し，個人の支援を募った会だったからこそ，多様な機関の協力が得られたともいえる．マスコミと女性史研究者や行政関係者の特徴は，代弁者ではなく支援者であった．

支援者を自認する研究者

比嘉は当時県内で大学非常勤講師としてジェンダー学などの教鞭を執り，ウナイの会を支援した1人である．彼女はその経緯を次のように語った[50]．

——いつ頃ウナイの会を知ったのですか，支援をはじめたきっかけはどのようなことだったのですか？

新聞でみたのよ．2003年の6月頃に那覇でウナイの会会長と面談した．明確な目的をもって，この地域で生きていくという自負心がすばらしいと

思った. ほら, トートーメー裁判の時原告は勝訴したのに, 結局住みづらくなって本土へ引っ越したでしょ. でも, この人たちは地域で住み続けるという強い気持ちをみんながもっていて, 応援しようと思った.

——ウナイの会・定例会へは参加されましたか?
そうよ, 金武町へいって弁護士さんの話も聞いた. 私が会議の席で, 支援活動にはお金がかかるという趣旨の話をした時の NT の言葉が忘れられない. "ジンヤジンカラドウモウキラリンドゥー"(お金はお金からしか生まれないからね)といった. NT は夫とともに建設業を営む人だった. みな苦労してきた人たちだった.

——ジェンダーの視点についてはみなさんどのように考えたのですか?
ジェンダーについては, ウナイの会で学習会をやったことがあった. でも, 大学生に講義するようなやり方では無理だった. この地域の活動, その 1 点での話であった.

その後, 比嘉はこの問題を研究者などへ発信する窓口的な役割を担っていった. 沖縄で金武杣山訴訟の調査をするには, 比嘉を介するのだと紹介された. 当時彼女は, 授業・集会などで金武杣山訴訟を紹介し, NM ①会長に事例報告の場を提供した. すでに述べたように沖縄本島では沖縄国際大学, 琉球大学, 名桜大学, 「てぃるる」, 第 10 回全国女性史研究交流のつどい in 奈良でも報告した. 比嘉はその経過について以下のように述べていた[51].

——大学の講義で報告することは, どのような経緯からはじめられたのですか?
一審で勝訴したけれど, 入会団体が控訴した. その頃やっぱり疲れた感があって. 改めて運動に自信をもってもらいたくて, この問題を多くの学生に知ってもらうために大学での報告会を準備した.

——学生の反響はどうでしたか?

反応は良かった．いった先の学生がウナイの会の定例会に参加して，金武町で交流会も行った．彼女たちはそうする中で，さらに元気になっていった．

―― 2005年1月，ウナイを支援する会を発足されました．時期が少しずれているように思いますが，なぜこの時期だったのですか？
　2004年の秋，二審で敗訴した．それで，もう一周り運動をひろげたいと思い，支援署名も企画した．支援の会通信もつくった，でも1回しかつくれなかった．

　ウナイを支援する会は創刊号を大学や上記の全国女性史研究交流のつどいin奈良の報告会で配布した．それは，マスコミ報道もされ「創刊号配布後，毎日のように会員の申込みがある．……女性だけでなく，男性や県外からも入会希望がある」と一定反響を呼んだ[52]．だが，次号は作成されずじまいに終った．それは事務局体制が手薄であることや，活動資金の問題に関係していたと聞く．
　ウナイの会が学生や一般の人々に裁判の趣旨説明をおこなったことは，運動の正当性を自ら確かめる意味もあったろう．NM①をはじめ事務局では，比嘉に大きな信頼を寄せていた．会の取材やインタビューを受ける時などには，報告資料の相談をはじめ，会員だけでは客観的な目をもてず，「相談したい時，電話ですぐに答えてくれた」と言う[53]．

――裁判が終わって一連の判決についてはどのようにうけとめられましたか？
　土地・基地に依存した暮らしを続けるかどうかやお金（軍用地料）の使い方を考える問題は，世帯主だけの問題ではないのに，相手方の弁護士にこれは人権問題ではないとうまくかわされ，世帯主あるいは世帯の問題にされてしまった感があった．

被告の弁護団は，沖縄では人権派弁護士として知られている事務所であった．

——ウナイの会にとって，比嘉さんはどのような立場でしたか？

　私は支援者であると共に，いわば，話し言葉を文字にした．

　何気ないこの言葉は運動への共感とともに，翻訳者的な役割を担ったことがみてとれる．翻訳者的な役割は，主に『けーし風』インタビューのテープ起こしや大学・集会などの講演会で発揮された．これは比嘉が大学で教鞭を執る傍ら市町村史編纂に従事してきたことにかかわるだろう [54]．

　あらかじめ述べておくと，彼女は県内で女性史・移民史研究者として知られている．比嘉は子育ての最中も，大学講師の傍ら市町村史の専門委員を務め，住民の聞き取り調査をはじめとする編纂事業に従事してきた．通常，市町村史の編纂では，多くの場合専門委員が聞き取りをし，歴史性をもたせながらその解釈と文字化をおこなう．編纂委員会は学識経験者などを含めて作業を進める．

　そして，彼女は研究者として全国規模の学会には属するが，県内のジェンダー学をはじめとする女性史グループに属さない研究者として知られている．裁判当時，比嘉は沖縄県男女共同参画センター「てぃるる」の理事を務めていた．

　すでにみたように，ウナイの会は，研究者や支援グループ・団体に慎重な対応をとっていた．なぜ比嘉へは，約4年にわたって継続的な支援を求める関係を維持したのだろうか．ここで注目するのは主に2点である．

　1点目は，比嘉とウナイの会の関係である．彼女は会の定例会に参加し，特に事務局とは懇意になり，学習会もおこなった．そこでは女性たちの感情の機微をつかみ，「てぃるる」をはじめとする大学での報告会を提案し，ウナイを支援する会を立ち上げ，会との関係を明確にした．

　だが，研究者と原告らの関係について，「私には寝耳に水だった」と述べたことから，毎月ウナイの会定例会に参加していても，会の抱える問題すべてを聞き知っていたわけでない．会とは一定の距離を保ち，「相談したい時，電話ですぐに答えてくれた」という姿勢を維持し，支援関係を築いたことである．すなわち，彼女は会を指導する立場ではなく，対等な関係を維持しようと努めていたのである．

　2点目は，比嘉が県内のどの団体にも属さず個人として活動する研究者であ

ること．彼女が団体に属さないのは，研究者としての姿勢が他の人々とは異なると考えるからだろう．市町村史編纂作業は話者に寄り添い，その心持ちをくみ取り，言葉を選び取る作業と考えられる．長年，そのような態度で編纂作業をおこなう一方で，研究者としての立場を貫いてきたといえよう．その態度は，研究者という範疇では納まらない要素を持つゆえに，どの団体にも属さないことを選択しているのかもしれない．そのことが政党や諸団体と距離を置いていたウナイの会とマッチしていたと考えられる．

　そうしたことから，ウナイの会と彼女の間には信頼関係が築かれ，研究者でありながら支援者として一目置かれることになったのではないか．

　ウナイの会は個人を主体とし，個人の支援者を募った会として存し，会員は那覇を中心とする名の知れた女性らによる運動ではなかった．沖縄の北部に位置し，それゆえに運動が起こるとは思われなかった金武町で裁判をたたかい，支援団体に頼らず自分のことは自分で決める決意をしている女性たち，それも長年働き続けた女性たちによる運動であった．

　裁判にかかわる継続的な支援をおこなったのは，町内外の限られた地元民と研究者によっていたのである．特に女性史研究者の関係では，比嘉と宮城が注目される．彼女らは問題を自身のこととして捉え，自らの調査と活動をもとに記録し，地域社会へ問うた研究者である．

　また，会の活動資金は限られており，それが運動量を規定した側面をもっただろう．会は会則をもたず，様々な形の支援の申出によりつまずきをも抱えたが，冷静な判断と互いの協力によって会の主導権を維持した．それは長年の地域秩序とは異なり女性が抑圧されないゆるやかな関係で，自身の利害からの発言や行動が保障され，それを力にした運動体といえる．それゆえにこそ彼女らは，結束し運動を続けることが可能だったと考えられる．だが，裁判では女性の人権や政治的参画に関連する分野について一言も触れられなかった．

3　地域を問い直すウナイの会

女性の発言と地域の力関係

　ウナイの会は，個人参加のグループをつくり活動した．雑誌『けーし風』には，

彼女らが何を問題としていたかを次のように述べていた[55]. インタビューには, ウナイの会会長 NM ①, 副会長 IS, 支援する研究者比嘉, ウナイの会を支援する会事務局長 NH ②が出席した. 聞き取りは『けーし風』編集者である[56].

——裁判に勝訴したらどのようなことをしようと思っていますか?

　裁判に勝ったら, 第1に役員改正をしたいです. そして積立金を含めて今後の軍用地料の使い道について発言をしていきたい. まずは, 子どもたちの人材育成にお金を使いたい. 問題は, 金武の若い人たちの働く意欲がなくなっているようにみえることにある. 区内に仕事がないから. 部落民会の……の財産は児童福祉と地域の活性化の基盤づくり, 若い人たちが働けるように基盤をつくりたい.

　部落民会の役員も 20 代, 30 代と各年代層から平等に役員を選び, 幅広く発言できるようにしたいと思う, 他の区みたいに. ……, 積立金の使途について責任がある. 今みたいにするのだったら, これは……みんなの税金なんだから, 戻したらいいよね. 軍用地じゃなければこんなことはなかったわけよね[57].

　彼女らは軍用地料の獲得だけでなく, その使い方についても大変具体的に言及していた. ここには, 種類の異なる問題が重層的に現れている. インタビューから読み取れる会の目的は, 大きく3点に分けられよう. ①女性差別を解消し, 軍用地料配分の不公平性を是正する. そのことは原告の夫である区外出身者への対応を変えることにつながる. ②入会団体の役員体制を変え, それを地域変化につなげる. ③軍用地料の使途を検討し, 地域の活性化−地域づくり, 福祉・教育に使おうとするものである.

　二審判決で逆転敗訴したウナイの会会長は, 「ているる」の地域リーダー養成講座で以下のように発言している[58]. 「福岡高裁裁判官が尊重する慣習とは何か, ……男たちは都合のいいように会則を変容させ, 女性を排除してきたのではないか, と二審の判決には落胆したけど気持ちを取り直して, 今はみんな上告して頑張ろうと決意を新たにしている」.

　ノンフィクションライターで女性・高齢者問題をテーマとする甘利てる代は,

金武杣山訴訟原告に共感する立場で，女たちが進める男女平等へのたたかいとして『週刊金曜日』に記事を掲載した.

その雑誌では，「軍用地料が人を変える，……小さな町で異議申し立てをした女性たちへの風当たりは強い．時にかげ口をささやかれながら，それでも女性たちの目は未来を見据えている」と記述していた[59].

ウナイの会会長は男性が地域の権益を主導しコントロールしてきたとし，会はそのことに抗する強い意志を述べていた．甘利は慣習と女性差別，地域における女性の政治参画を問題としていた．会の主張は男性対女性の構図だけでなく，彼女らの配偶者である区外出身者を受け入れない入会団体という地域の力関係をも告発している．ウナイの会は，そのような地域の排他的な状況を変えようとする目的ももつ．ここで1点注目したいことがある．それはウナイの会の家族関係をみると，彼女らは旧区民と区外出身者の間に位置する．このことが軍用地料の問題点をクリアーにし，彼女らであったればこそ，告発できた側面があるのではないか.

ウナイの会は，基地維持を支える軍用地料の権益に入ることから，利益構造と地料の使途を変えようとする目的を有する運動であった．それは，長らく口に出さないこととされてきた軍用地料問題から派生する女性間の差別，区外出身者への排他性を告発することでもあった．それは地域の不公平性を問うことになる．だが，甘利はそれについては曖昧である.

こうしたことからみえてくるのは，会が入会団体の運営や役員体制を刷新し，軍用地料の配分先を変えることによって，出自に関わる排他性を解消し地域の集団性をつくり替えようとしていることだ．その作業は男性主導でなく，女性と男性が共同しておこなう地域へ変化させようとするものである.

地域の問題というジレンマ

軍用地料をめぐる女性差別問題は，地域運営を男性主導でなく，女性と男性が共同しておこなう新たな地域づくりを意図して提訴された．金武杣山訴訟は，地元新聞・雑誌ではどのように報道されていたのだろうか．はじめに沖縄県内の雑誌からみてみよう.

仲地博は，雑誌『けーし風』で，金武杣山訴訟を「共有地訴訟からみえる沖

縄社会」と題して以下のように論じた[60]. 裁判は「沖縄社会のいくつかの面を鋭く抉り取って我々に突きつけるもの」だ. 第1は「内なる人権意識の低さを暴露した. ……莫大な軍用地料があったがゆえに男女差別が目にみえる形で温存され, 軍用地料があったがゆえに男女差別の打破を求める運動が起きたのは皮肉である. ……草の根で普遍的人権が根付く機会となることを期待しよう」.

第2は「基地に組み込まれる沖縄社会である. ……軍用地地主, 基地労働者, 基地所在自治体の財政の三者が基地の申し子である……. 私的団体であり, 声をあげることもないので隠れてみえにくいが, 基地周辺の地縁共同体も共有地を媒介としてまたそうである. 地域の自治会を通じ……, あたかも市町村に次ぐ統治機構の趣すらあるのが金武町の例である. これも軍用地と運命を共にするであろう」.

第3は「変容する共同体である. 今回の提訴は, 秩序と協調を重んじる共同体に抗し, 法治を求め司法という外部の力を借りる社会の登場を示している. ……戦後の沖縄社会は, 各層で急激に変化を遂げたが, 最も変化に乏しかったのは, 基層であるコミュニティ＝地縁共同体であった. その基層さえも, 個の解放という近代化の波に洗われていることを今回の訴訟は示していよう. 権利意識の高まりと共に, 共同体の拘束力が弱まったのである」.

仲地の提起した3点とウナイの会における問題意識の関係を整理しよう.

第1は, 金武杣山訴訟の問題を「軍用地料があったがゆえに男女差別が目にみえる形で温存され」と論じる. 確かに「軍用地料があったがゆえに」裁判という形で男女差別が露見した. だが, 入会団体は単に男女差別を「目にみえる形で温存」したばかりでなく, 慣習を維持し会則改正により女性差別を厳しくし, 区外出身者の男性に地料がわたるのを阻止してきたのである. それは軍用地料によって, 金武区外出身者だけでなく金武町外出身者を受け入れない傾向を強めるという地域の再編をおこなってきたといえる.

第2は, 「あたかも市町村に次ぐ統治機構の趣すらあるのが金武町の例である. これも軍用地と運命を共にするであろう」と記す. 「あたかも市町村に次ぐ統治機構の趣すらある」のは, 毎年多額の軍用地料を受け取る区事務所を指すと思われる. 軍用地契約が破棄される時, 区事務所の運営が大きく変質する

といっているのであろう.

　ウナイの会は区事務所の運営が,「軍用地と運命を共にする」ことを良とせず,提訴し軍用地料の使途を問うている. 軍用地料の使途を変えることは,基地維持を支える地域コミュニティをつくりかえる問題に通じ,裁判で勝訴することは地域をかえる足掛かりになるだろう. 仲地はこのことに言及していない.

　第3は,「沖縄社会は,各層で急激に変化を遂げたが,最も変化に乏しかったのは,基層であるコミュニティ＝地縁共同体であった」とする.

　ところが,戦後の沖縄は変化に乏しかったのではなく,基地の町では基地維持と地域経済・軍用地料に関わり,地域がつくりかえられ再編されてきた. そしてそれが今現在も複雑に進行しているのではないだろうか. その変容は地域社会が軍事基地から派生する利害に適応し,利益構造を形成する一方,地域の中では軍用地料のことを語らないとされてきた. ウナイの会はその問題解決に地域社会の「秩序と協調」を前提とせず,「権利は黙っていてはつかめない」とする信念の下に,集団的な強制力にも頼らず裁判と運動を選択したのであった.

　次に『沖縄タイムス』と『琉球新報』は,金武杣山訴訟を2審敗訴後に社説で論じている[61]. 両社の記事を見比べてみよう.

　『沖縄タイムス』は,「旧慣改廃議論の機会に」の見出しで「共同体としての地域の力が弱まる中,女性たちの訴えは,21世紀型の地域コミュニティをどう構築していくかの課題も突きつける」と記す.

　『琉球新報』は,「慣習に潜む性差別が問題」として「地域住民が旧慣習の改廃を自ら判断し,解決するという共同体の自浄作用の回復も期待したい」と述べる.

　2紙の社説は女性の人権に触れながら,専ら地縁共同体あるいは慣習問題とする傾向をもち,仲地の言説を踏襲しているかにみえる. 確かにそれは裁判の争点になった. しかしそうすることで,ウナイの会が軍用地料問題で明らかにした複数の論点を曖昧にしていると言わざるを得ない.

　論点を整理すると,第1は,既に述べたように軍用地料を得て正会員になることは,基地維持を支える地域コミュニティの運営を問うことを可能にする. それにも拘わらず,裁判の論点が「旧慣習の改廃」問題に帰するとされることは,結果として慣習あるいは因習とたたかうフェミニズムというこれまでの関

係でとらえることになる．それはウナイの会の要求や動きの広がりをみえにく
くするだけでなく，むしろ運動の可能性を切り縮める効果をもってしまったの
である．

　第2は，地域共同体の慣習は様々な契機で再編されてきた．それが地域の力
関係の中で起きていることは，女性差別撤廃条約の議論で知られている．しか
もこの町では区外出身者に対する排他的な傾向に連動している．社説ではその
点に触れず問題とされていない．

　第3は，確かにウナイの会は個人による金武区の問題として運動をおこなっ
た．しかし，地域の慣習問題とすることは，他地域の人々が金武区の地料問題
を論ずることを結果として牽制するような効果を生んでしまったと思われる．

　土地連をはじめとする軍用地主は，基地を維持し軍用地料の受け取りを不変
的な位置に置こうとしているようである．一方，原告らは基地を絶対的なもの
と見なさず，地域で入会団体の運営を見直そうと問うている．そして，提訴し
た女性たちは，軍用地料の権利要求をたたかいつつ，反基地運動へ参加するに
なんら違和感がないと思われる．那覇市在で島ぐるみ会議の参加者は，金武杣
山訴訟について次のように述べていた[62]．

　――金武杣山訴訟について知っていますか？
　　聞いたことない．そんな裁判があったのね．

　――軍用地料を配分されていない女性たちが，その権利を裁判という手段で
獲得しようとすることについて，どう思いますか？
　　別に違和感はない．基地は賃貸契約で貸している．軍用地料は基地賃貸料
　だ．受け取る権利を争える立場の女性が立ち上がったということだ．だか
　ら軍用地料をもらっていても反基地運動を制限されるものではない．反基
　地運動をやっているのは，米軍が基地被害や基地周辺地域で性暴力事件を
　多発しているにもかかわらず，日本政府がその刑事責任も問えないならば，
　基地にでていってもらうしかない．そう思って運動に参加している．

　この発言から金武杣山訴訟は，権利があると思われる人による軍用地料の権

利獲得闘争という論点で了解され，地料獲得と反基地運動は権利と生活を守るという視点から共存すると見なされる．

　新聞報道などは，ウナイの会が権利は黙っていてはつかめないという確信をもち，1990年代後半から軍用地料問題に取り組んできたことや反基地運動へ参加しつつ裁判をたたかったことに触れていない．それに触れないことは，彼女らの問題意識と地域共同体自体が基地維持を支えていることを曖昧にしたといえよう．その曖昧さが，結果的に軍用地料問題を変わらない慣習問題や地域共同体の位置に留めたといえるのではないか．

　だが，金武杣山訴訟は，地域で絶大な力をもつ入会団体が慣習を維持するだけでなく，強める会則改正をたびたび実施してきたことを明らかにした．入会団体の体制と基地維持の利益構造を問うことはつながっており，それを問うのは経済的権利の獲得と生活の安全確保の問題に帰着するといえるだろう．新聞報道・雑誌はそこに踏み込んでいない．

町内でどのように語られたのか

　当時，町内の基地被害抗議運動の中で金武杣山訴訟は，どのように語られていたのか．伊芸区のIYは，次のように回想した[63]．

　　第1ゲート前の早朝抗議集会は，朝5～6時頃から始まった．私も友人を誘って，連日グループで出かけた．金武区や並里区の女性は早朝集会にはこなかった，町民集会へは来ていただろう．金武杣山訴訟をたたかっていたNM①やIHは同じ職場にいたこともあり，よく知っている．彼女らは裁判をやっていて，とても忙しかったと思う．町内で時々出会った．そんな時には，伊芸区の動き，裁判の目的・進捗状況，入会団体のことや県内の大学で報告会をおこなっている様子を互いに話し合った．頑張ってね，負けないでと声をかけた．

　ウナイの会が町内で村八分的な状況におちいっていたことは，すでに述べたが，IYの話から女性らはつながりのあるもの同士が，伊芸区の運動やウナイの会のことで情報交換をしていたことがわかってきた．彼女は専門職として働

き続けてきた女性で，伊芸区の入会団体総会で軍用地料をめぐる女子孫差別解消動議に賛同発言をおこなった人物である．

　軍用地料問題は県内だけでなく金武町内でも，地域を変えようとする問題と受け取られず，専らトートーメー問題とか，「地料がほしかったんだ」，前述したように「養豚団地建設問題と似ている」といわれていた[64]．ウナイの会は旧区民や区事務所の規範や秩序からはみ出る運動なため，軍用地料の使途を変更し地域を変えようとすることは度外視され，個人の利害に関係する地料獲得のみが表面化したといえる．当時原告らは，地域の様子をどのように感じ取っていたのかをみよう．NM①は次のように述べていた[65]．

　　——裁判を初めて女性同士の中でも何か感ずるものがありましたか？
　　　やっぱり，みんなの態度が変わった．それで，町の老人会をはじめとする
　　　地域役員をすべて降りた．裁判が終わってしばらくしてから，また復帰し
　　　たけどね．

　これは提訴事由が金武区という地域共同体に抗することであったため，人々の視線から役員を自重せざるを得なかったこと，裁判終了後に女性差別に関する入会団体の会則改正があり，彼女らの主張の正当性が一部認められたことから地域の役員に復帰したと考えられる．またこの裁判は，単なる女性差別の問題と受け取られていたのだろうかについて，IHが次のように語っていた[66]．

　　——この裁判は固有の家父長制，女性差別の問題として受け取られたのでしょうか？
　　　確かに地域内の男女差はひどいものがある．親の介護も嫁の仕事といわれ
　　　て，遠くに住んでいても頻繁に出かけなくてはいけない．区会は年に何回
　　　かあるけれど男性と女性の席はきっちり別々で，会議が終わると男性は酒
　　　宴が始まり，そこに参加する女性は少ない，参加する雰囲気ではないよう
　　　に思う．そのような女性差別に対し50歳代になって反発した一面はある
　　　けれど．でもこれは普通の権利の主張とは違う，軍用地料問題なのだ．こ
　　　の問題では実母も応援してくれた．

この語りから，訴訟が古くからの女性差別問題の告発ばかりでなく，区外出身者を受けいれない傾向を含み，基地維持を支える地域の利益構造への異議申し立てと考えられる．

「実母も応援してくれた」ことは，戦後から長年続いた軍用地料について口にしないという地域の歴史をすべて受け入れた上で，男性だけでなく女性たちも自身の利害から発言し行動ができる地域社会にしたいというものだろう．それゆえ敗訴した後，地料を受け取れない立場にあっても，運動は「今までいえなかったことを裁判という形であったがいえたのでやってよかった」とする発言になったのだろう[67]．NK は地域内にある区外出身者に対する排他性について，次のように述べていた[68]．

　　——入会団体から受け取る軍用地料は，すでに杣山の仕事がなくなっている地域の中で，不労所得のある人に対する異議申し立てとも思えます．地料の配分には区外出身者に対する排他的な様子がうかがえますが，どうですか？
　　　　だから，運動するものにはみえない地域の目がある．それが怖いから，会に表立って応援や協力できないところがあったのだろう．

　　——軍用地料の配分問題では未解決な世帯主要件が残っていますが，運動の継続は考えていますか？
　　　　いやー，もうできない，私も 80 歳になろうとしている．若い人が考えることだ．でも夫が，裁判後の会則改正で会員の権利を得たので私が代理で出席し，総会では毎回いろいろ意見をいっている[69]．

これまで地域の基地維持を支える権益が，区外出身者への排他性を同時に含んでいるにも拘わらず，関係修復がされてこなかった．さらに，女性が表に立ち，ことを起こすことに疑義をもつ人々が存在する．その状況の中で"あの人たちは軍用地料がほしかったのだ"という一言は，町民を黙らせる圧力になったのだろう．それは根深い地域の利益構造の縛りといえるのではないか．

区外出身者との関係

　既述したように，この地域の女性差別は頻繁に移動する新開地の女性従業者を含み，ウナイの会の配偶者である区外出身者や町外出身者への排他性も存する．入会団体のインタビューでは，戦前は寄留者（一定の木草賃を払う者）への差別はみられず，軍用地料が発生してからの傾向といわれている．

　金武杣山訴訟は，区外出身者が多数居住する新開地周辺の人々に衝撃を与えた．その問題は様々な場面で話題となり，先述したように「金武区に住む自分たちにも権利があるのではないか」といわれたことから学習もされ，金武町議会でも発言された．

　その中で入会権の概要，金武町財政の3割は軍用地料が占め，金武区事務所予算の約6割が金武入会団体の軍用地料からの補助金で支払われていることが話し合われた．そして，区外出身者には個人配分がないが，町役場・区事務所の予算にかかわり軍用地料の恩恵を受けていることなどが確認された．

　一方，1966年に新開地地区へ転入した元女性経営者GK①は，「50年もここで生活している．いつになったらこの地域の住民と認められるのだろう」と問う[70]．彼女の語りは区外出身者の不満の声で，入会団体を構成する旧区民が区外・他地域出身者を受け入れない根拠に，入会権や居住開始条件をあげることとの不公平さを述べている．

　ここで忘れてならないのは，戦前杣山が入会団体を構成する旧区民の先祖によって買い戻されたことや，戦後をみると基地関連労働者・自営業者など基地をめぐる人の移動が，地域経済を活性化させていることである．だが軍用地料問題では，基地によって潤う地域社会が，むしろ頻繁に移動する人々に排他的な傾向がみられるのである．

　軍用地料の配分が持つ排他的な傾向は，男・女子孫間だけでなく，女性間の差別をも明らかにし，経済的格差を拡大し続けている．だが，そのような差別に対する異議申し立ての前では，先述したように女性たちが“一枚岩”ではない．その上，この問題は，新開地の自営業者などへの差別や暴力問題をも浮き上がらせた．

　既述したように原告女性からは，裁判中の新開地区との関係や動きについて語られなかった．彼女らの夫は当然みんな応援したが，約60％以上存する区

外出身者の世帯主との表だった関係は語られていない．しかしNKが言うように，「表立っての応援は限られていたが，裏では多くの人が応援してくれた」ということに隠されていたと思われる[71]．

　最後に，ゆあ法律事務所の宮國（原告弁護人）が「ウナイの会」をどのようにみていたのかを，次のように振り返った[72]．

　——約4年にわたり長い期間一緒にたたかわれ，今は金武杣山訴訟をどのように思っていらっしゃいますか？

　　彼女たちは長い期間よく頑張ってきました．軍用地料に関わる地域の運営は，男性だけの知恵ではなく女性も加わって，なされるべきものです．彼女たちはそこを指摘した．軍用地料の使い方を男性だけで決めていいはずがないですよね．女性も加わって検討されるべきです．

　　軍用地料の使い方の一つとしてこれまで男性が現金で配分を受け取るという方法がおこなわれてきました．しかしそれは，当然おかしい．女性が排除される理由はないはずです．おかしいけどこの方法はこれまで是正されてきませんでした．彼女たちの運動は，そこを指摘し，風穴を開けたと思う．時代を前進させたといえますね．

　ウナイの会は生活に根ざした問題として軍用地料の使途を問い，地域を変えることを目的とした．この目的は経済的権利の獲得，基地維持を支える権益の構図を変えることや生活の問題を優先する，新たな地域をつくる足がかりとなるだろう．

4　女性運動の可能性

地域の軋轢の中で

　ウナイの会の問題提起は，軍用地料の女性差別を解消し，正会員になることから経済的権利を獲得し，軍用地料の使途を変えるとともに基地維持の利益構造と地域コミュニティの変革を目指すものであった．その問題提起は，地域の区外出身者への対応を是正することや入会団体の役員体制を変えることにより，

地域の活性化につなげようとする極めて根深い生活の問題があった．

　けれども，彼女らが新たなグループを結成し提訴した行動は，古い慣習との対立と受け取られ，金銭の獲得ばかりが注目され，地域を変えようとしたことが理解されなかった．軍用地料の獲得が注目されたのは，当時の地域経済の落ち込みから，経済的な問題が原告女性だけのものでなく，町内の区外出身者をはじめとする多くの人々が，感じていた問題も含んでいたことにもよるのだろう．

　他方でこうした行動を選択した背景には，1995年の県民大会の問題提起があると考えられる．これまで50年間，性暴力被害はひたすら隠されてきた．だが，少女が性暴力事件を告発したことにより，女性たちは性暴力被害を人権と生活の安全問題として必要な行動を冷静に取り，県民大会を成功に導いた．県民大会以降，その力は日米安保体制の土台を揺るがすほどの域に達したことから，行動することが確信になったといえる．

　その確信は女性たちの中に，"権利は黙っていてはつかめない"と主張する主体的な力を蓄え，婦人会活動の枠を超えた「象のオリ」受け入れ抗議，「都市型」訓練施設建設，これまで問われてこなかった男性が主導する地域社会への抗議，軍用地料問題としてウナイの会に引き継がれたのである．むしろ女性らは地域の生活に関連する問題で行動を起こさざるを得なかったといえよう．

　それは基地と軍隊の存在により，日常的に生活が脅かされるという生活の安全・安心に関わるものであり，女性という立場で地域社会の利害を超えて発言できる要素をもっていたものと考えられる．

　こうした女性たちの行動は，岡本が1970年代に沖縄をとらえる時「共同体的性格を無視することはできない」としつつも，「生活の次元での画一的な支配を通して，人間の"自由性"を圧殺する権力的支配の構造にあらがう」ことを述べたことが示唆的である[73]．1990年代に「基地・軍隊を許さない行動する女たちの会」が設立され，地域では軍用地料問題にみるように，個人が社会的権力を構成する地域をとらえなおすことになってきたのである．

　金武町では当時，基地被害抗議運動を取り組みながら地域のネットワークを維持できた側面がある．基地被害抗議運動をたたかってきた仲間との金武杣山訴訟だったからこそ，会がつぶされずに維持できた要素があるのではないか．こうしたことからウナイの会にとって，経済的権利の獲得と生活の安心・安全

第 6 章　ウナイの会と女性運動の可能性　　275

問題は共に女性の人権に関係する生活問題であり，長年地域の軋轢を産み出してきたと認識したがゆえに，運動が起こされたといえる．

新たな地域をつくるために

　ウナイの会は個人を主体とし，個人の支援者を募った．会員は那覇を中心とする「"中央"に出て何らかの際だった足跡を残した女性たち」ではなく，沖縄でも"地方"に属し，それゆえに運動が起こるとは想像もされなかった金武町で裁判がたたかわれた[74]．

　それは自分のことは自分で決める決意をしている女性たち，それも長年働き続けた女性たちによる運動であった．そして，裁判に関わって継続的な支援をおこなったのは，町内外の限られた地元民と研究者であった．一方で活動資金も限られており，それが運動を規定した．会は強い会則をもたず様々な形のつまずきともいえる問題を抱えたが，当事者として主導権を維持した．

　ウナイの会は個人の生活問題をわかっているもの同士が，自身の利害からの発言や行動を保障され続け，互いの意見の違いを議論する関係性を維持できたがゆえに，運動体として力をもったといえる．それは長年の地域秩序とは異なり，強制力をもたず，女性が抑圧されないゆるやかな関係のグループといえる．

　また，裁判の原告らは新開地の女性従業者に差別意識をもちながら，自らの経験も含め一言も口にしない．そこには性暴力被害を語らないことと同様，彼女らについて語らせない地域社会の排他性とその根本に貧困問題があることを示唆している．ウナイの会と女性従業者の関係はみえなかったが，語られない中にその関係性をみせているようである．ここに今後の連帯の可能性を見いだせよう．

　会は男性だけでなく女性とともに基地維持を支える権益の構図を変えること，地域の排他性を取り除くこと，安全な地域で生活する権利を獲得し，新たな地域をつくることを目指した．それは地域の内部から生活の問題を問い直すものであり，沖縄の女性運動の一翼を担う歴史を切り開いたと位置づけられる．

註

1）宮城晴美「沖縄のアメリカ軍基地と性暴力」（中野敏男・波平恒男・屋嘉比収・李孝徳編『沖縄の占領と日本の復興——植民地主義はいかに継続続したか』青弓社，2006 年）

43 頁.

2）宮城晴美「沖縄女性にとっての近現代」沖縄県教育庁文化財課史料編集班『沖縄県史 各論編 8 女性史』沖縄県教育委員会，2016 年，14 頁．以下，2005 年，冨山一郎『戦場の記憶 増補版』日本経済評論社，2006 年（初版 1995 年），岩崎稔ほか編『継続する植民地主義——ジェンダー／民族／人種／階級』青弓社，2005 年，宮地尚子編『性的支配と歴史——植民地主義から民族浄化まで』大月書店，2008 年を参照．

3）秋林こずえ「安全保障とジェンダーに関する考察——沖縄『基地・軍隊を許さない行動する女たちの会』の事例から」（『ジェンダー研究』第 7 号，お茶の水女子大学ジェンダー研究センター，2004 年）80 頁．

4）YM からの聞き取り（於：那覇市，2015 年 5 月 21 日）．

5）IM からの聞き取り（於：那覇市，2016 年 7 月 14 日）．

6）高里鈴代『沖縄の女たち——女性の人権と基地・軍隊』明石書店，1996 年，25 頁．

7）城間貴子は「基地・軍隊を許さない行動する女たちの会」の会員である（秋林こずえ，前掲論文，81 頁）．女性らの強い発言と行動には，沖縄が戦前の歴史を「内なる日本化」として捉え直す論点が重要と考えられる．以下，女性史の視点から伊波普猷「沖縄女性史」，『伊波普猷全集』第七巻，平凡社，1975 年，喜納育江編『沖縄ジェンダー学』シリーズは，1「伝統」へのアプローチ〈琉球大学国際沖縄研究所ライブラリ〉大月書店，2014 年を参照．

8）金武町議会事務局資料，40-41 頁（2013 年 10 月 9 日受領）．

9）YM からの聞き取り（於：那覇市，2015 年 5 月 21 日）．

10）NM ②からの聞き取り（於：金武町，2013 年 8 月 10 日）．

11）高里鈴代は当時那覇市会議員であった．この会は 1980 年代に組織された複数の地域グループから出発しているが，地域の運動とは異なり，沖縄県内外の研究者，政治家，個人が参加し，代弁者的な役割をもつ．それは日本国内だけでなくフィリピン，ハワイ，アメリカなど太平洋周辺の米軍基地地域とネットワークをつくり行動している．「行動する会」は，米軍人から受ける性暴力事件は女性の人権侵害であること，軍隊による「女性に対する暴力は個人の問題ではなく，社会構造の問題であり，ひいては構造的暴力としてとらえるべき」ではないかと問うている（秋林こずえ，前掲論文，75-85 頁）．

12）『沖縄の米軍基地』は沖縄基地対策課により 5 年ごとに発行されている．TS からの聞き取り（於：那覇市，2016 年 3 月 16 日）．

13）戦後史における沖縄の諸問題については，鹿野政直『沖縄の戦後思想を考える』岩波書店，2011 年，孫崎享・木村朗編『終わらない〈占領〉——対米自立と日米安保見直しを提言する！』法律文化社，2013 年を参照．また，戦後第三世界と戦後世界をフェミニズムの視点から論じたアイゼンステイン，ジーラー・（奥田のぞみ訳）『フェミニズム・人種主義・西洋』明石書店，2008 年を参照．

14）NM ②からの聞き取り（於：金武町，2013 年 8 月 10 日）．

15）「都市型」戦闘訓練施設とは対テロ対策訓練を実弾射撃により実施するための訓練場

第 6 章　ウナイの会と女性運動の可能性　　277

と施設をいう.

16）新崎盛暉『沖縄現代史 新版』岩波書店〈岩波新書〉, 2005 年, 222 頁.

17）「県民結集に期待」（『琉球新報』2005 年 7 月 19 日）.

18）伊芸誌編纂委員会『伊芸区と米軍基地』担当編, 『記録集　伊芸区と米軍基地（伊芸誌別冊）』2013 年, 113・243 頁.

19）「県民結集に期待」（『琉球新報』2005 年 7 月 19 日）.

20）1990 年代以降の県民抗議集会を振り返ると, 1995 年 10 月は 8 万 5,000 人, 2004 年 9 月には沖国大ヘリ墜落抗議市民集会が 3 万人規模で開催された. 金武町では 2005 年 7 月に 1 万人の緊急抗議県民集会が, さらに 2007 年 9 月には「教科書検定意見撤回を求める県民大会」が 11 万人規模へと続く.

21）新崎盛暉, 前掲書, 224 頁.

22）「県民結集に期待」（『琉球新報』2005 年 7 月 19 日）.

23）伊芸誌編纂委員会『伊芸区と米軍基地』担当編, 前掲書, 11-17 頁.

24）IM ②からの聞き取り（於：金武町, 2018 年 1 月 16 日）.

25）「都市型訓練危険性を訴え」（『琉球新報』2005 年 7 月 23 日）.

26）伊芸区の分収金である軍用地料を管理・運営する団体.「伊芸財産保全会には拒否した所有地の地料約 4600 万円のほか, 町がもつ軍用地の分配金約 2 億 3000 万円も入る. 区への補助金は分配金から出すため, 契約を拒否しても区の運営に影響はなかったが, 財産保全会が積み立ててきた基金に回せる額が減った」（琉球新報社編著『ひずみの構造——基地と沖縄経済』琉球新報社〈新報新書〉, 2012 年, 132-133 頁）.

27）同上書, 133 頁.

28）「金武町並里区／軍用地返還を求め半世紀／増す騒音『美しい岬返して』」（『琉球新報』2012 年 11 月 1 日）.

29）新崎盛暉によると,「日本政府は復帰に際し, 強制収用されて米軍基地となった軍用地に対し新たな賃貸借契約を結ばねばならなかった. その状況の中で, 前述したように軍用地料を従前の約 6 倍以上に値上げし, 1950 年代には島ぐるみ闘争の牽引者だった土地連を, 基地維持政策の支柱に変質させた」と論じる（新崎盛暉, 前掲書, 42-43 頁）.

30）NM ①からの聞き取り（於：金武町, 2012 年 11 月 25 日）.

31）比嘉からの聞き取り（於：那覇市, 2012 年 9 月 19 日）.

32）第 8 回 JAC 全国シンポジウム（於：沖縄県男女共同参画センター「てぃるる」, 2003 年 11 月 21 日）. 北京 JAC とは, 1995 年 11 月に発足し,「北京政治宣言」と「行動綱領」の実施を目指した全国組織の NGO.「政府・自治体・議員・政党などにロビイングと政策提言を行う. ……発足当時の目標は, 女性省の設置・男女平等法の制定・女性に対する暴力防止法の制定」（北京 JAC ホームページ, http://pekinjac.or.tv/about_beijingjac/index.html 最終閲覧日 2019 年 5 月 15 日）.

33）US からの聞き取り（於：西原町, 2016 年 5 月 10 日）. 彼女は公益財団法人沖縄協会：金城芳子基金に関わる.

34）NM ①からの聞き取り（於：金武町，2013 年 2 月 3 日・5 月 18 日）.

35）NT からの聞き取り（於：金武町，2013 年 8 月 10 日）.

36）「弱者の論理で議員に／地域リーダー養成講座／てぃるる」（『沖縄タイムス』2004 年 2 月 21 日朝刊）.

37）（公財）アジア女性交流・研究フォーラムは，1990 年 10 月に日本及びアジア地域の女性の地位向上を目的として設立された団体．日本及びアジア地域の女性のエンパワーメント，男女共同参画を目指し，「まなびあう」「ふれあう」「たすけあう」をテーマに，事業活動を展開している（同フォーラムホームページ，http://www.kfaw.or.jp/about/index.html 最終閲覧日 2019 年 5 月 15 日）.

38）喜多村百合・菅野美佐子「第 6 章　女たちが政治に参加するとき――ケーララ州とウッタル・ブラデーシュ州を中心に」粟屋利江・井坂里穂・井上貴子編『現代インド 5 周縁からの声』東京大学出版会，2015 年，156 頁.

39）KT からの聞き取り（於：沖縄市，2016 年 5 月 7 日）．当時，金武町では役場と入会団体が，市町村合併問題の論議をはじめており，先述したように，並里区事務所・入会団体と中川区の一部住民による裁判が始まっていた．その上，伊芸区を中心に「都市型」訓練施設建設にかかわる抗議運動が激しくなり，2004 年頃には県内諸団体の支援が本格的に動きだした．町ではマスコミをはじめ，様々な立場の人々が往来していたのである.

40）NM ①からの聞き取り（於：金武町，2013 年 5 月 18 日）.

41）IM からの聞き取り（於：那覇市，2016 年 7 月 14 日）.

42）比嘉からの聞き取り（於：那覇市，2013 年 3 月 5 日）.

43）女性差別撤廃条約にかかわる弁護士の団体（比嘉からの聞き取り，於：那覇市，2013 年 3 月 5 日）.

44）中尾は上告理由書に補足文を追加した（『人権を守るウナイの会を支援する会通信』創刊号，人権を考えるウナイの会会長・ウナイの会を支援する会事務局，2005 年 1 月 15 日）.

45）比嘉からの聞き取り（於：那覇市，2013 年 3 月 5 日）.

46）IH からの聞き取り（於：金武町，2013 年 5 月 17 日）.

47）NM ①からの聞き取り（於：金武町，2013 年 5 月 18 日）.

48）IH からの聞き取り（於：金武町，2013 年 5 月 17 日）.

49）伊芸誌編纂委員会『伊芸区と米軍基地』担当編，前掲書，98 頁.

50）比嘉からの聞き取り（於：那覇市，2013 年 2 月 2 日）.

51）比嘉からの聞き取り（於：那覇市，2013 年 3 月 5 日・4 月 30 日）.

52）「平等へ女性の権利主張普／杣山訴訟支援の会が発足／県内外に輪広がる／『ウナイの会』」通信創刊・配布（『沖縄タイムス』2005 年 3 月 3 日）.

53）NM ①からの聞き取り（於：金武町，2012 年 11 月 25 日）.

54）比嘉は，長年市町村史編纂の専門委員を務めた経歴をもつ（名護市・豊見城市など）．市町村史編纂では資料収集や住民による語りを記録し，代弁者あるいは「翻訳者」的立場である専門委員は，人々の暮らしや感情から発せられる語りに対し，歴史性をもたせ

第6章　ウナイの会と女性運動の可能性　　　279

ながら分析的な態度を維持し理論的な言葉に置き換え，住民による語りを文字にする役割をも担うのである．このことから市町村史の記述は，一面複数のフィルターによって翻訳された記録ともいえるだろう．

55）雑誌『けーし風』のタイトルは，「台風時の『返し風』の沖縄語読みに由来し，沖縄に吹き込む問題を跳ね返す力の一翼たろうとして，1993 年に創刊された」．その中心には沖縄現代史の研究と市民運動を牽引してきた新崎盛暉がいた．雑誌『けーし風』は，「沖縄戦を起点とする住民の歴史意識を繰り返し検証し，……誌面において複数の運動や思想潮流を結び合わせることで，現代沖縄の諸運動が共有する特質を浮き彫りにしてきた」（戸邉秀明「現代沖縄民衆の歴史意識と主体性」，『歴史評論』第 758 号，歴史科学協議会，2013 年，24 頁）．

56）『けーし風』第 49 号，新沖縄フォーラム刊行会議，2005 年，17-18 頁．

57）ウナイの会の女性らは，旧金武区民の流れをくむ金武入会団体をしばしば“部落民会”と呼ぶ．復帰前まで金武の区会を部落会あるいは部落民会と呼んでいたためと思われる．既述したように，それは復帰後に解散し，業務は金武区事務所と入会団体へ移管された．

58）沖縄県男女共同参画センター「てぃるる」主催，地域リーダー養成講座，2004 年 2 月 13 日．

59）甘利てる代「このたたかいは，きっと町を変える」（北村肇編『週刊金曜日』第 537 号，2004 年 12 月 17 日）26-28 頁．

60）『けーし風』第 42 号，2004 年 3 月，44-45 頁．

61）「旧慣改廃議論の機会に」（『沖縄タイムス』2004 年 9 月 9 日）．「慣習に潜む性差別が問題」（『琉球新報』2004 年 9 月 9 日）．

62）YM からの聞き取り（於：那覇市，2015 年 3 月 17 日）．

63）IY からの聞き取り（於：金武町，2017 年 10 月 8 日）．

64）金武入会権者会からの聞き取り（於：金武町，2013 年 2 月 2 日）．第 4 章の養豚団地建設問題のこと．

65）NM ①からの聞き取り（於：金武町，2012 年 11 月 25 日）．

66）IH からの聞き取り（於：金武町，2015 年 1 月 14 日）．

67）同上の聞き取り．

68）NK からの聞き取り（於：金武町，2013 年 2 月 3 日）．

69）NM ①からの聞き取り（於：金武町，2013 年 5 月 18 日）．

70）GK ①からの聞き取り（於：金武町，2015 年 10 月 14 日）．

71）NK からの聞き取り（於：金武町，2013 年 2 月 3 日）．

72）宮國英男からの聞き取り（於：那覇市，2013 年 2 月 8 日・2018 年 6 月 8 日）．

73）岡本恵徳『「沖縄」に生きる思想——岡本恵徳批評集』未来社，2007 年，115-116 頁．

74）鹿野政直『婦人・女性・おんな——女性史の問い』岩波書店〈岩波新書〉，1989 年，198 頁．

終　章
生活の問題を問う女性たち

1　生活の拠点と軍用地料

　金武町が基地の拡大を受け入れた経緯は複雑である．金武村は 1957 年に，海兵隊基地の受け入れを決定し，基地の町となった．もちろん背景にはアジア太平洋戦争で日本が沖縄を捨て石にし，沖縄戦がたたかわれたことや米軍占領を受け，土地接収が武力をもっておこなえたことから米軍基地を沖縄へ集中させたことがある．そして沖縄の人々はそれを忘れていない．

　他方で，地域社会が強権的な米軍の土地接収に直面し，その押しつけを条件闘争に持ち込む様相が垣間みられる．そこには戦前からの地域有力者が大きくかかわり，彼らが積極的に動いた様子がうかがわれる．軍用地料が支払われるようになると，地域有力者らは入会団体を設立し，町役場，区事務所とともに基地維持を支える軍用地料の利益構造を形成していった．

　中心となった有力者は戦中・占領期を経験し，体を張って地域の立て直しに尽力した人々だった．そのようにして，海兵隊演習場の受け入れは誰もが支持している事実となり，町には基地維持を支える利益構造が形成されたのである．

　町では米軍基地建設と海兵隊駐留に合わせ，基地門前にドル稼ぎと性暴力被害を町内に拡散させないためとして，新開地という遊興地を造成した．そこは他の基地周辺と同様，飲食業などと性産業が同居し，多くの離島出身女性や後に外国籍女性が低賃金で就労した．人の移動が頻繁に起こり，地元民の居住地区とは異なる様相であった．

　この地域では，軍用地料が区外・他地域出身者に渡らないようにするだけでなく，性暴力被害と軍用地料問題は口に出さないとする暗黙の圧力が存してい

終章　生活の問題を問う女性たち　　　281

た．新開地からの収益はベトナム戦争期がピークだったが，その後1990年代前半に至るまで，町の主要産業に位置づけられてきた．

　ここで忘れてならないのは，歓楽街で性産業に従事してきた女性たちが，地域社会とは隔絶された世界で就労する低賃金労働者たちであったばかりでなく，地域住民よりもより多くの暴力を被ってきたことである．現在も，町の米軍に関係する各種の事件は減っていない．金武杣山訴訟の原告女性たちは，新開地の女性従業者に対して差別意識をもちながら，性暴力事件については，自らの経験も含め一言も口にしない．もちろん，性産業に従事する彼女たちについて語らないのは，全県的な傾向でもある．

　この町で注目されることは，自治会的な活動と地域問題の解決の拠点となる区事務所の存在である．区事務所は明治期から続く区民の最も身近な結集の場所である．基地維持政策と密接にかかわる軍用地料は，金武町役場，区事務所，入会団体の重要な財源である．それゆえに，区事務所と入会団体は町役場に縛られない独立した組織形態を持ち，各々があたかも社会的権力をもつ独立団体といえる．

　そのような性格をもつ金武町の区事務所は，軍用地料によって基地維持を支える利益構造の一角を構成するが，町議会の勢力地図を塗り替える程の運動だけでなく，基地被害にかかわる抗議・要請行動，軍用地の再契約問題など，日米両政府と対峙する場ともなる．その行動には軍用地料問題をたたかった女性たちもしばしば参加し，後に町長の方針に疑義を表す場面さえ出てきた．

　言い換えると，区事務所は財政を担う入会団体と一体になって，地域の力関係を左右するばかりでなく，地域規範へ影響を与えることも可能である．軍用地料という独自財源によって，町役場の方針に左右されず，地元の利害により密着した地域づくりが可能になる一方，金武町，特に並里区事務所と金武入会団体は，豊かな財源を背景に地域に強い影響力をもつ．

　軍用地料をめぐる裁判は，こうした複雑な利益構造をもつ地域でたたかわれた．ウナイの会は，男性優位や基地維持を支える利益構造をもとにした地域社会の規範を受け入れない女性たちとみなされ，会の会長は老人会会長を降りたばかりでなく，会員は村八分的な状況におかれた．ウナイの会の主張は，入会団体からだけでなく，金武区事務所にも受け入れられなかったのである．

地元新聞や研究者らは，軍用地料問題が並里区からはじまったことや複雑な地域の背景に言及することもなく，"村社会と古い家父長制による女性差別"と分類してきた．女性たちが軍用地料を獲得し，地料の使途を問うことで地域を変えようとしていたことについても論じなかった．

字金武の軍用地料問題をみると，女性への抑圧は金武区でより顕著にみられ，並里区では区事務所を中心とする体制が，女性差別により敏感であることがわかった．金武杣山訴訟では復帰後に軍用地料が高額になるにつれ，入会団体が他地域から流入する人々に対して排他性を強めるという方向で，地域の再編を続けてきたことを明らかにした．金武区外出身者への排他性は，戦前にはみられなかったことで，米軍基地と新開地が形成され，軍用地料の支払いがはじまってからの現象である．

本書ではその背景として，軍用地料の配分先が拡大しないように，慣習を維持しようとする入会団体の運営が行われてきたことを示してきた．それは，軍用地主の既得権を守る方法でもあった．当時，日本が女性差別撤廃条約を批准し，沖縄県でも女性の人権拡大や政治的参画を啓発していたにも拘わらず，それは行われていた．結局，裁判は敗訴したが，一部の女性差別に改善がみられた．

地域に存する排他性の背後には，日米両政府による基地維持政策を支持するように，地料を介して地域社会の統制がされているようにみえる．軍用地料は，地域規範さえコントロールする力があると考えられる．他方で，入会団体における軍用地料の管理運営は，不公平感を産み出している．また1995年の県民大会で示されたように，地域社会には抵抗する場面も存する．

このような経緯を経て1990年代半ばに，女性たちは基地の町の生活をもう一度問い直すという価値観の変化，経済力や社会性の高まりを迎えたのである．女性たちの運動は，基地を支える町の抑圧的な人間関係の中でこそ力を蓄え，たたかうべき問題と発せられる言葉を選びとってきたといえる．

2　地域を内部から問う

軍用地料問題がたたかわれていた頃，町では不況による商店街・自営業の

終章　生活の問題を問う女性たち　　　283

閉店・休業が相次ぎ，他方で基地被害に対する抗議行動も頻繁に行われていた．その時代背景の中で，女性グループは軍用地料の配分における女性差別解消を求めて提訴した．原告女性の多くは，長年複数の仕事に就いた時期もあり，働き続けてもなお経済的なゆとりを得にくかった女性労働者といえる人々であった．当時，高齢期にさしかかったことや，折悪しく配偶者の死去が重なったこともあったろう．

　ところが，既に幾度も言及してきたように，金武杣山訴訟は裁判の争点や慣習については多く語られてきた．しかし，提訴の当時，地域内で経済的な格差が目に見えだしたことや，町の中でたたかわれた基地被害への抗議運動との関係について，言及されることはなかった．だが抗議運動に触れなければ，軍用地料問題の一部分だけを切り取ることになり，問題の全容は説明できない．

　そして，なぜこれまで反基地運動では，基地維持を支える地域内の力関係を変えることや軍用地料の使途を問うことが正面切って論議されなかったのだろうか．そのような議論の不在こそが，金武杣山訴訟を，家父長制やトートーメー問題として区分けし，戦後沖縄の基地問題の本質ともいえる課題と切り離すことになったのではないか．結果として，基地維持の利益構造や軍用地料の使途を問い，地域をつくりかえようとしたこの女性運動は，反基地・平和の運動と重なり合う視点を含むにもかかわらず，その全体的な意義は議論されてこなかった．

　字金武の女性運動は，女性の権利は黙っていてはつかめないと決意している女性たちの運動体であった．彼女らは長らく同一地域で生活し，これからもこの地域で暮らし続ける意思を確認して，軍用地料問題でグループをつくった．

　このグループは個人の利害に発する発言や行動を互いに保障し，脱落者も出さず，意見の違いを話し合いで解決する関係性を維持したことから，結束力を保持できたのだろう．それは地域秩序とは異なり，強制力をもたない，女性が抑圧されない緩やかな関係のグループであった．

　なぜこの地域で訴訟が起こされたのかについても，あらためてまとめておこう．

　ウナイの会の女性たちは，米軍基地が集中し，社会変動が激しい地域社会という本土と異なる歴史の中で，性暴力被害に黙し，軍用地料の利益構造から締

め出されるという複雑で困難な課題に，最もたたかわなければならない立場に
あった．

　またこの町では長年，生活の安全を重視するのか，雇用や経済効果などを重
視するのかという地域社会の利害にかかわる対立がある．女性たちはその中で，
軍用地料にかかわる基地維持のための不平等な利益構造に入り込み，そこから
地域を変えようと試み，利害を超えて安全で安心な生活の追求を公然と発言で
きる場をつくりだそうとした．その論点こそが1995年以降にあらわれ，この
運動が引き継いだ課題と考えられる．

　彼女たちは，どのようにしてその境地にたどり着いたのか．越境的で激し
い人の移動を助長する経済のグローバル化の拡大といった大きな状況の変化や，
1990年代の女性のネットワークづくり・政治参画によって価値観が変わった
というだけでは十分言い表せない．女性たちが働き続ける中で自信を得て，生
活の中に根深くある女性差別を地域から見直し，もう一度安全で安心な生活
を"ここで"つくろうとしたことが，基地の町で女性運動を成立させた力と
いえるのではないか．そこにこそ彼女たちの運動の正当性が見出せるだろう．

　会の活動は，基地被害に対する抗議運動を取り組みながら，県内と地域の
ネットワークを維持できた反面，反基地を表に出さない形だからこそ，会が維
持できた要素もあった．したがって彼女たちの実践は，軍用地料の獲得と反基
地・平和運動が両立したという語りでないばかりか，従来の保守か革新かとい
う対抗軸にも位置づけられないものだ．ウナイの会の運動は，軍用地料問題か
ら出発し地域を内部から変えようとたたかわれた，日常生活に根ざした新たな
運動と位置づけられよう．

　だが，女性たちの連帯はなお一部に留まり，依然，過渡期にあると考えられ
る．地域を内部から変えようとする声は，見方を変えれば，基地維持を容認し
軍用地料の使途を問わない，これまでの地域秩序に沿う組織の中では，語れな
かったともいえる．

　そのため，地域秩序に沿った組織とは異なるグループで，安全で安心な生活
を優先するために，たとえ小さくとも，自分たちの意思で結集することが，女
性たちをより強くする力となり，新たな地域をつくることになっていくのでは
ないか──それが，本研究から得られる，最も重要な知見である．

3 再構成される地域

　基地被害にかかわる金武町の政治的傾向の一つは，基地維持により軍用地料という権益を手放さず，基地被害に対して強弱はあるものの，交渉の一方で抗議集会・デモをおこなう姿勢である．この傾向は，字金武の女性運動をたたかった人々が軍用地料の権利を要求しつつ，地域の基地被害への抗議や平和運動をたたかった点で類似している．そしてそこには，なぜこれまで軍用地料を受け取る意味や，使途が問われなかったのかという問題も見出せる．

　このような姿勢は，反戦地主，土地連，いずれの立場とも異なり，基地返還・撤去を前面に出さないことから保守的ともみえるが，両者にくみしない立場でもありうる．伊芸区の運動でみたように，被害への抗議は，実弾演習をする軍隊が駐留し続けることから根本的な問題解決にはならず，事件・事故のたびごとに意思表示をせざるを得ない．

　このような立場の問題点を整理する前に，まずこれまで軍用地料問題が，なぜ反基地・平和運動の中で問われてこなかったのかを，あらためて考えてみよう．

　復帰を前にして巻き起こった軍用地主・土地連と政府による契約更新問題は，米軍基地の存続と軍用地料の値上げに帰着した．その中で軍用地料の権利を語る際，既得権という言葉が改めて確認された．背景に，軍用地が米軍占領とともに武力をもって強制接収されたことや，復帰に際し米軍基地の機能強化に関係する施策があったことはすでに述べた．

　結果をみると，施政権の返還という復帰は，米軍基地の存在に何ら変更が生じなかったばかりか，自衛隊の進駐まで起こったが，他方で軍用地料はこれまでと比較にならないほど高額になった．その後も基地機能は更新され，軍用地料の増額が続いた．基地の存在は軍用地料や補助金などによって地域経済を一定の側面で潤したが，生活を支える女性の発言の場は依然として限られ，性暴力被害者の存在は隠され続けた．

　その上，当時の反戦・平和運動では，反戦地主の発言が前面に出て，基地の是非を問うことが主眼となり，基地を容認する軍用地主会との対立構図で基地

問題がとらえられたと考えられる．反基地運動では基地返還を前面に押し出し，対して土地連の方は基地維持と軍用地料の多寡を中心に，それぞれの運動や交渉が組み立てられてきた．

それゆえ，反基地・平和運動では，日常生活の問題として基地の存在をとらえ，軍用地料の使途を問うことが見落とされてきたと言わざるを得ない．さらに，議論が進まなかった背景には，これまでの社会運動が，反基地・平和を標榜する場合も男性を中心としたものであったため，性暴力被害や軍用地料をめぐる女性差別など，女性の人権を視野に入れて運動を構成する必要が理解されなかったことが挙げられる．

もちろん，軍用地料が高額になってきたことから，地域経済の視点から地料の使途に言及されてもいる．だが，反基地運動を担ってきた人々には，軍用地料の利益構造に分け入ろうとする動きと反基地・平和の運動をたたかうこととが，女性の人権問題に関係するとは受け取られず，むしろ矛盾とみられたのではないか．反基地運動にかかわる団体・機関では，軍用地契約の解除調査は素早く行う一方，獲得しようとする動きには静観あるいは沈黙をしているようだ．その対応は金武町の入会団体の聞き取りでもいわれていた．それゆえ，金武杣山訴訟の議論でも，その視点から脱することができなかったと考えられる．

金武町では，基地維持方針の受容が結果として地域経済を潤したが，それが性暴力被害には沈黙の抑圧となり，生活を支える女性の存在も希薄であった．住民は，軍用地料をもらう人ともらえない人がいるため，その話題を避けるようになっている．

さらに，復帰を境にして，軍用地料という利益は，基地維持の"対価"とみられる傾向が強まり，金武町内には"軍用地料をもらっているなら，基地被害への抗議をするべきでない"という圧力が常に存在している．基地被害が強まるたびに，住民はその圧力と向き合い，自問することになる．その背後には日米両政府の視線が感じられてきた．

日本や沖縄の反基地・平和運動では，オープンに軍用地料の獲得は何を意味するかを論じられず，むしろ議論することがはばかられさえする．それゆえ地権者の中には，基地被害に対する抗議について自粛する発言が当たり前のように出るのではないか．また，運動参加者の中にも，軍用地料をもらっているな

ら基地被害への抗議をするべきでないという呪縛が一定存在し，それが軍用地料問題に触れないという運動の態度を醸成させてきたように思われる．

　だが，女性たちは基地の存在に対する是非ではなく，日常生活の問題から基地を考え，経済的な権利，地域の政治に参加する権利として軍用地料をとらえている．基地被害が甚大になり，性暴力被害にもこれ以上黙っていられない，軍用地料の使い方や地域運営にも自分たちの声を反映させたい，財産権は男女平等だ——そのような，権利獲得の異議申し立ての声の総体として，運動は生まれたのだ．それは，大変現実的で具体的な行動ではないか．

　軍用地料を受け取りつつ，基地被害への抗議もおこなうという立場を，GYの行動からみると，行動の主眼は，環境汚染や被害をまき散らす演習場を居住地区周辺から撤去したい，というものである．この抗議メッセージは，1980年代後半から強まってきた．その後2000年代前半の「都市型」施設建設反対運動における彼の行動や言説は，むしろ抗議せねばならないという信念さえ感じられる．だが，基地を維持した状況では，基地被害の根本的な問題は解決されないため，抗議行動は何度でもくり返さねばならない．妥協点ともいえる変化は，ゆっくりとしか起こらないからだ．

　軍用地料という財源を手放さず"地域をよくしたい"という考え方は，地域経済を一定程度，安定的に支える反面，生活の安全を脅かし続けている．軍用地の存在は観光産業の育成にみるように，地域振興を限定的なものに留める要素でもある．この矛盾は，復帰後40余年の中で明らかになり，より鮮明になってきた．地料が不労所得といわれるまでになった今となっても，支払うべき対価は依然として大きい．

　軍用地料の引上げがたびたび政治的要因で実施されてきたことから，基地維持政策を堅持する日本政府と沖縄県の力関係は一方的なものでなく，相互に振れ動いてきた．しかも基地被害への抗議運動は，"ガス抜き"といわれながらも基地の町と日米両政府の関係を計るバロメーター的な意味をもち，常に国家と対峙せざるをえない．

　もとより，沖縄の抵抗運動の高まりに対して軍用地料をはじめとする財政措置の増減が恣意的になされることは，基地維持ひいては安保体制維持のための施策であり，沖縄県民だけでなく全国民に関係する施策である．それゆえ沖縄

への米軍基地集中の問題は，日米安保体制の根幹にかかわる全国的な課題であり，沖縄だけが押しつけられるべきものではない．

軍用地料の利益を確保し基地被害に抗議し続ける立場は，わかりにくく，交渉の主導権が常に日米両政府側にあるため，被害解消に向かう過程も複雑で困難なものだ．

このように幾多の矛盾の中で抗議する地域住民にとり，軍用地料の受け取りは，日米両政府との関係では，単に従属的な関係を表すとはいえない．日常生活の場で基地被害が続く限り，住民は抗議し続けねばならない．

では，そのような場での抵抗や交渉は，どのような人々によって合議され，判断されるのだろう．交渉の場に女性たちは存在したのだろうか．金武町内の女性の政治的な発言と行動が表に出たのは，1990年代からである．女性たちは，「女性の権利は黙っていてはつかめない」として，自身の経済的利益と安全な生活を求めてたたかった．彼女たちの運動は，基地と軍用地料の利益構造によって再編され，コントロールされてきた地域社会を，女性と男性の人権がともに認められる公平な地域につくりかえようとしてきた．

彼女たちにとって基地問題や軍用地料問題は，生活の問題であり，男性任せにはできなかった．その解決には，女性の政治的な参画を主張せざるを得なかったのである．軍用地料をめぐる女性運動は，性暴力被害への抗議運動に続く，女性たちの人権拡大運動といえる．

このように基地と地域，女性の関係をみると，軍用地料が結節点となっており，町内における共同体的な地域秩序は，軍用地料によって強まってきた反面，それを変質させようとする行動も拡大してきたといえる．なかでも金武町は，日本と沖縄の複雑な関係が錯綜するもとで，一見，日米両政府による強固な基地維持政策を支持し，軍用地料を介して依存関係におかれているようにみえる．確かに，地域を主導する人々は軍用地料の利益構造を形成し，それを維持するだけでなく強め，地域秩序をコントロールしつつ，変化させてきた．だが同時に，その行動には一括りにできない多様な立場がある．その様相は，1990年代頃からさらに加速し，変化していることは，本書で見てきた女性たちに明らかである．そしてそのような経験は，今現在も県内で蓄積され，変わりつつある何ものかを浮き彫りにする．

あとがき

　本書は，同志社大学グローバル・スタディーズ研究科に提出した博士論文「戦後沖縄の基地と軍用地料問題——地域を内部から問う女性運動——」（2017年9月）をもとに，その後の知見を合わせて加筆修正をほどこしたもので，令和元年度科学研究費助成事業（研究成果公開促進費）「学術図書」（課題番号：19HP5244）の助成を受けて出版されるものである．

　同志社大学大学院グローバル・スタディーズ研究科に入学以来，沖縄の基地と女性問題をテーマとし，軍用地料の獲得を目指した女性たちが，同時に基地被害抗議運動にも参加していたことから課題の大きさに気付き，夢中で沖縄に通い資料収集とインタビューを続けてきた，というのが率直な思いである．独自の歴史的背景を持つ沖縄の女性は，地域の論理や力関係に基づき基地問題といかに向き合ってきたか．軍用地料問題をたたかった女性たちは，地域社会においてどのような位置に在るのか．このように，基地の町である地域社会の論理を捉え直すという問いを立て，不十分ながら，なんとか初めての著書を刊行するまで研究を続けてこられたのは，多くの方々の支援と激励をいただいてきたからである．

　本来ならば，その全ての方々のお名前を上げて感謝申し上げるべきだが，紙幅もあるので一部に止まる非礼をお許し願いたい．同志社大学大学院に在籍中，アジア研究クラスターでは冨山一郎先生，太田修先生などから様々な御指導と励ましをいただき，まずもって感謝したい．グローバル社会クラスターの菊池恵介先生からは有益なコメントを頂戴し，感謝を述べたい．沖縄調査に行くことが，研究の行きづまりを打開する唯一の策と思っていた節のある筆者に対し，この研究科の特徴は，一言でいうなら「学問的自由」だったと思われる．

　また，冨山先生のご推挙を受け同志社大学人文科学研究所研究会のメンバーに加えていただき，修士課程以来，庄司俊作先生（現在名誉教授），水谷智先生（グローバル地域文化学部）にお世話になっている．その中で，人文研叢書の刊行の際には，共著のメンバーに加えて頂いたことにお礼を申し上げる．森

亜紀子氏には索引作成でお世話になり，感謝したい．

そして，所属していた大学院以外で特にお世話になったのは，同時代史学会や人文科学研究所の研究会でお目にかかり，沖縄研究をはじめとする様々な面でアドバイスを頂いた戸邉秀明先生である．この場を借りて謝意を表したい．

沖縄在住の研究者である大城道子先生，宮城晴美先生からは，沖縄研究・女性史に関わるご指導を受けることが出来た．ここで感謝を述べたい．

加えて，本書にかかわる調査では，特に金武町の町役場，区事務所，入会団体，町立図書館，金武町商工会・社交業組合，女性団体，旧ウナイの会の皆様にご協力を賜った．何度も面倒な質問に丁寧な対応を頂き，感謝とお礼を申し上げたい．那覇市，南城市，金武町，沖縄市，名護市などで働く多くの女性グループの皆様にも，お忙しい中，何度もインタビューを受けて頂き，有益な情報と激励を頂戴した．この場を借りてお礼を申し上げる．もちろん，本書に過誤があれば，それは筆者の全責任であることを明記しておく．

ここで，なぜ沖縄の基地の町と女性問題を研究することになったのかについて少し触れたい．筆者は，働き続ける中で「沖縄を返せ」が口ずさめるようになった世代である．「わたしのことはわたしが決める」という自覚を行動に移す中に，女性の長い歴史が込められ，現在もそれがいかに困難を伴うか痛感している．学業修了後生活に追われていたが，沖縄の基地問題を再度考える契機となったのは，1995 年の「沖縄米兵少女暴行事件」に抗議する県民集会の映像であった．8 万人を超える参加者，特に女性からはもはや沈黙をしないという決意をみた．基地問題が長年の宿題であることを自覚したのだ．

それ以来，基地問題に対する抗議運動では，特に女性たちが牽引者的な位置にあると考えられるが，彼女らの結束力は地域社会でどのように発揮されているのか，という問いを持ち続けている．長年基地問題に取り組んできた地域には，何らかの形で名をなした女性たちではなく，生活をよくしたいと日常的な地域活動を行い，互いに支え合ってきた人々がいる．その女性たちの結束力を知り，居住地でそのことが生かせないかと思ったのである．

そして，女性たちに蓄積される力は，基地の島を変貌させる何ものかを育てているのではないか．その何ものかの一端を言葉にする作業に関われればということが，調査に向かう力にもなっている．

あとがき

ところで，長い就業経験を持ってしても，未知の土地で地域調査を行うことは，緊張をするものである．「あんたは，何でそれを聞くんだ，知ってどうしたいんだ」と度々聞かれ，しどろもどろになりながら，調査の主旨を語った．インタビューは，地域資料・文献から読み取れない出来事・事件に関係する地域の状況・背景を浮かび上がらせる旨を述べ，その調査結果を学術論文として公表することが，社会に課せられていることを説明している．門前払いを受けた方からも，翌年伺うと話が弾み，最終的に，実に多くの方々からご協力を頂いた．

この刊行は，筆者にとって宿題をやり遂げる第一歩と考えているが，変わりつつある沖縄において，こうした議論がどれほどの意義を持っているか，読者の皆様と今後話し合いの時間を持ち，判断し，補っていければと考えている．

本書は，この間に得られた100人を超える方々の証言をもとにまとめられており，早期の出版を希望していた．そのため，同志社大学研究開発推進機構：研究支援課担当者と人文科学研究所事務室の皆様からは，多大なご協力頂いた，ここで感謝したい．

また，本書を出版するに当たり，踏み出したばかりの未熟な研究者の出版を引き受けて下さった，有志舎の永滝稔氏には，心よりお礼を申し上げたい．

改めて，これまでお世話になった全ての皆様に心より感謝を申し上げる．そして，今後も，沖縄の地域女性のグループ活動を通じて調査研究を進めていく所存である．

最後に，私事をお許し願いたい．本書の刊行には仲間から多くの激励を頂いた，本書を仲間と亡父に捧ぐ．

2019年8月　盛夏

桐 山 節 子

索　引

※単なる項目名だけでは分かりにくいものは，一部，関連表現も含めて採取・掲載した.

〈事　項〉

あ　行

跡地利用フォーラム　84, 161-162
奄美差別　107
アメリカ同時多発テロ事件　111
アンペイドワーク　8
安保条約と女性　236
慰安所マップ　104, 129
伊芸区事務所　6, 135-136
伊芸区民総決起大会　240, 244-245
伊芸財産保全会　7, 144-145, 244
憩いの場　102
位牌継承　8, 23, 189
移民と出稼ぎ　6, 31
入会権　146-147, 150
　——と軍用地　226
　——の沖縄的特色　187
　——を喪失する事由　150
入会団体　5-6, 143-147
　——会則の男子孫要件　186, 194-196
　——会則の居住開始時期　201, 213-214
　——会則の居住範囲　203-204, 213
　——会則の世帯主要件　186, 194-196
　——と会員配偶者　180-181
　——と区外出身者　190, 222-223
　——の会員確認作業　204, 212
　——の会則改正　7, 200
　——の準会員　20, 208
　——の正会員　186, 193-194, 197
慰霊の日　41
うしなー街　110
内なる日本化　39
ウナイの会　7, 186
　——と支援者　253-255

　——と他地域からの相談　251-252
　——と地域の力関係　154, 263-265, 283
　——の就労経験　216-221
　——の正当性　218, 261, 284
　——の特徴　256-259
生活の問題と——　87, 274-275
うないフェスティバル　11
援護法による遺族年金　189
演習場の即時撤去　83-84, 162
エンターティナー　110-112, 123
岡本恵徳
　——の共同体的生理　9-10, 139
　——の共同体的意志　9-10, 274
沖縄側の内部矛盾　239
沖縄県軍用地等地主会連合会（略称：土地連）
　14-16, 61, 71-72
沖縄県人慰安婦　40, 107
沖縄県男女共同参画センター（てぃるる）
　23, 253, 262
沖縄県婦人連合会（略称：沖婦連）　174
沖縄固有の家父長制　8, 28-29, 189
沖縄差別　33-34
沖縄守備軍（第32軍）　40, 128
沖縄人権擁護委員会　249
沖縄振興開発事業　74, 153
沖縄戦　41-42
沖縄タイムス　267
沖縄における平和運動　4, 12
沖縄の女性ネットワーク　250
沖縄の生活改善事業　174
沖縄米兵少女暴行事件　2, 20
沖縄平和ネットワーク　76-77
沖縄防衛局　66, 71-73
男子孫　6, 193-194

——限定会則の撤廃署名　182-183
土着民である——　203, 213
思いやり予算　70
女子孫　6, 20
　——差別　15, 145, 194
　——と区外出身配偶者　7, 194
　——の署名運動　183-186
　——の連絡網　176
一枚岩ではなかった——　222

か　行

海兵隊演習場　7, 49, 57-58, 83
核密約　70
貸座敷　38
火葬場設置運動　11, 22
火葬の奨励　38
家父長制の維持・再編　1, 8
関西沖縄県人会　33
慣習に潜む性差別　267
管理売春　38
木草賃　5, 202
帰属意識　140, 152
基地　2
　——関連収入　97, 162
　——機能の変化　16
　——軍人とリバティ制度　111, 122
　——軍人の消費動向　97, 114, 122
　——周辺の性暴力被害　108, 117
　——と歓楽街の役割　103-108, 124-127
　——と緊密なネットワーク　70-73
　——と民間請負企業　85
　——の実弾演習　20, 83, 285
　——の集中と不公平感　61-64
　——問題　1, 20
基地維持　15, 246
基地・軍隊を許さない行動する女性たちの会
　19, 238
基地被害抗議　1, 20
　——と安全な地域で生活する権利　237-
　238, 240-241
　——とガス抜き　240, 287
　——とゲート前早朝集会　165, 239-242, 269
　——と町議会決議　78-80, 87

旧慣温存期　6, 26
旧慣による金武町公有財産の管理等に関する
　条例（略称：旧慣条例）　135, 209
教育令　27
寄留民　9, 43
金武入会権者会　135, 201, 205-206
金武共有権者会　54, 202
金武区事務所　5-6, 136
金武杣山訴訟　7, 186-187
　——と逆転敗訴　223, 247
　——と世帯間の平等　196
　——と男性協力者　190
　——の争点　14, 187, 195
　——の補足意見　198-199
金武村土地を守る会　52
金武町議会リコール請求運動　154, 157-158
金武町行政懇談会　137
金武町軍用地等地主会　84
金武町社交業組合　109-110, 120
金武町商工会　75, 77
金武町とリゾート開発　156-161
金武町部落民会協議会　146-147
金武町役場　5, 53
きんてん　149, 169
ギンバル訓練場の返還　74, 92
金武部落民会　201, 207-208, 213
金武間切　5
区事務所　6, 135-140
　——と入会団体　139, 143, 281
　——と規範形成　139
　——の自治的機能　154, 175
　——の独自財源　136-138, 143
　——は地域の拠点　136
苦渋にみちた選択　57
屈辱の日　49
軍用地の再契約問題　67-69, 87
軍雇用員　75-77, 240
軍作業員　64, 110
軍事的植民地　63
軍事的植民地主義　17
軍隊の駐留　2, 108
軍隊の誘致運動　59
軍用地主　15, 71-73, 229

索　引　　295

軍用地　5
　　──第一次土地接収　50
　　──第二次土地接収　49, 52-60
　　──の金融商品化　63
軍用地の所有形態　5
　　──国有地　5, 6
　　──市町村有地　5
　　──民有地　6, 135
軍用地料　5-6, 60-61
　　──から派生する不公平感　228
　　──の権益　16
　　──の裁判　147
　　──の使途　15, 148, 283
　　──の収益配分率　135, 149
　　──の受領資格　51, 149
　　──の値上げと政治的要因　60-61
　　──の利益構造　1, 70-72, 143
　　──は基地賃貸料　268
軍用地料問題と地域有力者　224-226
けーし風　264-266, 279
研究者の立場　255-257
権利能力なき社団　195
公娼制度　38-39
広報金武　69, 83
講和発効前補償　50
国民皆兵制　27
国連婦人の10年　11
戸籍制度　27-28
コミュニティ＝地縁共同体　266-267

さ　行

SACO　79, 99
冊封・朝貢関係　25
三十ヵ年の年賦償還　202
強いられた協力　60
自衛隊誘致　77, 93
ジェンダー・バイアス　13
施政権　285
自分のことは自分で決める　13, 175
島ぐるみ会議　268
島ぐるみ闘争　49-50
周縁の人々　221-222
十・十空襲　40, 105

銃剣とブルドーザー　49, 52
集団自決　10
受益層　167
出自別棲み分け　219
女性間の差別　14, 127, 237
女性国際戦犯法廷　108, 130
女性差別解消運動　7, 175
女性差別撤廃条約　193, 200
女性従業者　9, 124-127
女性たちの請願運動　180
女性と経済的権利　272
女性の権利は黙っていてはつかめない　175,
　218
女性の政治（的）参画　180, 283
新開地　59, 102, 109-111
人権を考えるウナイの会（略称：ウナイの会）　7
　　──を支援する会　248, 261
人頭税廃止運動　26, 43
人類館事件　35-36, 39
捨て石　37
性犯罪は人権侵害　236
性暴力被害　103
専権事項　86
全国女性史研究交流のつどい　260-261
洗骨　11, 22-23
戦傷病者戦没者遺族等援護法（略称：援護法）
　8, 189
戦争マラリア　41
全駐留軍労働組合沖縄地区本部（全駐労）
　75-76, 121
占領期の清算　116-117
象のオリ　74
総有財産　6
ソテツ地獄　31, 44
杣山　6, 202
杣山・入会地　146

た　行

対テロ用「都市型」戦闘訓練施設建設　139,
　165, 239
田芋組合　138
段階的復帰論　164
男女共同参画型社会　176

地域　1
　　——の運動の進め方　83
　　——の社会構造　14, 154
　　——の社会的な権力　143
　　——の集団性　265
　　——の政治的傾向　285
地域婦人会　11, 40, 173-175
地域リーダーの養成　174
地権者　64-65
地方政治家からみる地域　162-167
朝鮮戦争　49, 52
町民総決起大会　83, 162, 245
地割制度　26, 43
てぃるるフェスタ　11
鉄の暴風　41
天皇メッセージ　48, 87
島嶼町村制　5, 27
トートーメー　8, 23
トートーメー廃止運動　11
特殊慰安施設　103
土地整理事業　26-27
土地四原則貫徹県民大会　54
土地連と反戦地主　15-16, 250
ドル獲得論　103
ドル稼ぎ　237, 281

な　行

内地一体化　37
中川区事務所　136, 147
那覇市なは女性センター　23
並里区事務所　5-6, 136, 153-154
並里財産管理会　6, 144-145, 214-215
南洋ブーム　40
日米安保条約　49, 62, 86
日米地位協定　17, 63, 71
　　——と刑事・裁判権　62-63
　　——の排他的使用権　235
ネコとネズミの関係　60

は　行

売春防止法　103
配分金等請求訴訟　150-151
ハジチと文身禁止令　38

反基地運動　74, 121, 166
反共包囲網　49
反戦地主　16, 91-92
ひずみの構造　15-16
父系血筋の遵守　188-189
父系嫡男相続制　8, 21, 206
不条理な選択　61
復帰運動　10
ブルービーチ開発　155-158, 161
ふれあい懇談会　176
米軍基地の集中　228, 238
米軍再編と機能強化　238
米軍のゲリラ訓練　240
米国民政府　49-50, 60
ベトナム戦争　76, 125
防波堤とされた女性　108
北部振興事業　99-100
本土並み返還　121

ま　行

前借金　38, 107
ミズヒラサー　190
村・字内婚　37
村の占領　51-52
明治民法　28-29, 188-189
模合　113
門中制　8, 21, 29

や　行

屋嘉区事務所　136
屋嘉財産管理会　143-145
夜間外出禁止令　99, 119
ヤマト化　29, 35-38
由美子ちゃん事件　49
養豚団地建設問題　154-157

ら　行

琉球王国　25
琉球処分　26
琉球新報　267
琉球政府　49-50
琉球病院　220-221, 230
琉装・琉髪　38

〈人 名〉

あ 行

秋林こずえ　125, 237
足立啓二　8-9
安和守茂　29, 207
粟屋利江　17
石川友紀　31
大城孝蔵　33
大田昌秀　72
岡村トヨ　174-176
岡本恵徳　9-10, 139
小川竹一　14

か 行

川瀬光義　61, 139
川田文子　106, 108
来間泰男　14-15, 67-69

さ 行

謝花昇　27
砂川直義　72

た 行

高里鈴代　105, 238
竹下小夜子　8, 217
当山久三　33, 41
戸邉秀明　174, 279
冨山一郎　31
鳥山淳　60

な 行

中尾英俊　187, 199, 255
西銘順次　163-164, 166

は 行

花城清善　64
林博史　16
原田史緒　13
比嘉道子　13, 188, 259-263

平井和子　107
ペ・ポンギ　106, 122

ま 行

前泊博盛　81-82
松下孝昭　59
宮城晴美　253, 263
宮國英男　218, 235, 273
宮本憲一　63
モハンティ　8

や 行

屋良朝苗　60, 164

イニシャル

GK ①　112-113, 124
GS　71, 125-126
GT　217
GY　162-167, 179-181, 225
GY ②　164
IH　220-221, 257
IS ①　190
KS　175, 218, 220
MK　125
MK ②　75
MR　117-119
NK　221, 225-226, 273
NM ①　7, 178, 217, 251-252
NM ②　7, 158, 175-177, 179-180
NS ③　159-160, 182, 226
NT ①　217-218
OM　152
OT ①　216-220
TA　192-193, 223-224
US　250
YM　126-127, 166, 237-238
YT　113-114
YY　7, 176-177

桐山節子（きりやま　せつこ）
1950 年生まれ．同志社大学大学院グローバル・スタディーズ研究科博士課程修了．博士（現代アジア研究）．
現在，同志社大学人文科学研究所 嘱託研究員（社外）．
主要著書：『沖縄と村からみる戦後の日本』人文研ブックレット No.52（共著，同志社大学
　　　　　人文科学研究所，2016 年）．
　　　　　『戦後日本の開発と民主主義』（共著，昭和堂，2017 年）．

沖縄の基地と軍用地料問題
──地域を問う女性たち──
2019 年 12 月 30 日　第 1 刷発行

著　者　桐山節子
発行者　永滝　稔
発行所　有限会社　有　志　舎
　　　　〒166-0003　東京都杉並区高円寺南 4-19-2、クラブハウスビル 1 階
　　　　電話　03-5929-7350　　　FAX　03-5929-7352
　　　　https://yushisha.webnode.jp
　　　　振替口座　00110-2-666491
ＤＴＰ　言 海 書 房
装　幀　折原カズヒロ
印　刷　株式会社　シナノ
製　本　株式会社　シナノ

©Setsuko Kiriyama 2019. Printed in Japan
ISBN978-4-908672-35-4